材料学シリーズ

堂山 昌男　小川 恵一　北田 正弘
監　修

半導体材料工学
―材料とデバイスをつなぐ―

大貫　仁　著

内田老鶴圃

本書の全部あるいは一部を断わりなく転載または
複写(コピー)することは，著作権および出版権の
侵害となる場合がありますのでご注意下さい．

材料学シリーズ刊行にあたって

　科学技術の著しい進歩とその日常生活への浸透が20世紀の特徴であり，その基盤を支えたのは材料である．この材料の支えなしには，環境との調和を重視する21世紀の社会はありえないと思われる．現代の科学技術はますます先端化し，全体像の把握が難しくなっている．材料分野も同様であるが，さいわいにも成熟しつつある物性物理学，計算科学の普及，材料に関する膨大な経験則，装置・デバイスにおける材料の統合化は材料分野の融合化を可能にしつつある．

　この材料学シリーズでは材料の基礎から応用までを見直し，21世紀を支える材料研究者・技術者の育成を目的とした．そのため，第一線の研究者に執筆を依頼し，監修者も執筆者との討論に参加し，分かりやすい書とすることを基本方針にしている．本シリーズが材料関係の学部学生，修士課程の大学院生，企業研究者の格好のテキストとして，広く受け入れられることを願う．

　　　　　　　　　　　監修　　堂山昌男　小川恵一　北田正弘

「半導体材料工学」によせて

　産業界だけではなく，私たちの身の周りにはおびただしい電子機器が使われている．その中心機能を担っているのが大規模集積回路（LSI）を始めとする半導体デバイスである．もし，半導体デバイスの発展と供給が止まったならば，現代の情報社会は機能しないであろうし，未来の展望も開けないだろう．半導体はそれほど社会全体に沁みこんでいる先端技術であり，理工学の成果が詰った重要な製品である．半導体技術は微に入り細にわたる複雑なもので，製品を眺めただけでは何も分からない．このように複雑な半導体材料および技術に関して，本書は類をみないほど豊富な事例を示して，やさしく解説している．半導体にたずさわる技術者・研究者はもちろんのこと，理工学を学ぶ学生にとっても必須の書であり，広くお薦めする．

　　　　　　　　　　　　　　　　　　　　　　　　　　北田正弘

まえがき

　将来の情報社会の発展を支えていくのは，今後もエレクトロニクスであります．IC・LSI等の半導体デバイスは，磁気記録デバイス等とともにエレクトロニクスの牽引車といえましょう．半導体デバイスは，これまでトランジスタ技術者・研究者が中心となり，配線や実装技術を専門とする技術者・研究者が支えるという形で発展してきました．しかし，今後の高速・高機能半導体デバイスにおいては，配線および実装技術が，デバイスの性能・信頼性を決定する主要技術になると考えます．すなわち，材料系の技術者が中心となり，デバイス技術者と十分に協力して目的とする技術開発を行っていかなければなりません．このためには，材料系技術者は半導体デバイスおよびプロセス技術を十分に知る必要があります．

　本書は，デバイス技術者と材料系技術者の橋渡しをすることを目的に著されました．すなわち，デバイス技術者にも材料を理解して頂くこと，および材料技術者にも半導体デバイスとこれに使用される材料について理解を深めて頂くことが目的です．特に，解決すべき重要な課題が非常に多くあるにも関わらず，デバイスを知らないために材料系技術者が研究開発に参画できなかった多くの例があります．これは，半導体デバイスの発展にとって誠に遺憾なことです．

　本書は，半導体デバイス動作の基礎，およびデバイスに使用される材料ならびにそのプロセス技術について材料科学的に取り扱っています．このため，今後エレクトロニクス関係の研究・技術開発に携わろうとする材料系学科出身の方々，大学・高専の材料系学科の学生，大学院の学生，さらには電子・電子工学系の学生，大学院学生およびデバイス研究者で材料についての知識を深めたい方々にぜひ読んで頂きたいと考えています．

　なお，内容に関しての不十分な表現やミスプリントがあるかもしれません．ご叱正を頂ければ幸いです．

まえがき

　本書は，著者がこれまで大変お世話になった多くの方々のお陰で世に出ることができました．

　元日東電工常務 浅井 治博士，元芝浦工大教授 故添野 浩博士，元日立製作所日立研主管研究長 諏訪正輝博士には著者が半導体分野の研究を行うのに際し，ご指導を頂きました．また，元日立中研，現(株)インテレクス研究所 長野隆洋博士，超先端電子技術開発機構 岡崎信次博士，岩田誠一博士には執筆に際し，有益な討論およびコメントを頂きました．二瓶正恭氏，小泉正博氏は長年にわたり研究に協力して下さいました．秋田県立大学 小宮山崇夫氏，長南安紀博士には図面の作成，校正等で協力を頂きました．

　多くの有益な図面を引用させて頂きました河渕 靖博士，徳山 巖博士，松浪弘之博士，大阪大学 佐藤了平教授，岸野正剛博士，東京工芸大学 丹呉浩侑教授に心から感謝致します．

　最後に，本書の出版にあたって，北田正弘先生には，たいへん丁寧な査読をして頂いたうえ，適切な助言を頂きました．堂山昌男先生，小川恵一先生からも多大なご援助を頂きました．また，内田老鶴圃 内田 学取締役とスタッフの方々には編集作業において大変お世話になりました．ここに厚くお礼申し上げます．

2004 年 10 月

大貫　仁

目　　次

材料学シリーズ刊行にあたって
「半導体材料工学」によせて

まえがき……………………………………………………………………………iii

第1章　半導体技術の歴史 ………………………………………………1
 1.1　半導体デバイスの歴史　*5*
 1.2　製造プロセスの歴史　*6*
 参考文献　*12*

第2章　半導体デバイス物理の基礎 …………………………………13
 2.1　固体のバンド理論　*13*
 2.2　半導体における電子と正孔の挙動　*15*
 2.3　フェルミ-ディラックの分数関数とキャリア密度　*17*
 2.4　半導体の電気伝導機構　*20*
 2.5　pn接合の物理　*21*
 2.6　MOSトランジスタの物理　*26*
 参考文献　*30*

第3章　半導体ウエハプロセスの概要 ………………………………31
 3.1　CMOSプロセス　*33*
  3.1.1　ウエル形成　*33*
  3.1.2　素子分離領域形成　*33*
  3.1.3　ゲート電極形成　*33*

3.1.4　ソース・ドレーン形成　*34*
　3.1.5　層間膜形成およびコンタクト窓開け　*34*
　3.1.6　金属配線膜形成　*34*
3.2　トランジスタおよび配線スケーリング　*34*
参考文献　*39*

第4章　半導体デバイスと金属界面の物理　…………………………41

4.1　金属と半導体界面の理論　*41*
　4.1.1　金属とn型半導体との接合　*41*
　4.1.2　金属とp型半導体との接合　*46*
4.2　オーミック接合　*47*
　4.2.1　オーミック接合の理論　*47*
　4.2.2　オーミック接合の例　*50*
4.3　AlとSiとのオーミック接合　*55*
参考文献　*62*

第5章　半導体ウエハプロセスにおける配線材料形成技術　…………63

5.1　PVD技術　*65*
　5.1.1　スパッタリングの原理　*65*
　5.1.2　Al膜のスパッタリング　*68*
　5.1.3　高融点金属膜のスパッタリング　*71*
　5.1.4　膜応力　*72*
　5.1.5　ステップカバレージ　*72*
5.2　CVD技術　*79*
　5.2.1　CVDの原理　*79*
　5.2.2　CVDの種類および特徴　*81*
　5.2.3　CVDによる膜形成プロセスおよび膜の特性　*83*
5.3　接着層形成技術　*97*
　5.3.1　スパッタリングによるステップカバレージ向上策　*97*
参考文献　*102*

目　次　vii

第6章　微細加工技術 ……………………………………………… 103

6.1　リソグラフィー技術　103
6.1.1　概要　103
6.1.2　レジストプロセス　105
6.1.3　光リソグラフィー技術　108
6.1.4　電子線リソグラフィー技術　111
6.1.5　等倍X線リソグラフィー技術　111
6.1.6　EUVリソグラフィー技術　112

6.2　エッチング技術　113
6.2.1　エッチング技術の概要　113
6.2.2　ウェットエッチング技術　114
6.2.3　プラズマエッチング技術　115
6.2.4　反応性イオンエッチング技術　117
6.2.5　反応性イオンエッチングプロセス　120

6.3　CMP技術　122
6.3.1　CMPの概要およびメカニズム　122
6.3.2　ダマシンおよびデュアルダマシンプロセス　128

参考文献　131

第7章　薄膜配線材料の信頼性物理 ……………………………… 133

7.1　エレクトロマイグレーション　133
7.1.1　エレクトロマイグレーションの概要　133

7.2　エレクトロマイグレーションの測定方法　136
7.2.1　平均断線時間の測定　136
7.2.2　電気抵抗変化率の測定　137
7.2.3　ドリフト速度の測定　139

7.3　耐エレクトロマイグレーション性向上の方法　139
7.3.1　LSI配線における配線不良の概要　139
7.3.2　絶縁膜被覆による耐EM性の向上　140
7.3.3　結晶粒改善による耐EM性の向上　141

7.3.4 合金化による耐EM性の向上 *144*
7.4 ストレスマイグレーション *150*
　7.4.1 ストレスマイグレーションの概要 *150*
　7.4.2 ストレスマイグレーションのメカニズム *150*
　7.4.3 SM防止策 *152*
7.5 積層配線の耐EM性 *153*
　7.5.1 Al合金/TiN積層膜の耐EM性 *153*
7.6 Al配線におけるSiの析出 *159*
7.7 配線材料の腐食 *160*
　7.7.1 レジン封止LSIの配線の腐食 *161*
　7.7.2 パッケージング後におけるAlパッドの腐食 *161*
　7.7.3 Al配線材料の高耐食化 *162*
7.8 配線の密着性 *166*
　7.8.1 密着性評価法 *167*
　7.8.2 密着性支配因子の調査 *169*
参考文献 *172*

第8章　実装技術および材料　　175

8.1 概要 *175*
8.2 チップボンディング技術 *179*
　8.2.1 はんだ *179*
　8.2.2 エポキシ系接着剤 *181*
8.3 ワイヤボンディング技術 *182*
　8.3.1 ワイヤボンディング技術の種類 *182*
　8.3.2 ワイヤボンディングのメカニズムと接合部の信頼性 *188*
　8.3.3 ワイヤボンディング技術の課題 *197*
8.4 ワイヤレスボンディング技術 *198*
　8.4.1 コントロールドコラップスボンディング技術 *199*
　8.4.2 テープオートメイテッドボンディング技術 *206*
　8.4.3 封止（パッケージング）技術 *208*

8.4.4　鉛フリーはんだと接合部の信頼性物理　*215*
　参考文献　*224*

第9章　パワー半導体デバイスの実装技術および信頼性物理 …………225
　9.1　IGBTの断面素子構造　*226*
　9.2　IGBTのモジュール化技術　*227*
　9.3　太線ワイヤボンディング技術　*227*
　　　9.3.1　ワイヤボンディングによるチップダメージ　*228*
　　　9.3.2　ワイヤボンディング部の信頼性物理　*239*
　9.4　大面積はんだ接合部のボイドフリー化技術　*244*
　　　9.4.1　Niめっき膜とはんだとの界面反応メカニズム　*246*
　　　9.4.2　ボイドフリーはんだプロセス　*251*
　参考文献　*255*

索　引 ……………………………………………………………**257**

第1章
半導体技術の歴史

　情報化社会は，大量の情報を高速に処理することのできるコンピュータの出現により可能になった．図1.1に現在使われているコンピュータの基本的構成を示す[1]．また図1.2にコンピュータに使用される記録装置のアクセス時間と記憶容量との関係を示す[2]．これらの図から明らかなように，

（1）　半導体メモリの中でDRAMは所望の番地を自由に選びアクセスできるが，キャパシタに情報を記憶させるため，短時間に記憶を失い，再書き込みが必要でメモリが常に動作している，すなわちダイナミックな状態にある（Dynamic Random Access Memory；DRAM，ディーラムと読み，以後

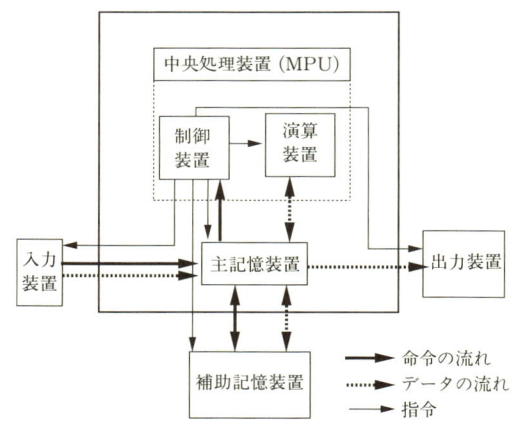

図1.1　コンピュータの構成.
[菅原　彪，関根幹雄："ハードウエア技術"（コロナ社，1998）より引用]

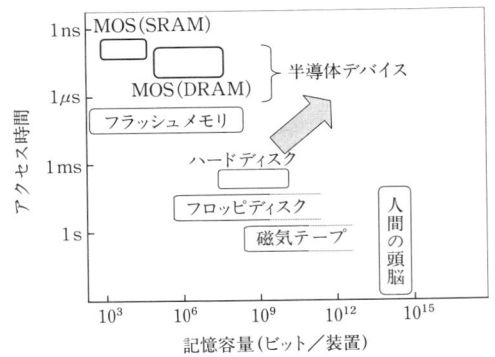

図1.2 各種記憶装置の記憶容量とアクセス時間．
(MOS：Metal-Oxide-Semiconductor, SRAM：Static Random Access Memory, DRAM：Dynamic Random Access Memory)
[松本光功, 伊藤彰義, 森迫昭光："磁気記録工学"（共立出版，1997）を参考にした]

DRAMを使う）．DRAMの記憶容量の方がSRAM（DRAMと同様の機能を有するが，記憶が保持されているため，動作しないように見える：Static Random Access Memory；SRAM，エスラムと読み，以後SRAMを使う）よりも大きいが，処理速度はSRAMの方が大きい．

（2）これらの処理速度はフロッピーディスクやハードディスク等の磁気記録装置よりも3桁以上大きいが，記憶容量は約3桁劣る．コンピュータにおいてはこれらが使い分けられている．高速を要する主記憶装置にはDRAMが使われ，主記憶装置と中央処理装置との間を高速でつなぐキャッシュメモリと制御および演算装置に当たるMPU（Micro Processor Unit，エムピーユーと読む）に，SRAMおよびLogic（論理）回路が使われている．DRAM，SRAM，MPU等をLSIと呼んでいる．さらに，記憶容量の極めて大きい磁気記録装置は補助記憶装置として使用されている．ただし，速度はともかく，いずれも記憶容量において，人間の頭脳には遠くおよばない．人間の頭脳を目標とする半導体装置には，高速で，記録容量の増大に向けた開発が不可欠である．そして，これらが半導体の高集積化，高速化に向けた開発を牽引している．一方，処理速度は半導体中最も低いが，記憶容量は半導体中最も大きく，

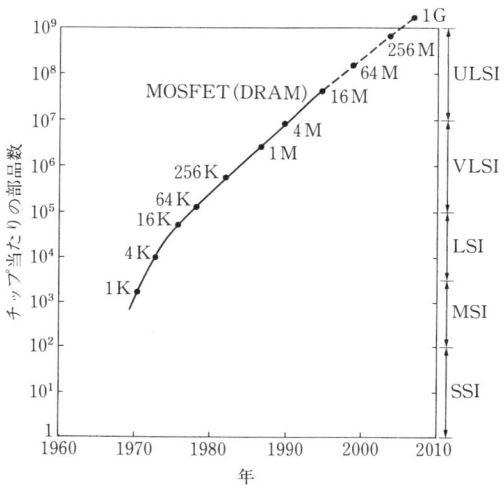

図 1.3 LSI 構成部品の年次推移（K は 10^3，M は 10^6，G は 10^9 を示す）．
[C. Y. Chang and S. M. Sze : "ULSI Technology" (McGraw-Hill, 1996) より引用]

しかも DRAM のように記憶を失うことがないフラッシュメモリが開発されている．

　図 1.3 には，DRAM (Dynamic Random Access Memory) の半導体チップ当たりの MOS（モス：Metal Oxide Semiconductor）型トランジスタ数，構成部品数の年次推移を示す[3]．部品数は，1974 年当時チップ当たり 10^4 個だったものが，1989 年には 10^7 個に，さらに 2000 年には 10^8 個というように急速に増加している．ここで部品数が 10^7 個以上の場合を ULSI (Ultra-Large-Scale Integration) と一般に呼んでいる．参考までに 10^5 までを LSI (Large-Scale Integration)，10^7 までを VLSI (Very-Large-Scale Integration) という．また，10^4 までを MSI (Medium-Scale Integration)，10^2 までを SSI (Small-Sacle Integration) という．部品数の増加を達成するためのキーポイントは図 1.4 に示す MOS 型トランジスタ[4]の最小寸法（一般にはゲート長）を低減することにある．加工寸法の微細化により，部品数も増加できるが，LSI の動作速度も向上する．LSI の動作速度はトランジスタの遅延と配線の遅

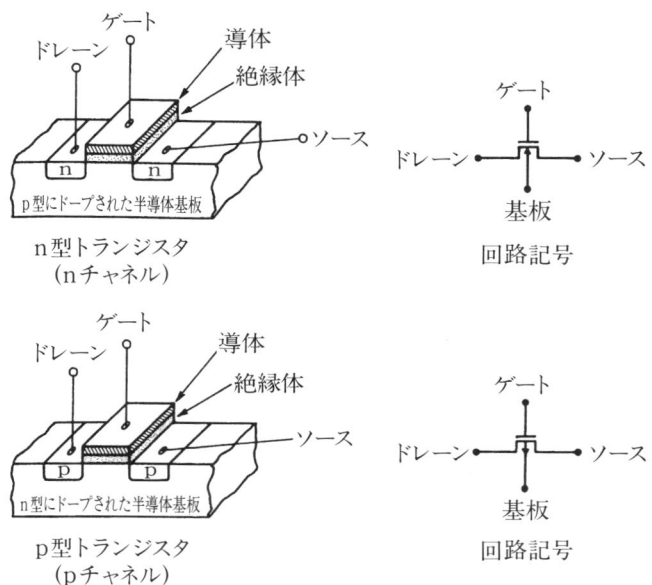

図 1.4 MOSFET（Metal-Oxide-Semiconductor Field Effect Transistor）の構造．
[富沢　孝，松山泰男訳："CMOSVLSI 設計の原理"（丸善，1988）より引用]

延時間によって決まる．トランジスタの遅延時間は上述したように微細化により減少する．一方，配線の遅延時間は微細化により増加するが，1 μm 位までの配線では，配線の遅延時間はトランジスタのそれに比べてはるかに短いため，デバイスの速度は向上してきた．また，デバイスが小さくなることにより消費電力量も低減する．これによって半導体デバイスの性能は向上し，コストは低くなる．したがって，デバイスの微細化は必須の技術であり，対応できる種々の微細加工の開発が精力的に行われてきている．しかし，サブミクロン領域の配線においては，配線遅延時間がトランジスタの遅延時間に比肩するようになってきている．LSI の配線遅延は，配線抵抗 R と配線容量 C の積 RC で近似できる．すなわち，高速化，高集積化，低コスト化には，トランジスタの微細化ばかりでなく，低抵抗・高信頼性配線材料およびそのプロセス技術ならびに高速・高密度実装技術の一層の技術革新も不可欠である．

本章では，(1)現在のデバイス構造に至るまでの歴史および(2)微細化を可能にした半導体製造技術の変遷について，その概要を述べる．

1.1 半導体デバイスの歴史[4~8]

半導体デバイスの歴史は，1947年のベル研究所のBardeen，BrattainおよびShockleyらのトランジスタの発明に端を発している．このトランジスタは，電子と正孔の動きを巧みに利用して，増幅，スイッチングを行うものであり，バイポーラトランジスタと呼ばれている．当初このトランジスタは，ゲルマニウム (Ge) を用いて作られたが，1952年にシリコン (Si) の帯溶融法が発明され，Geより特性のよいSiが主流になった．現在では，LSIの量産および低コスト化に対応して12インチ径の大形の結晶が使用され，これをスライスしたウエハの中に多数のデバイスが作られている．一方，図1.4に示したように，現在の金属-酸化膜-半導体 MOS (Metal-Oxide-Semiconductor) 型半導体の基本となっている電界効果トランジスタ (Field Effect Transistor: FET, エフィーティーと読む) は，ソースとドレーンという二つの電極の間の電子あるいは正孔の流れを第3の電極であるゲートに加えた電圧で制御するものであり，ユニポーラトランジスタとも呼ばれている．この概念はバイポーラトランジスタよりも早く1930年にLilienfeldにより提案された．しかし，MOS構造の鍵ともいえる酸化膜の形成技術が当時は未熟であった．このため，酸化膜あるいは酸化膜と半導体の界面に陽イオンや陰イオンによる表面準位が導入され，安定して動作しなかった．物理的な解明と製造技術の向上によってKhangとAttalaにより実用化されたのは1960年である．ただし，始めは界面準位の影響を受けにくいpチャネルMOSFET（モスフェットと読む）が作られ，その後の酸化膜形成技術の進歩により，nチャネルMOSFETが実用化された．現在では，pおよびnチャネルの組み合わせから成る相補型MOSトランジスタ (CMOS, シーモスと読み，図1.4に示すnおよびp型トランジスタをドレーンを共通にして結び付けたデバイス，消費電力が極めて少ない）が多用されている．さらに，半導体集積回路 (Integrated Circuit: IC, アイシーと読む) についての概念は1952年にDummerにより公表され，

1950年代後半には，ICの特許がKilbyによって出願された．これらがMOS技術と一体になって1961年に最初の半導体集積回路（IC）が開発された．さらに，1970年1K（キロ）ビットのランダムアクセスメモリ（DRAM）がインテル社より発表されて以来，この容量が3年で4倍の割合で増大し，1993年には，64 M（メガ：10^6）ビット，現在は，256 Mビットのメモリ用LSIが実用化され，さらに，1 G（ギガ：10^9）ビット以上へと発展しつつある．

1.2 製造プロセスの歴史

図1.5は，最近のパーソナルコンピュータ，携帯情報端末等の電子情報機器を構成する各種LSIを示す[7]．これらのLSIの中で，特に重要なデバイスがMPUおよびDRAMである．すなわち，1990年代前半までは，主としてDRAMが，1990年代後半からは，主としてMPUが半導体の材料，微細製造プロセスの牽引車としての役割を果たしているためである．

1998年からは，一つのLSIに数多くの機能を実現できるシステムLSI（System On a Chip：SOC，エスオーシーと読む）が材料および微細製造プロセス開発の主流になりつつある[9]．特にシステムLSIの高性能化に必要な

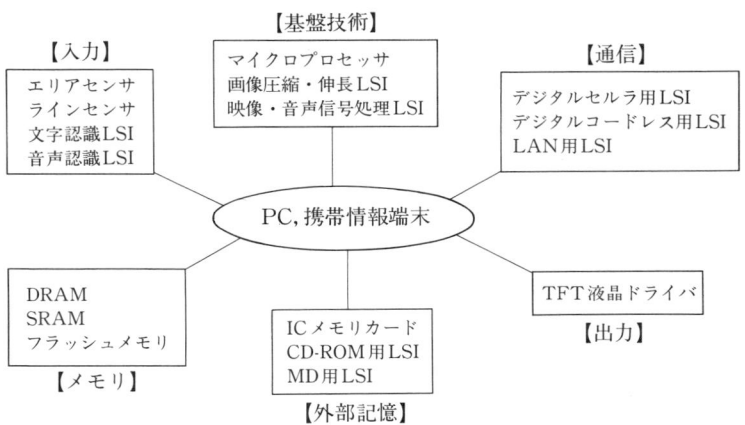

図1.5　電子・情報機器を支える各種LSI．
[長野隆洋による]

1. **前工程**
   DRAM
   ・高集積化──メモリセルの微細化──キャパシタ用高誘電率膜
   　　　　　　　　　　　　　　　　　　（小面積，大容量）
   MPU
   ・高速　・高集積化──CMOSトランジスタ──┬─ゲート酸化膜用高誘電率膜─┐
   　　　　　　　　　　の微細化，高速化　　　│　　（ゲート容量の増大）　│高速化
   　　　　　　　　　　　　　　　　　　　　　├─低抵抗ゲート材料　　　　┘
   　　　　　　　　　　　　　　　　　　　　　├─高信頼性低抵抗配線膜─┐配線遅延
   　　　　　　　　　　　　　　　　　　　　　└─低誘電率層間絶縁膜─┘防止
   SOC（システムLSI）
   ・高速　・高集積化──LSI間の微小ワイヤリング
   　　　　　　　　　　（システム化）
2. **後工程**
   ・高密度実装技術──超微細接合技術および接合材料

図 1.6 DRAM，MPUおよびSOC（システムLSI）における材料加工プロセスの技術課題．

LSI間の微小ワイヤリング（配線）技術もますます重要になってきている．図1.6にDRAM，MPUおよびSOCにおける材料，加工，およびプロセスの技術課題を示す．これらすべてのLSIにおいて，高集積化を目的としたメモリセルおよびトランジスタ微細化のための加工技術が不可欠である．従来技術によるDRAMでは，微細化に伴ってキャパシタ容量が小さくなるため，キャパシタ面積が小さくても大きな容量の得られる高誘電率膜の開発が最も重要である．MPUでは，高速化の目的でゲート容量を増大させ，かつトンネル電流を防止させるための高誘電率を有する絶縁膜の開発，配線の遅延防止を目的とした低抵抗配線膜および低誘電率層間絶縁膜の開発が重要な課題である．

　システムLSIでは，MPU用の材料開発の他に種々のLSI間の微小ワイヤリング技術が重要である．以上の事柄は半導体ウエハ上での材料加工プロセスであるが，チップに切断後，これらを高密度に実装するための方式およびこれに使用する材料・加工プロセスも重要である．上述したように，材料，微細加工およびプロセス技術は，DRAM，MPUおよびSOCのようなデバイスを繋ぐ横の技術であり，今後のLSI技術発展の鍵を握っている．

　したがって，すべてのデバイスの製造に共通する基本技術は微細加工技術で

8　第1章　半導体技術の歴史

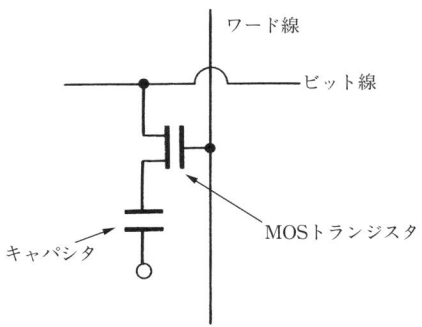

図1.7 DRAM の構成．
［舛岡富士雄："躍進するフラッシュメモリ"（工業調査会，1993）より引用］

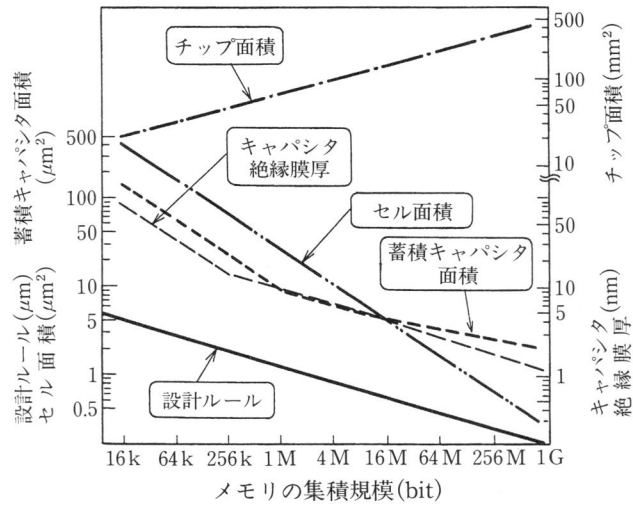

図1.8 半導体製造技術におけるデバイスパラメータの推移（セル面積：1ビットの情報を記録するセルの面積）．
　　［木村紳一郎：徳山　巍編"超微細加工技術"（オーム社，1997）より引用］

ある．本節では，主として DRAM を例にとり，その微細加工，製造プロセスの変遷を述べる．

　DRAM は，図1.7 で示すように MOS（Metal-Oxide-Semiconductor）ト

ランジスタ1個と,キャパシタ1個で1ビットを形成し,ワード線に電圧を印加して栓の役割を果たしている MOS トランジスタを開け,ビット線からコンデンサに電荷を蓄積することで情報を記録する[10,11].

図1.8に半導体製造技術におけるデバイスパラメータ,すなわち最小線幅(設計ルール),1ビットの情報を記録するセルの面積,電荷の形で情報を記録するためのキャパシタの絶縁膜厚さおよび蓄積キャパシタ面積等の推移を1Gビットの領域まで外挿して示した[12].メモリの高集積化とともに最小線幅は前世代デバイス(3～4年前の1/4の集積度を持つデバイス)に対して60%の割合で縮小され,これによりセル面積は前世代の35%に縮小されている.さらに,キャパシタの絶縁膜厚およびキャパシタ面積も縮小されている.図1.9には,高集積化に伴う DRAM セルの構造の推移を示す.メモリセルは,1個のスイッチング用 MOSFET と,1個の電荷蓄積用のキャパシタから構成され,キャパシタに蓄えた電荷を情報として利用する.しかし,キャパシタ面積,キャパシタ絶縁膜厚およびその誘電率で決まる蓄積容量は高集積化による面積の微細化とともに小さくなる.このため,1Mビットまでは,(a)に示す

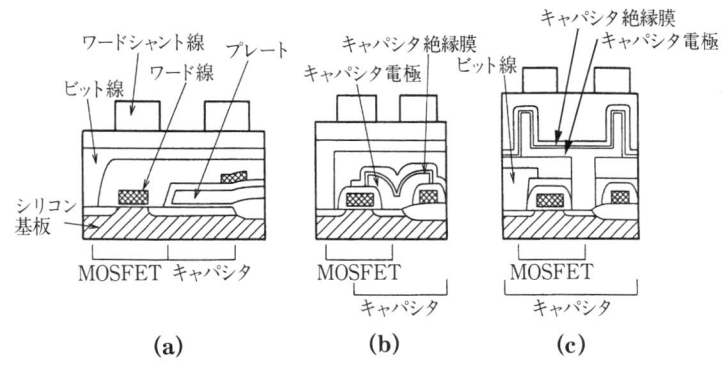

図1.9 DRAM メモリセル構造の変化.

1 M ビットの世代までは MOSFET とキャパシタは同一平面上に形成されていた.4 M ビット以降では,キャパシタの面積を増加させるためにキャパシタが MOSFET の上に張り出している.64 M ビット以降ではビット線をキャパシタの下に作ることで,さらにキャパシタの面積の増加を図っている.

(a)1 M ビット,(b)4～16 M ビット,(c)64 M ビット以降.
[木村紳一郎:徳山 巍編"超微細加工技術"(オーム社,1997)より引用]

ようにMOSFETとキャパシタを同一平面上に形成（プレーナ型）していたが，4Mビット以降の世代においては，（b）（c）に示すようにキャパシタ面積を大きくできる構造（積層容量型）のメモリセルが開発されている．これらの微細構造を作製する要はリソグラフィーとドライエッチング技術である．リソグラフィー技術（第6章）は，露光に使用する光の短波長化，レジスト材料の改善により加工可能寸法を小さくしてきた．すなわち，1.3 μm（1 M）プロセスでは，高圧水銀ランプ光源のg線（波長$\lambda=436$ nm）とし，ノボラック樹脂系レジストを使用していたが，サブミクロンプロセスではi線（$\lambda=365$ nm）およびノボラック樹脂系レジストを用いて微細化に対応した．しかし，寸法が光の波長と同程度になる0.3 μm（64 M）以下の技術では，光源をKrFエキシマレーザ（$\lambda=248$ nm），レジストをポリヒドロキシスチレン系のベース樹脂を持った化学増幅系材料にする方法が用いられている．さらに微細加工が要求される1GビットのDRAM等のULSIでは，ArFエキシマレーザ（$\lambda=193$ nm）と環状構造を持った樹脂を用いた化学増幅系のレジストが適用されている[13]．

　リソグラフィー技術で，レジスト上に形成したパターンを下地の膜に転写してデバイスを作る工程がエッチング技術である．サブミクロンプロセスにおいては，フッ素（F）や塩素（Cl）などのハロゲン原子を含んだプラズマを用い下地材料の表面近傍に揮発性の反応生成物を生成させて解離させる，いわゆるドライエッチング技術が使用されている．そして，微細化とともに再現性の得られやすい高密度プラズマの発生方法が検討されている．

　最後に，半導体デバイスの製造技術の変遷を最小線幅，微細加工技術，トランジスタ技術および配線技術について，材料およびプロセスの立場から図1.10にまとめた．ただし，集積度はDRAMで示してある．これらについては各論において詳細に述べる．

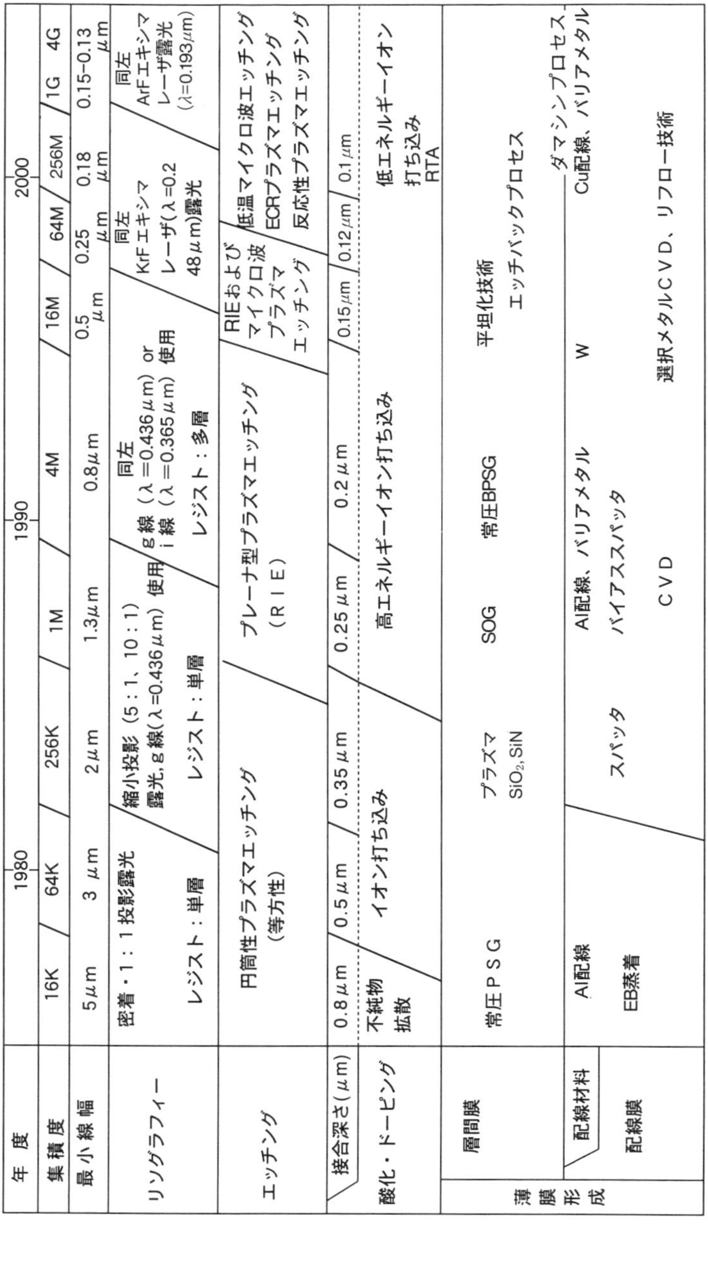

1.2 製造プロセスの歴史　11

年度	1980		1990			2000			
集積度	16K	64K	256K	1M	4M	16M	64M	256M	1G　4G
最小線幅	5μm	3μm	2μm	1.3μm	0.8μm	0.5μm	0.25	0.18	0.15-0.13 μm
リソグラフィー	密着・1:1投影露光		縮小投影 (5:1, 10:1)露光, g線(λ=0.436μm)使用		同左 g線(λ=0.436μm) or i線(λ=0.365μm)使用		KrFエキシマレーザ(λ=0.248μm)露光		同左 ArFエキシマレーザ露光 (λ=0.193μm)
	レジスト：単層		レジスト：単層		レジスト：多層				
エッチング	円筒性プラズマエッチング(等方性)			プレーナ型プラズマエッチング(RIE)		RIEおよびマイクロ波プラズマエッチング	低温マイクロ波ECRプラズマエッチング 反応性プラズマエッチング		
接合深さ(μm)	0.8μm	0.5μm	0.35μm	0.25μm	0.2μm	0.15μm	0.12μm	0.1μm	
酸化・ドーピング	不純物拡散	イオン打ち込み		高エネルギーイオン打ち込み			低エネルギーイオン打ち込み RTA		
薄膜形成	層間膜	常圧PSG		プラズマ SiO₂, SiN	SOG	常圧BPSG	平坦化技術		ダマシンプロセス
	配線材料	Al配線			Al配線, バリアメタル		W エッチバックプロセス		Cu配線, バリアメタル
	配線膜	EB蒸着		スパッタ	バイアススパッタ CVD				選択メタルCVD, リフロー技術

図1.10　半導体製造技術の変遷.

参考文献

1) 菅原　彪, 関根幹雄："ハードウエア技術"（コロナ社, 1998）p. 99.
2) 松本光功, 伊藤彰義, 森迫昭光："磁気記録工学"（共立出版, 1997）p. 6.
3) C. Y. Chang and S. M. Sze, "ULSI Technology"（McGraw-Hill, 1996）.
4) 富沢　孝, 松山泰男訳："CMOSVLSI 設計の原理"（Neil H. E. Weste and K. Eshraghian: "Principles of CMOS VLSI Design"（Addison-Wesley, 1985）,（丸善, 1988）p. 5.
5) 柳井久義, 永田　穣："集積回路工学"（コロナ社, 1979）p. 1～7.
6) 応用物理学会編："応用物理データブック", 第9章半導体デバイス, 第10章半導体製造技術（丸善, 1995）.
7) 堂山昌男, 北田正弘訳："エレクトロニクスと情報革命を担う シリコンの物語"（F. Seitz and N. G. Einspruch: "Electronic Genie", Univ. of Illinois Press, 1998）（内田老鶴圃, 2000）p. 53.
8) 長野隆洋：私信.
9) "2000 半導体テクノロジー大全"（電子ジャーナル, 2000）p. 26～30.
10) 舛岡富士雄："躍進するフラッシュメモリ"（工業調査会, 1993）第1章半導体メモリ.
11) 岸野正剛："現代半導体デバイスの基礎"（オーム社, 1995）第5章 MOS トランジスタ.
12) 徳山　巍編："超微細加工技術"（オーム社, 1997）p. 269～275.
13) 岡崎信次：リソグラフィー技術, 応用物理, 第69巻, 第2号（2000）p. 196～200.

第2章 半導体デバイス物理の基礎

2.1 固体のバンド理論

量子力学によれば，純粋な半導体は結晶内の電子はエネルギーバンド（energy band）と呼ばれる限定されたエネルギー値の中にあり，このバンドは，電子がエネルギーを持っていないエネルギー領域によって分離されている．これらの領域はエネルギーギャップ E_G（energy gap）あるいはバンドギャップ（band gap）と呼ばれている．図2.1 にエネルギーバンドとギャップの関係を示す．

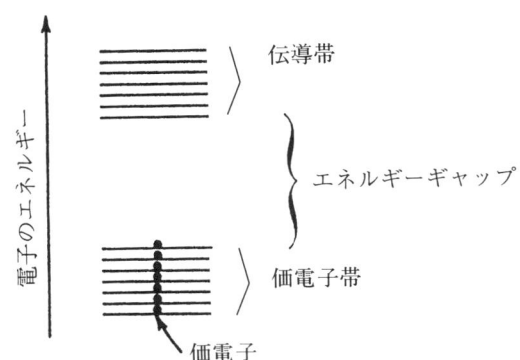

図 2.1 半導体における電子のエネルギーバンド．
[A. Grove: "Physics and Technology of Semiconductor Device" (John Wiley & Sons, 1967) より引用]

半導体を構成する原子の最外殻電子は原子間の結合に寄与しており，価電子と呼ばれる．結合に寄与している電子は自由に動くことができないので，そのエネルギーは最も低い状態にあり，この状態のエネルギーバンドは価電子帯（valence band）と呼ばれている．代表的な半導体であるシリコンでは，原子間の結合が，あまり強くないため，熱的振動等により簡単に切れやすい．しかも，絶縁体に比較してバンドギャップが狭いため，価電子帯の電子のいくつかは伝導体にジャンプして，価電子帯に電子の欠損部を残す．これを正孔という．価電子は隣接する結合から正孔の位置に移ることができる．これに付随して電荷の流れ，すなわち電気伝導が起こる．したがって，正に帯電した正孔は電子とは逆向きに動く．電子と正孔による電気伝導の模式図を図2.2(a)(b)に示す．このように，電気伝導は電子と正孔により起こる．

図2.1で示したエネルギーは電子のエネルギーであるが，これが高くなると，電子はバンドの中のより高い位置へ移動し，逆に正孔はより低い位置に移動する．図2.3にエネルギーバンドの意味を示す．ここで，E_c は電子のポテンシャルエネルギー，E_v は正孔のポテンシャルエネルギーである．電子は E_c より高いエネルギー状態にあるとき，また，正孔は E_v よりも低いエネルギー

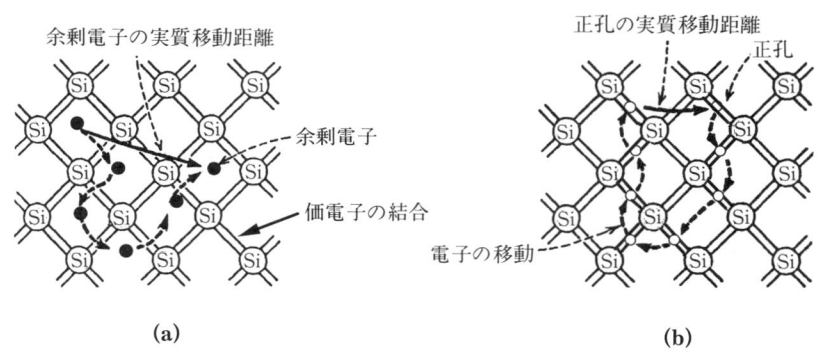

図2.2 電子と正孔とによる電気伝導の模式図．
(a)電子のランダムな移動，(a)では原子の結合に寄与している電子が移動する．
(b)正孔のランダムな移動，(b)では，正孔の位置に次々電子が移動し，その結果として正孔が移動して電気伝導が起こる．
[W. Shockley: "Electrons and Holes in Semiconductors" (D. Van Nostrand Company, Inc., 1959) より引用]

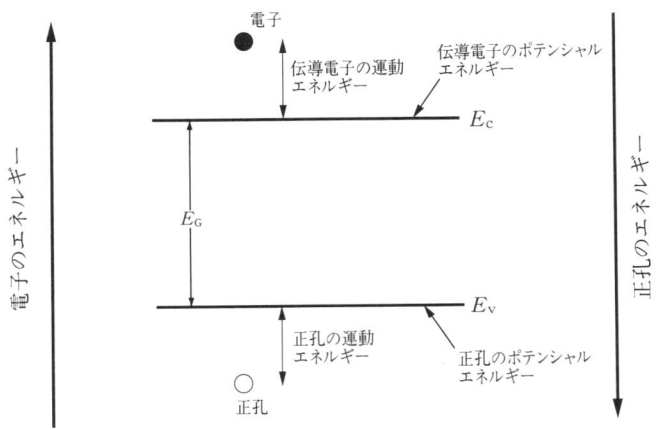

図 2.3 エネルギーバンドの意味.
[A. S. Grove: "Physics and Technology of Semiconductor Devices" (John Wiley & Sons, 1967) より引用]

状態にあるとき, それぞれ, 自らのエネルギーとバンド端との間で示される運動エネルギーを持っている.

2.2 半導体における電子と正孔の挙動

　高純度の半導体においては, 伝導電子と正孔は原子の結合が切断されるときだけ生ずる. この場合, 電導電子濃度 n と正孔濃度 p はともに等しく, 半導体の真性キャリア (carrier) 濃度 n_i と呼ばれる. Si, Ge および GaAs の真性キャリア濃度 n_i の温度依存性を図 2.4 に示す. n_i はいずれの半導体の場合も温度が高くなるにつれて急激に増加し, また, 一定の温度で比較するとエネルギーギャップが大きい半導体ほど, n_i は低い. これらのことから, n_i と温度およびバンドギャップ E_G との関係は

$$n_i \propto \exp\left(-\frac{E_G}{2kT}\right) \tag{2.1}$$

と表される. ここで, k はボルツマン定数, T 絶対温度である.
　次に, 5価の元素であるリン (P) を半導体シリコンに添加した場合, 図 2.5

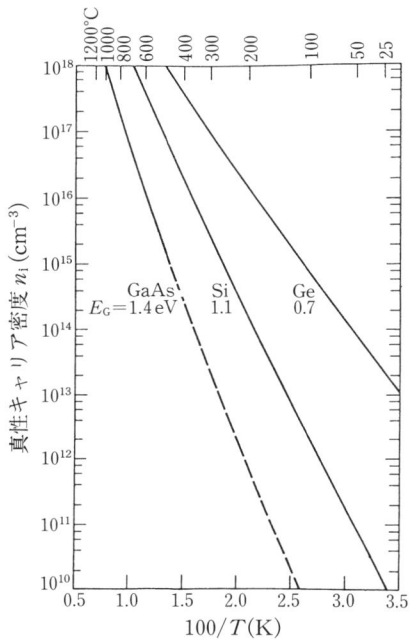

図 2.4 シリコン，ゲルマニウム，およびガリウムヒ素の真性キャリア濃度と温度との関係（E_G はエネルギーギャップを示す）．
[A. S. Grove: "Physics and Technology of Semiconductor Devices" (John Wiley & Sons, 1967) より引用]

（a）で示すようにP原子はシリコン原子の位置に入り込み，隣のSi原子と4本の結合を作る．しかし，余分の電子は結合に加わることができず，シリコン結晶中を自由に動き回ることができる．動き回ることができるのは，Pのイオン化エネルギーがシリコンのエネルギーギャップよりかなり小さい（0.05 eV）ためである．一方，3価の元素であるホウ素（B）をシリコンに添加した場合には，（b）で示すように4価のSiと結合するには電子が1個不足する．そのためSi原子を取り巻く結合は1個欠損しており，これが正孔になる．この正孔にはすぐ隣の価電子が移動できるので，正孔は容易に移動できる．この正孔のイオン化エネルギーは 0.05 eV で E_G に比較すると非常に小さい．

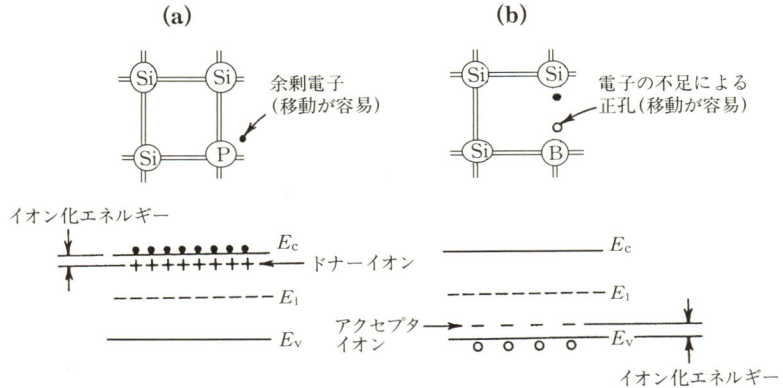

図 2.5 異なる元素を添加した半導体の原子結合とエネルギーバンド．
（a）n 型半導体，（b）p 型半導体．
[A. S. Grove: "Physics and Technology of Semiconductor Devices" (John Wiley & Sons, 1967) より引用]

なお，Pのように5価の元素を電子を供給するという意味でドナー，Bのように3価の元素を電子を受け入れるという意味でアクセプタと呼んでいる．

2.3　フェルミ-ディラックの分布関数とキャリア密度

半導体における電子のエネルギー分布は，フェルミ-ディラックの統計の法則に従う．あるエネルギー E に電子が存在する確率は，フェルミ準位 E_F を用いてフェルミ-ディラック分布関数 $f(E)$ で表される．ここで，

$$f(E) = \frac{1}{e^{(E-E_F)/kT}+1} \qquad (2.2)$$

で示される．フェルミ準位とは図2.6に示すように，ある温度のエネルギー状態で電子によって占有されている確率が，ちょうど1/2であるエネルギー準位である．電子エネルギーが少なくともフェルミ準位の上下の数 kT のエネルギー範囲にある場合，フェルミ-ディラック分布関数は以下の簡単な式になる．

$E > E_F$ のとき　　　　$f(E) \risingdotseq e^{-(E-E_F)/kT}$ 　　　　(2.3)

$E < E_F$ のとき　　　　$f(E) \risingdotseq 1 - e^{-(E_F-E)/kT}$ 　　　　(2.4)

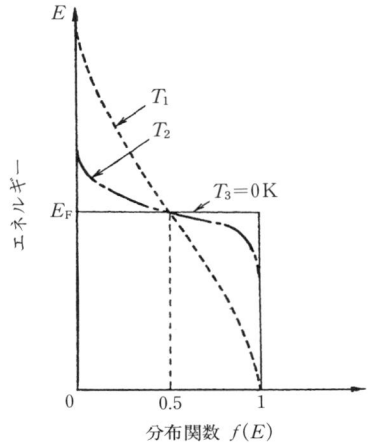

図 2.6 フェルミ-ディラック分布関数（$f(E)$ はフェルミ-ディラックの分布関数，T は絶対温度で $T_1 > T_2 > T_3$，E_F はフェルミエネルギー）．

このうち，(2.4)式の第2項は，エネルギー E にある中心の，正孔により占有される確率を表している．

伝導電子 n および正孔 p のキャリア密度は伝導体の状態密度[*1] N_c，価電子帯の状態密度 N_v を用い，それぞれ

$$n = N_c e^{-(E_c - E_F)/kT} \tag{2.5}$$

$$p = N_v e^{-(E_F - E_v)/kT} \tag{2.6}$$

で与えられるが，真性キャリア密度 n_i とフェルミエネルギー準位 E_F，真性半導体のフェルミ準位 E_i だけで表すと

$$n = n_i e^{(E_F - E_i)/kT} \tag{2.7}$$

$$p = n_i e^{(E_i - E_F)/kT} \tag{2.8}$$

となる．

図2.7に真性半導体，n型半導体およびp型半導体のエネルギーバンドとキ

[*1] 状態密度：E というエネルギーをもつ準位が単位体積あたり何個存在するかを表す．例えば，この値と電子が占める確率 $f(E)$ との積が伝導電子のキャリア密度となる．

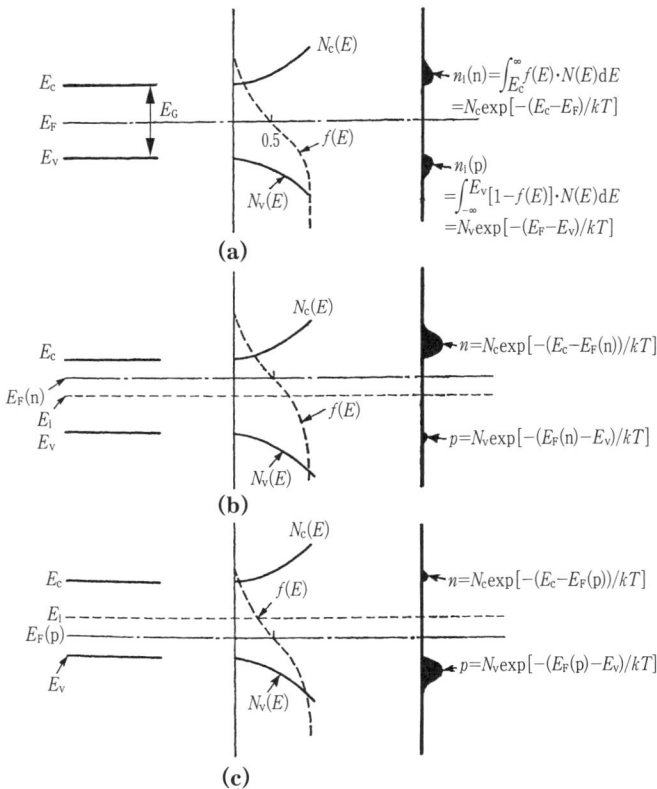

図 2.7 真性半導体, n 型半導体および p 型半導体のエネルギーバンドとそれぞれのキャリア密度との関係（黒く塗りつぶしている領域は伝導電子および正孔のキャリア密度の分布を示す）.
（a）真性半導体, （b）n 型半導体, （c）p 型半導体.
[岸野正剛: "現代半導体デバイスの基礎"（オーム社, 1995）を参考にした]

ャリア密度を示す．(a)は真性半導体の場合である．(b)はn型半導体の場合で，フェルミ準位 E_F が伝導体側に移動するためにフェルミ分布は(a)に比べ高エネルギー側にずれる．このため，$f(E)$ と $N_c(E)$ との積である伝導電子密度は著しく増大する．(c)はp型半導体の場合で，E_F が価電子帯側に移動する．正孔密度は $\{1-f(E)\}$ と $N_v(E)$ の積であるので価電子帯で著しく増大

する．

2.4 半導体の電気伝導機構

　半導体の電気伝導は半導体の中をキャリアが移動することによって起こる．キャリアの移動には，加えられた電場 ε による場合（ドリフト）と半導体中のキャリア密度が不均一な場合に密度の高い方から低い方に起こる場合（拡散）とがある．

　電場 ε を加えたときの電子電流および正孔電流密度はそれぞれ次式で与えられる．

$$J_n = qn\mu_n\varepsilon \tag{2.9}$$

$$J_p = qp\mu_p\varepsilon \tag{2.10}$$

ここで，J_n は電子伝導電流密度（A/cm²），q は正電荷（C），n は電子のキャリア密度（cm⁻³），μ_n は電子の移動度[*2]（cm²/V·s），J_p は正孔伝導電流密度，μ_p は正孔の移動度（cm²/V·s）である．

　一方，拡散による電子電流密度 J_n および正孔電流密度 J_p は次式で与えられる．

$$J_n = qD_n \cdot dn/dx \tag{2.11}$$

$$J_p = -qD_p \cdot dp/dx \tag{2.12}$$

ここで，D_n および D_p はそれぞれ電子および正孔の拡散係数（cm²/s）である．両者の寄与がある場合，

$$J_n = qn\mu_n\varepsilon + qD_n \cdot dn/dx \tag{2.13}$$

$$J_p = qp\mu_p\varepsilon - qD_p \cdot dp/dx \tag{2.14}$$

となる．キャリアが均一に分布しているときは，(2.13)，(2.14)式において dp/dx，dn/dx とも 0 であるから，全電流密度 J は

$$J = J_n + J_p = q(\mu_n \cdot n + \mu_p \cdot p)\varepsilon = \sigma\varepsilon \tag{2.15}$$

である．

　これはオームの法則であり，導電率 σ は

[*2]　移動度：1 V/cm の電場の下での電子あるいは正孔の速度（cm/s）．

$$\sigma = q(\mu_n \cdot n + \mu_p \cdot p) \tag{2.16}$$

で表される．

2.5 pn 接合の物理

　今日のエレクトロニクスの隆盛はダイオードとトランジスタの発明に端を発している．現在のトランジスタを始めとする半導体デバイスのほとんどは，1個の半導体結晶中に作られた p 型と n 型領域の組み合わせからなっている．これらの構造の中で半導体デバイスの特性を決めるものが p 型半導体領域と n 型半導体領域の接触からなる pn 接合である．

　図 2.8 に pn 接合ダイオードの構造(a)，その電気記号(b)および pn 接合における電流-電圧特性(c)を示す．(c)において右半分の場合が順バイアスの場合といわれ，p 型領域への正電圧の印加により電流は急激に増加する．左半分が n 型領域への正電圧の印加で電流が流れにくい逆バイアスの場合である．このような整流作用が何故生じるのかは半導体のエネルギーバンド構造により理解される．図 2.9 は n 型(a)と p 型(b)半導体のエネルギーバンド構造および pn 接合のエネルギーバンド構造(c)を示す．前述のように，n 型半導体ではフェルミ準位 $E_F(n)$ が真性フェルミ準位 E_i と伝導体下端のエネルギー E_c の間にくる．一方，p 型半導体のフェルミ準位 $E_F(p)$ は E_i と価電子帯上

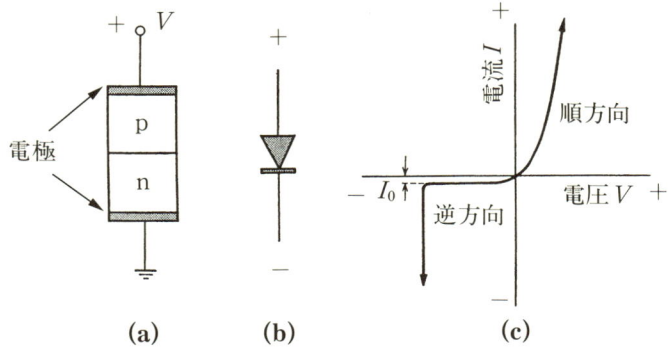

図 2.8　pn 接合（ダイオード）の構造(a)，電気記号(b)および電流-電圧特性（I_0 は飽和電流を示す）．

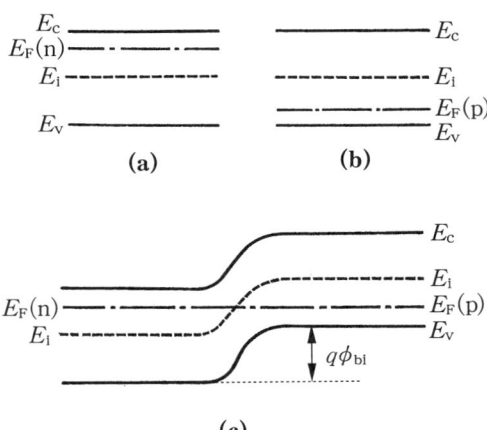

図 2.9 n 型（a）と p 型（b）半導体のエネルギーバンド構造と pn 接合（c）のエネルギーバンド構造．
［岸野正剛："現代半導体デバイスの基礎"（オーム社，1995）を参考にした］

端のエネルギー E_v の間にくる．接合前，両者のフェルミエネルギーは一致していない．接合により両者のフェルミエネルギーが一致するため，pn 接合部のエネルギーバンドに曲がりが生ずる．これは（c）において p 型半導体領域における $(E_F(p)-E_i)$ と n 型半導体領域における $(E_i-E_n(n))$ との和 $E_F(p)-E_n(n)$ で表されるエネルギー障壁 $q\phi_{bi}$ が発生するためであり，これが pn 接合をエネルギー的に安定にしている．内部電位 ϕ_{bi} は，p 領域のアクセプタ濃度を N_a，n 領域のドナー濃度を N_d とすると

$$\phi_{bi} = \frac{kT}{q} \ln \frac{N_a \cdot N_d}{n_i^2} \tag{2.17}$$

で表される．

内部電位が発生する領域は電荷のない空間電荷領域（空乏層）と呼ばれる領域で，これを図 2.10（a）に示す．すなわち，伝導電子と正孔は結晶中を自由に動けるので，接合により接合近傍の電子は p 型半導体の向きへ拡散し，正孔と結合して消滅する．正孔は n 型半導体の向きに拡散し，同様に電子と再

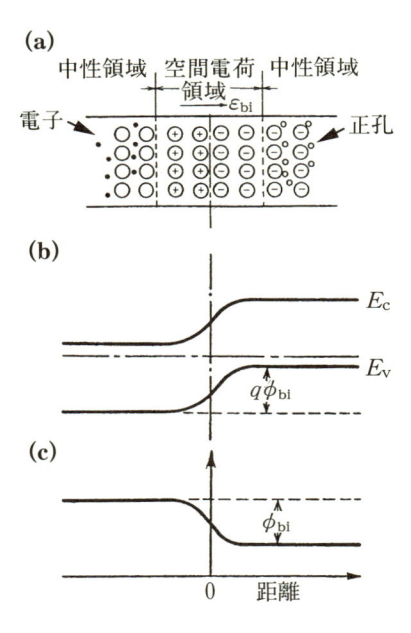

図 2.10 平衡状態における pn 接合部の空間電荷領域（a），エネルギーバンド構造（b）および静電ポテンシャル（c）．ε_{bi} は内部電場．
〔岸野正剛："現代半導体デバイスの基礎"（オーム社，1995）より引用〕

結合して消滅する．したがって，(a)に示すように n 領域では伝導電子密度が著しく減小し，p 領域では正孔密度が著しく減少した領域が出現する．これを空間電荷領域あるいは空乏層と呼ぶ．この空間電荷領域の出現により内部電界が n から p に向けて発生し，正孔は p 型領域に，電子は n 型領域に閉じ込められて安定になる．(b)には pn 接合のエネルギーバンドおよび(c)には静電ポテンシャルの図を示す．接合により n 型領域のポテンシャルは p 型領域のそれよりも高くなることは(a)の内部電場の向きから明らかである．この差 ϕ_{bi} が内部ポテンシャルである．一方，エネルギーとポテンシャルとの間には

$$\phi = \frac{-E_i}{q} \tag{2.18}$$

の関係があるのでエネルギーバンド構造はポテンシャル分布と逆になり，p 型

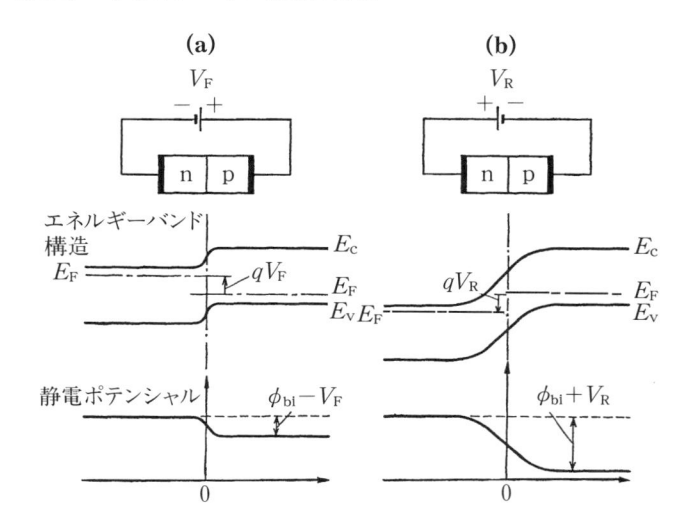

図 2.11 順バイアス状態（a）および逆バイアス状態（b）のときのエネルギーバンド構造と静電ポテンシャル．
　［岸野正剛："現代半導体デバイスの基礎"（オーム社，1995）より引用］

がn型よりも $q\phi_{bi}$ だけ高くなる．

　次に，pn接合に外部電圧 V_F を印加した場合の内部ポテンシャルの変化を述べる．図2.11に外部電圧を加えたときのエネルギーとポテンシャルの変化の様子を示す．（a）は順方向（p側に正電圧）に電圧 V_F を印加した場合のバンド図構造とポテンシャル分布である．順バイアスでは，ポテンシャル障壁は印加した電圧だけ低くなる．このため，エネルギー障壁を越してn領域の伝導電子はp領域へ，p領域の正孔はn領域へ容易に移動することができる．p領域へ流れ込んだ伝導電子は，p型の多数キャリアである正孔と再結合し，同様にn領域に流れ込んだ正孔は多数キャリアである伝導電子と再結合して消滅する．したがって，流れは停止することなく続く．このことは順方向に電流が流れやすいことを示している．一方，逆バイアスを加えた場合（b）には加えた電圧 V_R だけポテンシャル障壁は高くなり，p領域の正孔もn領域の伝導電子も相対的にエネルギー障壁を越えにくくなるので電流も流れにくくなる．

　pn接合に電圧を印加したときに流れる電流 I は，次式で与えられる．

$$I = qA\left(\frac{D_\mathrm{p}}{L_\mathrm{p}}p_\mathrm{n} + \frac{D_\mathrm{n}}{L_\mathrm{n}}n_\mathrm{p}\right)\left(\exp\left(\frac{qV}{kT}\right) - 1\right) \tag{2.19}$$

ここで，A は接合面積，D_p は正孔の拡散係数，D_n は電子の拡散係数，L_p は正孔の拡散距離（$\sqrt{D_\mathrm{p}\tau_\mathrm{p}}$，$\tau_\mathrm{p}$ は正孔の寿命），L_n は電子の拡散距離（$\sqrt{D_\mathrm{n}\tau_\mathrm{n}}$，$\tau_\mathrm{n}$ は電子の寿命），p_n は平行状態における n 型領域での正孔密度（$\fallingdotseq n_\mathrm{i}^2/N_\mathrm{d}$），$n_\mathrm{p}$ は平行状態における p 型領域での電子密度（$\fallingdotseq n_\mathrm{i}^2/N_\mathrm{a}$）である．

なお，室温（300 K）では，$n_\mathrm{i} \fallingdotseq 1.45 \times 10^{10}\,(\mathrm{cm}^{-3})$ であり，$q/kT \fallingdotseq 38.6\,(1/V)$ である．

(2.19)式を印加電圧 V の関数として描くと図2.12のようになる．

ここで，電圧 V が負の場合，室温での $\exp(qV/kT)$ はほぼ 0 と見なせるので逆方向の飽和電流 I_0 は次式で与えられる．

$$I_0 = -qA\left(\frac{D_\mathrm{p}}{L_\mathrm{p}}p_\mathrm{n} + \frac{D_\mathrm{n}}{L_\mathrm{n}}n_\mathrm{p}\right) \tag{2.20}$$

また，順方向の立ち上がり電圧は約 0.7 V である．

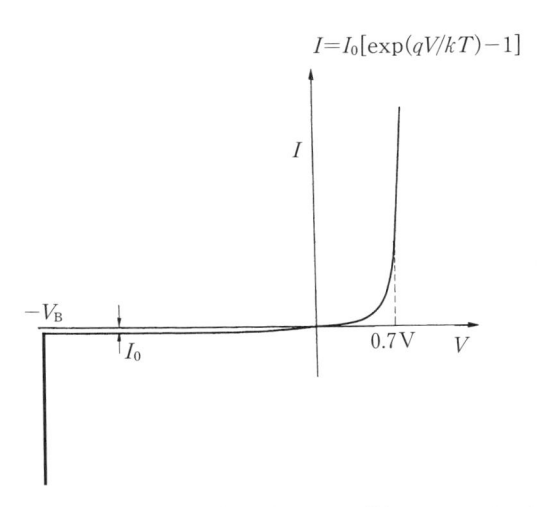

図 2.12 シリコンにおける pn 接合の電圧-電流特性（I_0 は逆方向の飽和電流，V_B は降伏電圧）．
　［柳井久義，永田　穣："集積回路工学（1）"（コロナ社，1979）より引用］

2.6 MOSトランジスタの物理

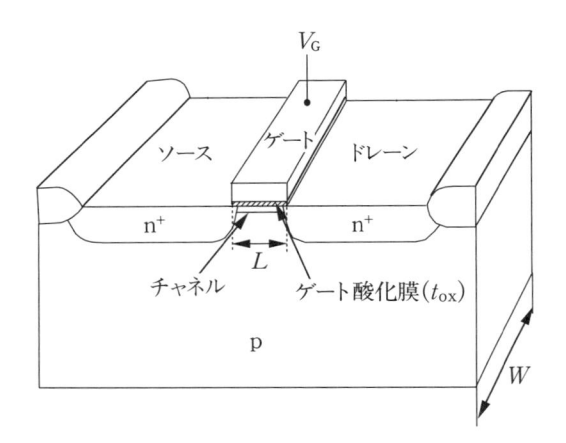

MOS（nチャネル）トランジスタの基本構造を図2.13に示す．ゲートと呼ばれる電極に加えられた正の電圧 V_G により，キャリア（ここでは電子）を供給するためのソースおよびキャリアを外部へ取り出すためのドレーンとの間に電子の通路（チャネル，ここではnチャネル）ができ，ソースおよびドレー

図2.13 MOSトランジスタの基本構造．
[岸野正剛，小柳光正："VLSI デバイスの物理"（丸善，1986）より引用]

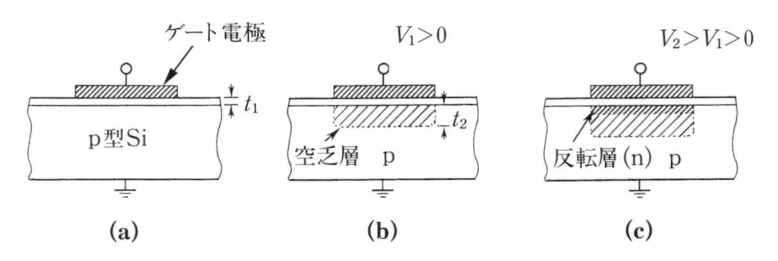

図2.14 MOSダイオードへの電圧印加による空乏層，反転層の発生．
（a）電圧印加なし，（b）ゲートに正の電圧を印加，（c）さらに高い電圧を印加．
[岸野正剛："現代半導体デバイスの基礎"（オーム社，1995）より引用]

2.6 MOSトランジスタの物理

ンとが電気的に接続され，その結果として電流が流れる．ここで，ソースとドレーン間の距離 L をチャネル長（ゲート長），奥行き W をチャネル幅（ゲート幅）いう．

MOS構造のゲート酸化膜の厚さ t_{ox} が小さいほど電圧の効果が大きく，チャネル長が小さく，チャネル幅が大きいほど電流が流れやすい．本節では，まずMOS構造およびこの構造により何が起こるかを述べ，次にMOSトランジスタの動作原理と電圧-電流特性について述べる．

図2.14(a)で示すようにp型Si上に厚さ t_1 の酸化膜を形成し，その上に金属（ゲート）電極を設けたMOS構造を考える．この場合，$V=0$ である．次に(b)で示すように $V_1>0$ の電圧をゲート電極に印加した場合，ゲート電極下のp型半導体の表面では正孔が正電圧により排斥され，厚さ t_2 の空乏層が形成される．さらに高い電圧 V_2 ($V_2>V_1>0$) を印加すると，(c)で示すようにゲート電極下の非常に薄い領域においてp型Siがn型Siに反転する．これは V_2 で示す正電圧が高いため，負電荷である伝導電子が周囲から引き寄せられて起こる．この反転層がチャネル（この場合nチャネル）である．

図2.15にMOSトランジスタの電気的模式図を示す．電子を供給するソース（n型）と電子の排水溝の働きをするドレーン（n型）をゲートをはさんでp型半導体中に設けたnチャネルトランジスタの場合で，(a)がゲート電圧を印加しないときである．(b)がゲート電極に正の電圧 V_{GS} を印加した場合である．(c)が正孔を供給するソースと正孔の排水溝ドレーンをn型基板中に設けたpチャネルの場合である．(a)では，ゲート-ソース間電圧が0 Vであるため，ゲート直下のSiはp型のままであり，$V_D-V_S>0$ となるようなソース-ドレーン間の正電圧 V_{DS} を加えてもドレーン電流 I_D は流れない．ゲート-ソース間電圧 V_{GS} を増加させ，これがあるしきい値 (V_{th}) を超えると(b)に示すようにゲートの直下がn型に反転し，伝導電子が自由に通過できる通路（この場合をnチャネルという）が形成される．(b)において，このnチャネルが形成された状態でソース-ドレーン間にドレーンが正となるような電圧 V_{DS} を加えると，伝導電子はチャネルを通ってソースからドレーンに流れ，図2.16に示すようなドレーン電流となる．この図のように，ドレーン電流 I_D はゲート-ソース間に加える電圧により制御できる．また，線形領域とは，I_D が

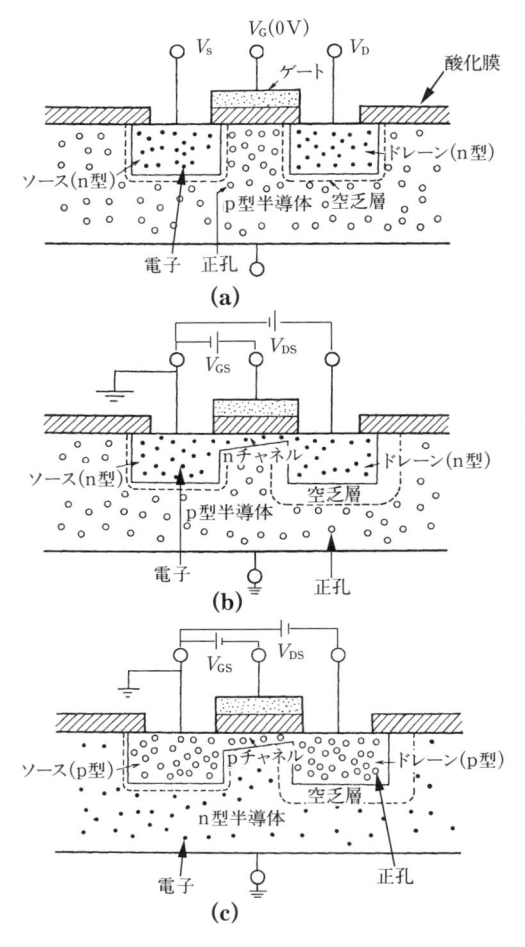

図 2.15 MOSトランジスタの電気的模型図.
(a)nチャネル構造，(b)(a)にV_{GS}を印加，(c)pチャネル構造.
[岸野正剛："現代半導体デバイスの基礎"(オーム社，1995)より原図を引用]

V_{DS}の増加によりほぼ直線的に増大する領域をいい，飽和領域，またはピンチオフ領域とは，I_Dが一定になって，V_{DS}に依存しない領域をいう．しゃ断領域とは，V_{GS}が伝導電子の流れを引き起こすのに必要な電圧，すなわちしきい値

2.6 MOSトランジスタの物理　29

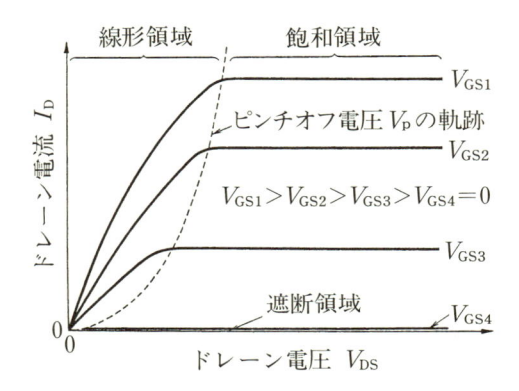

図2.16 nチャネルMOSトランジスタのドレーン電圧-電流特性と線形領域，飽和領域および遮断領域の区別．
［岸野正剛："現代半導体デバイスの基礎"（オーム社，1995）より引用］

電圧 V_{th} 以下のため V_{DS} を増大させても I_D が流れない領域である．線形領域は，nチャネルを流れる伝導電子が V_{DS} に依存して高速でドリフトするため，I_D が直線的に増大する．直線領域における I_D は次式で表すことができる．

$$I_D = \frac{W}{L}\mu_n C_{ox}\left[(V_{GS}-V_{th})V_{DS} - \frac{1}{2}V_{DS}^2\right] \quad (2.21)$$

ここで，図2.13で示したように，L はチャネル長，W はチャネル幅，C_{ox} はゲート酸化膜の容量（$\frac{A\varepsilon}{t_{ox}}$，ここで A はゲート面積，ε はゲート酸化膜の誘電率，t_{ox} はゲート酸化膜の厚さ），μ_n は表面における電子の移動度である．V_{DS} がさらに大きくなると，V_{DS} がp型基板とドレーンのpn接合に対し逆バイアスであるため空乏層が増大し，ドレーン端部で反転層が消滅して，ピンチオフ状態になる．すなわち，V_{DS} がピンチオフを起こす V_p 以上になっても，ドレーン電流 I_D は $V_{DS}=V_p$ のときのままの値で飽和する．飽和領域における I_D は次式で表すことができる．

$$I_D = \frac{1}{2}\cdot\frac{W}{L}\mu_n C_{ox}(V_{GS}-V_{th})^2 \quad (2.22)$$

以上のようにMOSトランジスタには導通（on）状態としゃ断（off）状態があるので，このデバイスはスイッチ作用を持つ．さらに，ゲート-ソース間

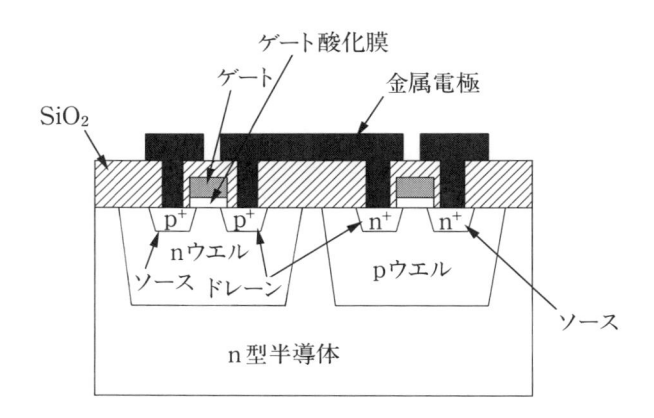

図 2.17 相補形 MOS（CMOS）トランジスタの基本断面構造．

電圧のわずかな変化によりドレーン電流を変えることができるので，増幅作用を持つ．実際の LSI では，一つのシリコン半導体基板上に n 型と p 型の二つの領域を設け，それぞれに nMOS と pMOS を作り込んだ図 2.17 に示す低消費電力の相補型 MOS トランジスタ（complementary MOS：CMOS，シーモス）が基本構造として使用されている．

参考文献

1) W. Shockley（川村　肇訳）："半導体物理学（上）"（吉岡書店, 1959）．
2) 岸野正剛："現代半導体デバイスの基礎"（オーム社, 1995）．
3) 柳井久義, 永田　穣："集積回路工学（1）"（コロナ社, 1979）．
4) 永田　穣, 川邊　潮："演習 集積回路工学"（コロナ社, 1997）．
5) 古川静二郎："半導体デバイス"（コロナ社, 1982）．
6) A. S. Grove："Physics and Technology of Semiconductor Devices"（John Wiley & Sons, 1967）．
7) 岸野正剛, 小柳光正："VLSI デバイスの物理"（丸善, 1986）．

第3章
半導体ウエハプロセスの概要

電子回路をシリコンウエハ上に構築するプロセスがLSIの主要製造工程であり，ウエハプロセスと呼ばれている．もちろん，優れたシステムの構成や回路の設計は重要ではあるが，ウエハプロセスの発展がなければ，LSIの高速化，高集積化および低消費電力化が達成されない．このウエハプロセスは，トランジスタ，キャパシタおよび抵抗をシリコンウエハに作り込む工程（フロントエンドプロセス）とそれらの素子および回路間を配線で接続して回路全体を作り上げる工程（バックエンドプロセス）とに分けられる．

LSIは世代ごとに回路素子および配線が微細化されながら発展しており，チ

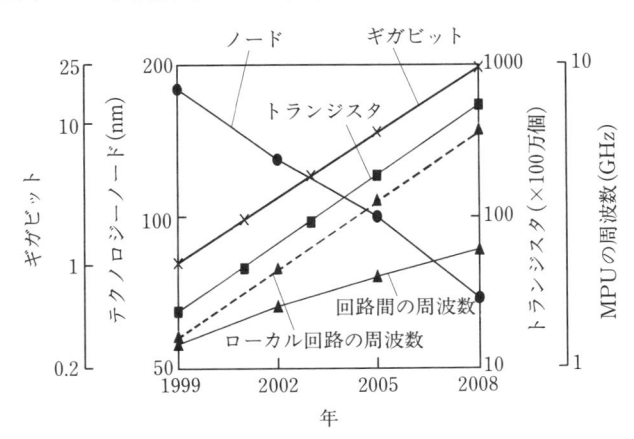

図3.1 マイクロプロセッサユニット(MPU)のロードマップ．
[R. H. Dennard, F. H. Gaensslen and H. N. Yu : IEEE J. Solid-State Circuits, SC-9 (1974) 256 より引用]

32　第3章　半導体ウエハプロセスの概要

ップ当たりのビット数やトランジスタ数あるいはマイクロプロセッサ（MPU）の性能が1.5〜2年で2倍向上する技術潮流になっている．図3.1はこれらを半導体産業共通の目標としてロードマップ化したものである．年々微細化技術（技術ノード）が進展し，MPUの周波数，MPUを構成するトランジスタ数，記録容量等が増加している．この微細化の要求に応える指導原理が寸法と性能を関係づけるトランジスタスケーリング則である．これに則ってLSIの微細化，高集積化が進んでおり，今後も同様の発展を続けると考えられる．スケーリング則の詳細については後述する．

　本章では，まず，LSIの代表格ともいえるCMOSトランジスタの基本的な

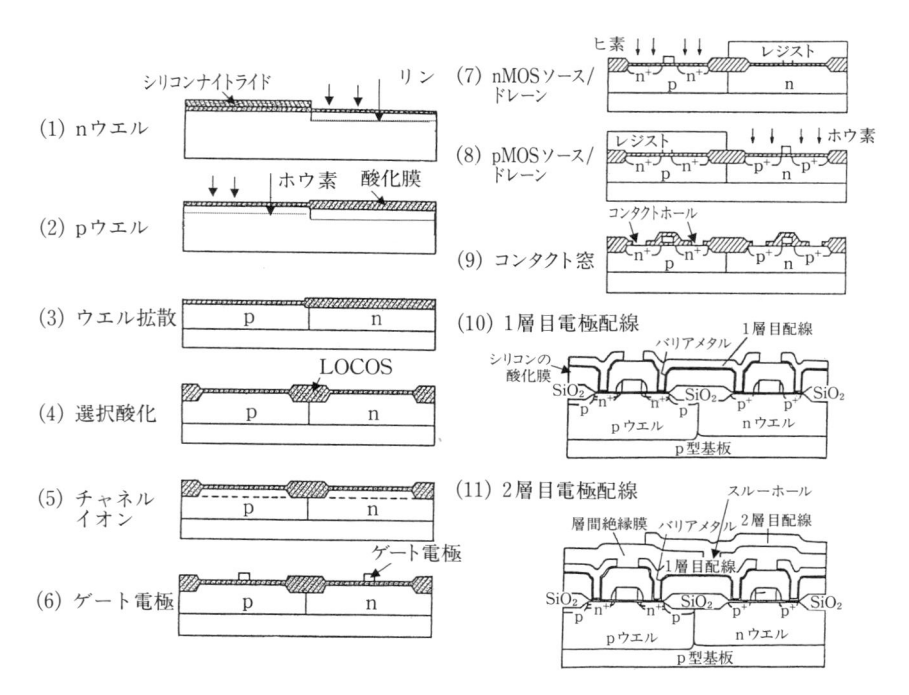

図3.2 CMOSトランジスタのウエハプロセス（p：p型シリコン，n：n型シリコン，n^+：n^+型シリコン（n型シリコンよりりん濃度が高い），p^+：p^+型シリコン（p型シリコンよりほう素の濃度が高い）．
［長野隆洋：菅原活郎，前田和夫編著"ULSI製造装置実用便覧"（サイエンスフォーラム，1991）p.87より一部改変］

ウエハプロセス（図3.2）の各工程について述べ，次に配線材料の重要性について述べる．

3.1 CMOS プロセス
3.1.1 ウエル形成

　相補型 MOS（CMOS）デバイスの動作メカニズムは2章において述べたが，nMOS や pMOS デバイスに比べ消費電力が少ないので LSI の高集積化には不可欠なデバイスである．CMOS は nMOS と pMOS の2種類のトランジスタからなり，nMOS は p ウエル上に，また，pMOS は n ウエル上に形成される．この二重ウエル構造は CVD のシリコンナイトライド膜を用いて，自己整合的にりんおよびホウ素イオンを打ち分けた後，拡散させて形成する（図3.2の1～3）．すなわち，(1)ではシリコンナイトライド層の下にりんイオンは打ち込まれず，(2)ではりん拡散面上にホウ素イオンのストッパになる厚さの酸化膜を設けた後シリコンナイトライドを除去し，ホウ素をイオン打ち込みする．(3)では拡散により p および n ウエルを形成する．

3.1.2 素子分離領域形成

　図3.2の(4)ではシリコンナイトライドを酸化膜上に再び形成し，フォトリソグラフィーと選択酸化によりシリコンナイトライドのない部分に厚い酸化膜（LOCOS：Local Oxidation of Silicon という）を形成する．図3.2の(5)ではしきい値電圧を調整するため，p および n ウエル表面に同種元素のイオンを打ち込む（チャネルイオン）．

3.1.3 ゲート電極形成

　図3.2の(6)では，ポリシリコン（多結晶 Si）およびポリシリコンとシリサイド（高融点金属とシリコンの化合物）との2層膜（ポリサイドという）からなるゲート電極膜を所定の厚さに CVD 等で形成する．その後，フォトリソグラフィーとエッチングでゲート電極を作製する．抵抗低減の目的で，W などの高融点金属のゲート電極を使用する場合がある．

3.1.4　ソース・ドレーン形成

　図3.2の(7)で示すように，フォトリソグラフィーとエッチングによりnウエルをレジストで覆った後，pウエル上にはゲート電極をマスクにしてヒ素をイオン打ち込みしてn^+MOSソース・ドレーン層を自己整合的に形成する．また，(8)で示すように，pウエルをレジストで覆った後，nウエル上にはゲート電極をマスクにしてホウ素イオンを打ち込みp^+MOSソース・ドレーン層を形成する．

3.1.5　層間膜形成およびコンタクト窓開け

　図3.2の(9)で示すように，CVDによりSiの酸化膜，りんガラス，Siの窒化膜を表面保護膜（層間膜）として全面に形成後，フォトリソグラフィーとエッチングによりコンタクト窓を開ける．

3.1.6　金属配線膜形成

　図3.2の(10)で示したように，CVDで厚いシリコンの酸化膜を形成し，フォトリソグラフィーとエッチングによりコンタクト窓を開ける．つぎにコンタクトホールにスパッタリングでTi/TiNあるいはTa/TaN等のバリアメタルが設けられる．これらはこの上に形成するAl配線とSiとの反応（SiがAl中に拡散する現象，Alスパイクという）を防止する目的で設けられる．さらに，スパッタリングによりAl配線をバリアメタル上に形成し，第一層配線を作る．Al配線の代わりにW膜をCVDにより設ける場合もあるが，このときも上記バリアメタルは必要である．次に，図3.2の(11)で示すように，第1層配線上に上記の層間絶縁膜を形成後，フォトリソグラフィーとエッチングによりスルーホールを開け，その上部に第2層配線を形成する．

3.2　トランジスタおよび配線スケーリング（理想スケーリング）

　前述のように，LSIの高速化，高集積化はトランジスタおよび配線のスケー

3.2 トランジスタおよび配線スケーリング（理想スケーリング）

リング則により進展している．後述するように，トランジスタの性能の一つであるゲート遅延はスケーリング則による寸法の減少で低減する．すなわち，トランジスタの性能は向上するが，逆に，配線部での遅延は大きくなるので配線性能が劣化する．さらに，後述のように，配線の微細化は信頼性の低下を引き起こす．ここに材料技術の重要な課題がある．

図3.3は，トランジスタのスケーリングの場所とスケーリング因子のかかわりを示している．ここで，W_G はゲート電極の幅，L_G はゲート電極の長さ，t_{ox} はゲート電極下の酸化膜の厚さ，X_j はソースとドレーンの厚さ，V_{DS} はソ

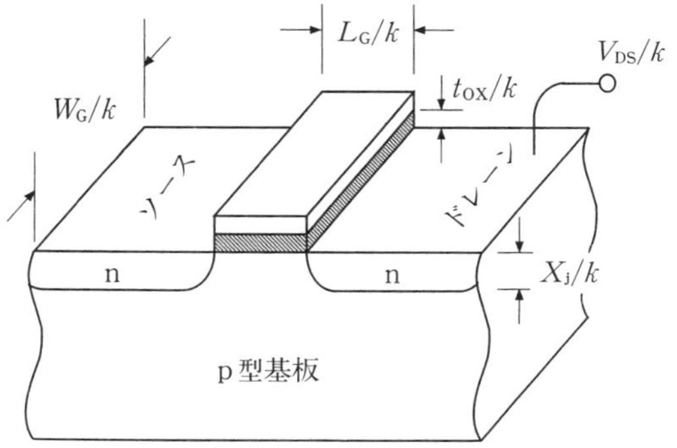

図3.3 スケーリングによるトランジスタの寸法と電圧の変化．
[長野隆洋：日本金属学会シンポジウム予稿集（2001年1月26日）より引用]

表3.1 トランジスタスケーリングの効果．

パラメータ	スケーリング因子
ゲート面積：$A \propto L_G W_G$	$1/k^2$
電　　場：$E \propto V_{DS}/t_{ox}$	1
寄生容量：$C \propto A/t_{ox}$	$1/k$
飽和電流：$I_D \propto (W_G/L_G \cdot t_{ox}) V_{DS}^2$	$1/k$
ゲート遅延：$t_{pd} \propto V_{DS} C/I_D$	$1/k$
電力損失：$P_d \propto V_{DS} I_D$	$1/k^2$
電力密度：$\propto P_d/A$	1

[長野隆洋：日本金属学会シンポジウム予稿集
（2001年1月26日）より引用]

ースとドレーン間の印加電圧である．スケーリング因子 k を用いて，これらの寸法と印加電圧をそれぞれ $1/k$ にすることによりスケーリングを行う．また，表3.1はスケーリング則により，どの程度トランジスタの性能が向上するかを示している．表3.1において，ゲート面積 A は $L_G W_G$ に比例するので $1/k^2(1/k \cdot 1/k)$，飽和電流 I_D は $(W_G/L_G) \cdot 1/t_{ox} \cdot V_{DS}^2$ に比例するので $1/k\{(1/k/1/k) \cdot 1/1/k \cdot (1/k)^2\}$，寄生容量 C は A/t_{ox} に比例するので $1/k\{(1/k)^2/1/k\}$，MOSデバイスの立ち上がり時間であるゲート遅延 t_{pd} は，$V_{DS} \cdot C/I_D$ に比例するので $1/k(1/k \cdot 1/k/1/k)$ というように微細化により性能が改善される．図3.4はゲート遅延におよぼすゲート長 L_G の影響を示したものである．L_G を短くすることにより期待通りの高速化が実現している．

図3.5は，LSIの多層配線構造と寄生抵抗と容量を模式的に示したものである．本図において，W は配線幅，L は配線長さ，t は配線厚さ，C_{ln} は配線容量，R_{ln} は配線抵抗，C_s は基板容量，t_s は基板と配線との距離，S は配線間の距離，t_{ll} は層間膜の厚さ，C_{vl} は層間容量である．W, t, S, t_s, t_{ll} をそれぞれ $1/k$ にスケーリングする．一方，配線長さ L に対するルールはLSIを構成する回路ブロック内のローカル配線と，回路ブロックを相互接続するグローバル配線により異なり，前者は $1/k$，後者は 1 である．なぜならば，LSI 性能

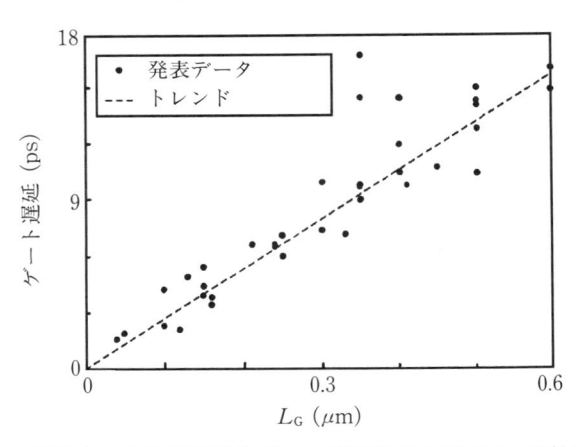

図 3.4 nMOSFET のゲート遅延におよぼす L_G の効果．

[M. T. Bohr : International Electron Device Meeting, Tech. Digest. (1998) 241 より引用]

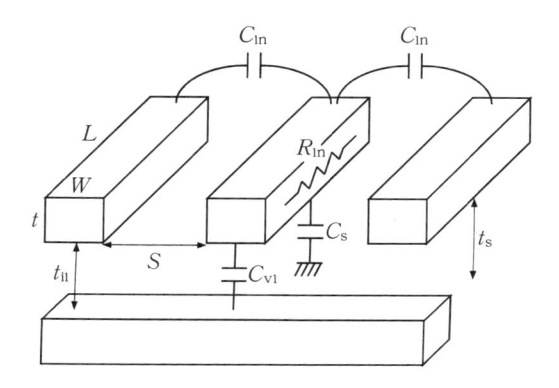

3.2 トランジスタおよび配線スケーリング（理想スケーリング）

図 3.5 多層配線構造と寄生抵抗（R_ln）および寄生容量（C_ln）（ローカル配線のスケーリング：L/k，グローバル配線のスケーリング：L，L：配線の長さ）．
［長野隆洋：日本金属学会シンポジウム予稿集（2001 年 1 月 26 日）より引用］

を向上するにはトランジスタを小さくすることの他に，チップに内蔵する回路ブロック数を増加させる必要がある．このため，LSI チップの大きさはほとんど変化しない．すなわち，グローバル配線の長さはほとんど変化しないためである．

表 3.2 に，配線スケーリングの効果をローカル配線とグローバル配線に分け，その比較を示す．配線遅延 t_ln は抵抗 R と容量 C の積 RC により表される．抵抗スケーリング因子は，配線抵抗 R_ln が配線長さに比例し，面積に逆比

表 3.2 配線スケーリングの影響（I_D：ドレーン電流）．

パラメータ	スケーリング因子	
	ローカル	グローバル
配 線 抵 抗：$R_\text{ln} \propto L/Wt$	k	k^2
配 線 容 量：$C_\text{ln} \propto Lt/S$	$1/k$	1
基 板 容 量：$C_\text{s} \propto LW/t_\text{s}$	$1/k$	1
配 線 遅 延：$t_\text{ln} \propto R_\text{ln}(C_\text{s}+C_\text{ln})$	1	k^2
配線の電圧降下：$V_\text{ln} \propto I_\text{D} R_\text{ln}$	1	k

［長野隆洋：日本金属学会シンポジウム予稿集
（2001 年 1 月 26 日）より引用］

例する，すなわち (L/Wt) に比例するので，ローカル配線に対しては k，グローバル配線は k^2 である．一方，容量スケーリング因子は，配線間容量 C_{in} が配線の面積に比例し，配線間の間隔に逆比例する（すなわち Lt/S に比例する）ため，また対基板間容量 C_s が同様に LW/t_s に比例するため，それぞれ，ローカル配線では $1/k$ およびグローバル配線では 1 である．上述のように，配線遅延 t_{in} は配線抵抗と配線の回りの容量との積，すなわち $R_{in}(C_{in}+C_s)$ に比例するため，ローカル配線では 1，グローバル配線では k^2 であり，グローバル配線ではスケーリングにより増加する．この結果，スケーリングによりゲート遅延は $1/k$ と減少（性能向上）するのに対し，配線遅延は逆に増加（性能低下）する．

　従来は，配線構造の工夫や配線プロセスの工夫によって，配線遅延による性能劣化を抑制してきた．すなわち，高集積化によって全配線本数は増加するが，配線層数を増やして実効的に配線幅が広くなるのと同じにすれば，抵抗上昇を抑制できる．配線層数が増加すると線間容量は増加するが，対基板容量は変わらないので配線間距離を増加させるなどして実効的に容量増加を抑制しつつ抵抗上昇も抑制してきている．しかし，これらの方法を駆使しても，近年のロジック LSI の高速化は実質的に配線遅延により支配されつつある．

　図 3.6 はマイクロプロセッサのクロックサイクル（動作）時間と配線の RC 遅延におよぼす微細化の指標であるテクノロジーノードの影響を示したものである．微細化とともにクロックサイクル時間に占める配線遅延の割合が急激に増加し，250 nm ノードで 30% を超える．すなわち，今後の大規模 LSI の最高動作周波数は，トランジスタの性能でなく配線の性能が決定するといわれる所以の一つである．

　配線遅延 t_{in} は前述したように配線抵抗と配線間容量の積に比例するため，まず，抵抗を下げることが必要である．また，容量 C_{in} は配線の面積 Lt や配線間距離 S 等の寸法因子の他に，層間膜誘電率 ε に比例して増加するため，ε を下げることによって低減できる．このため，アルミ合金より抵抗の低い銅配線材料および低誘電率の層間膜材料（例えば，Si 酸化膜に C をドープした SiOC，比誘電率 < 3.0）が研究，実用化されている．また，配線の微細化によりエレクトロマイグレーション，ストレスマイグレーションが発生しやすくな

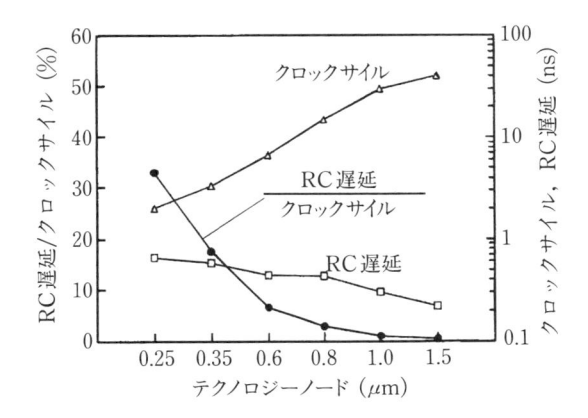

図 3.6 クロックサイクルおよび配線遅延におよぼすテクノロジーノードの影響.
[M. T. Bohr and Y. A. El-Mansy: IEEE Trans. Electron Devices, **45** (2000) 620 より引用]

り,信頼性の低下が起こる.これらについては配線材料の信頼性物理の章において詳述する.

なお,スケーリングを進めると,信号遅延の他に,動作の安定性(マージン)が低下する.これは,配線の高密度化に伴う,配線間の電磁結合により生ずるクロストークノイズや,配線の自己インダクタンスおよび相互インダクタンスによる電位変動が原因である.

参考文献

1) S. M. Sze: "Physics of Semiconductor Devices" (John Wiley & Sons, Inc., 1981) p. 245.
2) S. A. Campbell: "The Science and Engineering of Microelectronic Fabrication" (Oxford University Press, 1995) p. 400.
3) 松波弘之:"半導体工学"(昭晃堂, 1994).
4) 岸野正剛:"現代半導体デバイスの基礎"(オーム社, 1995).
5) 長野隆洋:日本金属学会シンポジウム予稿集, 2001 年 1 月 26 日.

6) 大和田伸郎：まてりあ, **43**（2004）7.
7) 菅原活郎, 前田和夫編著："ULSI 製造装置実用便覧"（サイエンスフォーラム, 1991).

第4章
半導体デバイスと金属界面の物理

金属（M）と Si 半導体デバイス（S）との M-S 接合は半導体デバイスの分野において非常に重要であり，これらは二つのグループに分類できる．一つは，シリコン半導体に低濃度の不純物をドープした場合の M-S 接合で，ショットキー障壁と呼ばれる．ショットキーダイオードは，金属と半導体の仕事関数差によって界面に生ずる障壁（バリア）を整流作用に応用したものであり，pn 接合ダイオードに比べ，高速，大電流，低損失等の長所を有する．二つめは，Si に高濃度の不純物をドープした障壁のない M-S 接合で，電流-電圧特性がオームの法則に従うので，オーミックコンタクトあるいはオーミック接合と呼ばれる．オーミックコンタクトは半導体デバイスへの電流（信号）の出し入れ用の電極として不可欠であり，これが得られないと半導体デバイスの特性を損なうため，極めて重要である．本章では，まずこの M-S 接合の性質が金属と半導体の組み合わせによりどのように変化するかを述べ，次に LSI とパワー半導体における M-S 接合の実例について述べる．

4.1 金属と半導体界面の理論
4.1.1 金属と n 型半導体との接合

図 4.1（a）に金属の仕事関数（ϕ_m）が n 型半導体の仕事関数（ϕ_s）より大きい（$\phi_m > \phi_s$）場合における両者の接触前のエネルギー準位を示す．図において，n 型半導体のフェルミ準位（E_{FS}）は金属のフェルミ準位（E_{FM}）よりも $q(\phi_m - \phi_s)$ だけ高くなっている．ここで，q は電荷である．また，半導体の伝導帯の底

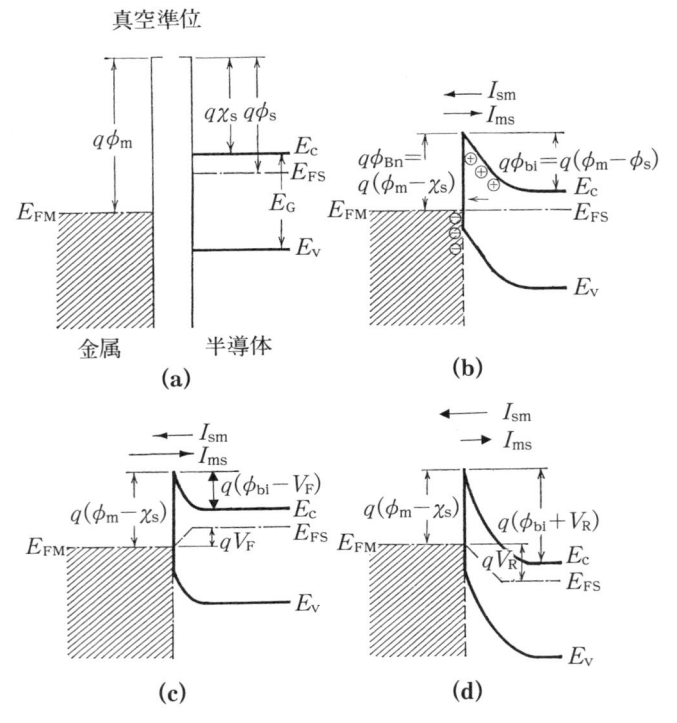

図 4.1 金属とn型半導体の接合（$\phi_m > \phi_s$）.
（a）接合前，（b）接合後，（c）順方向電圧 V_F，（d）逆方向電圧 V_R.
［松波弘之："半導体工学"（昭晃堂，1994）より原図を引用］

（E_c）から真空準位までのエネルギーは $q\chi_s$ であり，この χ_s を電子親和力（electron affinity）と呼ぶ．

　図4.2に金属および半導体結晶の仕事関数を示す．電極材料としては，Au，Al合金，高融点金属およびこれらのシリサイドが使用されるが，これらは，シリコンよりも仕事関数が大きい場合も小さい場合もある．両者を接合すると，図4.1（b）に示すように半導体の伝導帯の伝導電子は金属に移り，フェルミ準位が一致して平衡に達する．一方，半導体の表面では，伝導帯の電子が金属側に移るため，電子が欠乏して正イオンが残る．したがって，図に示すよ

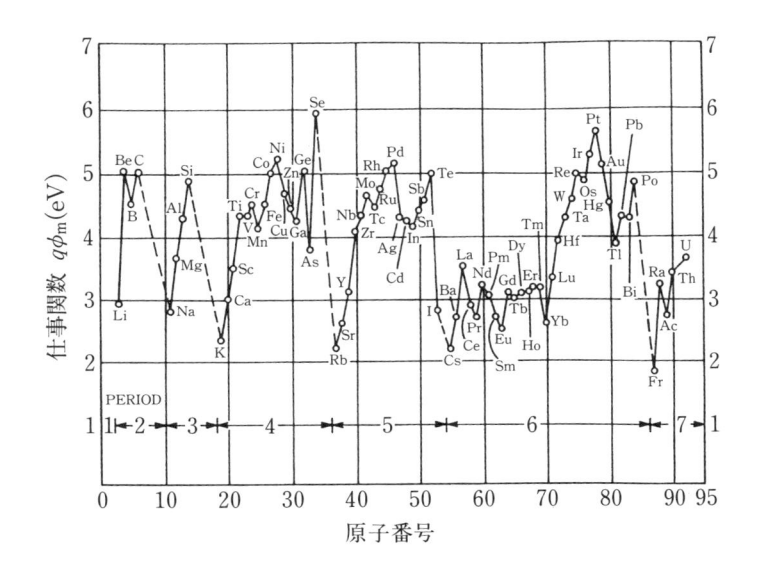

図 4.2 金属および半導体結晶の仕事関数.
[H. B. Michaelson: IBM J. Res. Dev., **22** (1978) 72 より引用]

うに，半導体のエネルギーバンドは表面で上に曲がる．そして，半導体と金属の界面には太線で示す障壁が形成される．このエネルギーの大きさは半導体側からみると $q(\phi_m - \phi_s)$ であるが，金属側からは $q(\phi_m - \chi_s)$ となる．この $q(\phi_m - \chi_s)$ を $q\phi_{Bn}$ と書き，ϕ_{Bn} をショットキー障壁またはバリア高さという．また，$\phi_m - \phi_s$ を拡散電位（diffusion potential: ϕ_{bi}）という．また，正イオンが残った負電荷のない領域を空乏層（depletion layer）という．この状態では，半導体から金属に流れる電流 I_{sm} と金属から半導体に流れる電流 I_{ms} は等しい．

次に，金属が正，半導体が負になるように電圧（V_F）を印加すると，半導体中のフェルミ準位が qV_F だけ上昇するため，図 4.1(c) に示すようなエネルギー準位になる．本図において，半導体側からみた障壁の高さのエネルギーは $q(\phi_{bi} - V_F)$ に減少するので，半導体側から金属側への電子の移動が容易になる，すなわち金属から半導体に流れる電流（I_{ms}）は増加するが，金属からみた

障壁高さのエネルギーは $q\phi_{Bn}=q(\phi_m-\chi_s)$ であり不変であるので，半導体から金属に流れる電流（I_{sm}）は変化しない．したがって，正味としての $I_{ms}-I_{sm}$ の電流が金属から半導体に流れる．この値は印加電圧 V_F を大きな値にするほど増加する．このように，電流をよく流す電圧のかけ方を順方向といい，電圧，電流をそれぞれ順方向電圧（forward voltage），順方向電流（forward current）という．

図4.1(d)は(c)とは逆に金属側に負の電圧（V_R）を印加した場合で，半導体側からみた障壁の高さのエネルギーは $q(\phi_{bi}+V_R)$ に増加する．この場合も，金属側からみた障壁の高さのエネルギーは $q\phi_{Bn}=q(\phi_m-\chi_s)$ と不変であり，半導体側から金属に向かって流れる電流（I_{sm}）は変化しない．一方，金属から半導体に向かって流れる電流（I_{ms}）は減少する．この結果，$I_{sm}-I_{ms}$ の電流が半導体から金属に流れる．しかし，$I_{sm}-I_{ms}<I_{sm}$ であり，V_R が高くなると I_{ms} はほぼ0になるので I_{sm} は一定となる．このように電流があまり流れない電圧のかけ方を逆方向といい，このときの電圧，電流をそれぞれ逆方向電圧（reverse voltage），逆方向電流（reverse current）という．

以上のような，金属とn型半導体の接合により作られるショットキーダイオードの正味の電流密度は次式で与えられる．

$$J_n = A^* T^2 \exp\left(-\frac{q\phi_{Bn}}{kT}\right)\left(\exp\left(\frac{qV}{kT}\right)-1\right) \tag{4.1}$$

ここで，A^* はリチャードマン定数と呼ばれ

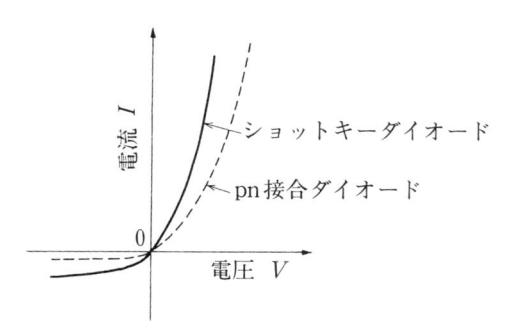

図4.3 ショットキーダイオードの電流-電圧特性．

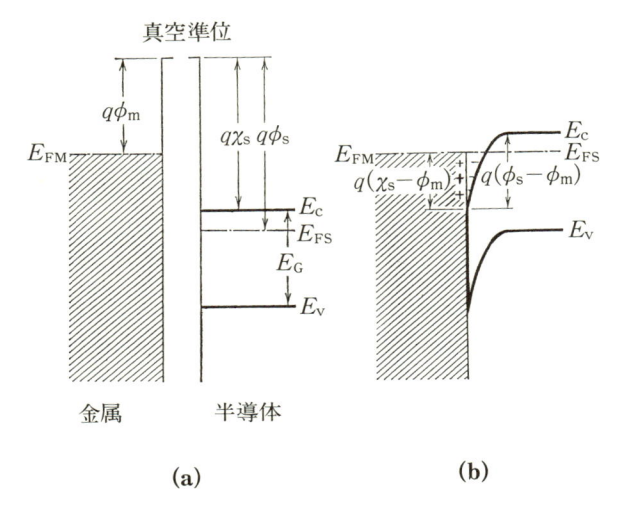

図4.4 金属とn型半導体の接合（$\phi_m < \phi_s$ の場合）．
(a) 接触前，(b) 接触後．
［松波弘之："半導体工学"（昭晃堂，1994）より原図を引用］

$$A^* = 4\pi q m k^2 / h^3 \tag{4.2}$$

で示される．J_n は電流密度，V は電圧，m は電子の有効質量，k はボルツマン定数，h はプランク定数である．ショットキーダイオードの電流-電圧特性をpn接合ダイオードのそれと比較して図4.3示す．

ショットキーダイオードでは，pn接合ダイオードに比べ，電流は順方向も逆方向も圧倒的に大きい．また，pn接合ダイオードのように少数キャリアの寄与が小さいのでスイッチング速度はpn接合ダイオードよりも大きいという特徴がある．

図4.4に金属の仕事関数よりも半導体の仕事関数が大きい（$\phi_m < \phi_s$）場合の接合前と接合後のエネルギー準位を示す．（a）で示すように，金属のフェルミ準位が高いので，接合により金属から半導体へ電子が移動してフェルミ準位が一致する．さらに，このフェルミ準位は半導体の伝導帯と交わるため，障壁は形成されない．したがって，キャリアは自由に界面を通過でき，後に掲げる図4.11に示すようにオーミック接合になる．

4.1.2　金属とp型半導体との接合

　図4.5(a), (b)に金属の仕事関数(ϕ_m)がp型半導体の仕事関数ϕ_sより大きい($\phi_m > \phi_s$)場合における接合前と接合後のエネルギー準位を示す. (a)から明らかなように半導体側のフェルミ準位が金属側のフェルミ準位より高いので，接合により半導体の価電子帯の電子が金属側へ移動して両者のフェルミ準位が一致して平衡に達する．このとき，半導体表面は正に帯電し，金属表面は負に帯電する．この結果，エネルギー準位図は，(b)に示すように半導体表面でエネルギー帯が上向きに湾曲する．しかし，半導体表面の電荷は正孔であるため，このエネルギー帯の曲がりは障壁とならない．しかも，価電子帯がフェルミ準位と交わるため，金属と半導体との間に障壁は存在しない．半導体側に正の電圧を印加しても負の電圧を印加しても，正孔は容易に界面を移動できるためオーミック接合となる．

　図4.6(a)(b)は金属の仕事関数(ϕ_m)がp型半導体の仕事関数(ϕ_s)より小さい($\phi_m < \phi_s$)場合における接合前と接合後のエネルギー準位である. (a)で示すように金属側のフェルミ準位が高いので接合により電子が金属から半導体に移動し，半導体表面は負に帯電し，金属は正に帯電する．この結果，エネ

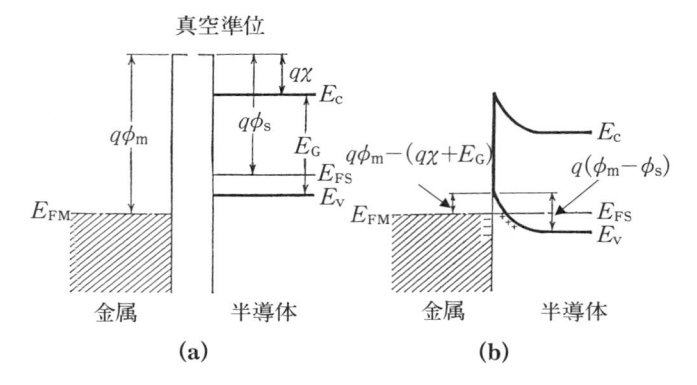

図4.5　金属とp型半導体の接合（$\phi_m > \phi_s$の場合）.
(a)接合前, (b)接合後.
［松波弘之：“半導体工学”（昭晃堂, 1994）より原図を引用］

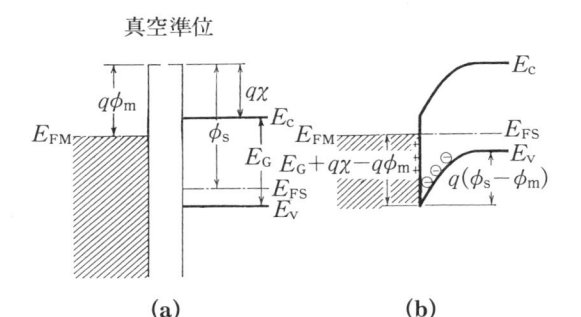

図 4.6 金属と p 型半導体の接合（$\phi_m < \phi_s$ の場合）．
(a) 接合前，(b) 接合後．
[松波弘之："半導体工学"（昭晃堂，1994）より原図を引用]

ギー準位は接合界面で下に湾曲した，正孔に対するショットキー障壁ができる．金属側からみたショットキー障壁の高さのエネルギー（$q\phi_{Bp}$）は $E_G + q(\chi - \phi_m)$ であり，拡散電位エネルギー（$q\phi_{bi}$）は $q(\phi_s - \phi_m)$ となる．したがって，この場合は，半導体側に正の電圧を印加した場合が順方向，逆の場合が，逆方向となり，整流接合となる．

4.2 オーミック接合
4.2.1 オーミック接合の理論

金属と半導体とのオーミック接合（ohmic contact）は，デバイスインピーダンスが半導体シリコンにより支配され，金属-半導体界面に依存しないことをいう．具体的には，オームの法則に従う直線的な電流-電圧特性を示す金属-半導体接合として定義される．したがって，オーミック接合の理論はショットキー障壁によるインピーダンスをいかに低くするかの検討に帰する．

固有コンタクト（接触）抵抗（specific contact resistance：R_c）は以下の式で定義される．

$$R_c = \left(\frac{\partial J}{\partial V}\right)^{-1}_{V=0} \tag{4.3}$$

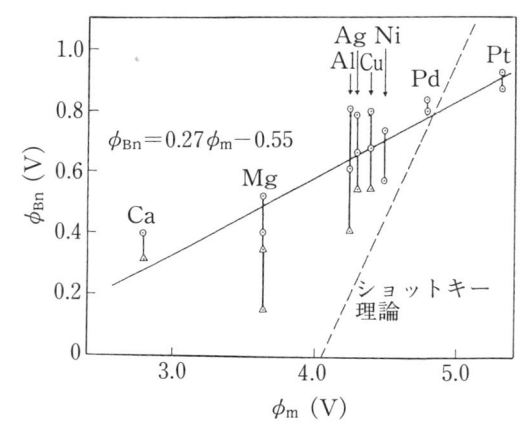

48   第4章　半導体デバイスと金属界面の物理

図4.7　n型Siと各種金属膜との間のショットキー障壁(ϕ_{Bn})と仕事関数(ϕ_m)との関係.
[A. M. Cowley and S. M. Sze : J. Appl. Phys., **36** (1965) 3212 より引用]

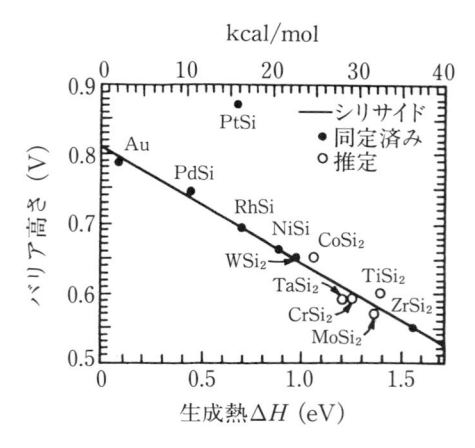

図4.8　n型Siと各種高融点金属膜のシリサイドのバリア高さ.
[J. M. Andrew : Extended Abstracts, Electrochem. Soc. Spring Meet., **191** (1975) 452 より引用]

4.2 オーミック接合

半導体のキャリア密度が低い場合の金属-半導体接合では，(4.1)式を用いて

$$R_c = \frac{k}{qA^*T} \cdot \exp\left(\frac{q\phi_{Bn}}{kT}\right) \tag{4.4}$$

となる．

したがって，ショットキー障壁 ϕ_{Bn} が十分に小さいときには R_c は非常に小さくなり，オーミック接合に近づく．

図4.7は，n型Siと各種金属との間のショットキー障壁（ϕ_{Bn}）と仕事関数（ϕ_m）との関係を示したものである．仕事関数の大きな金属ほどショットキー障壁は高くなる．これは金属の種類によってオーミックかノンオーミックかが決定されることを示している．したがって，オーミック接合を得るための有効な手段が存在することを示唆している．

図4.8は，n型Siと各種高融点金属の化合物であるシリサイドとの間のショットキー障壁（バリアの高さ，ϕ_{Bn}）を示したものであるが，例えば，Pd，Niおよびこれらのシリサイド間で ϕ_{Bn} を比較すると，多少ではあるが後者の方が低い．さらに，Co，Ti，Cr等シリサイドでは，ϕ_{Bn} の低減効果が期待できる．このようにシリサイドを使えばオーミック接合の特性向上に利用できる．

半導体のキャリア濃度 N_D が高い場合には，トンネル効果による電流が支配的になる．これを J_t とすれば，

$$J_t \fallingdotseq \exp\left(-\frac{4\pi\phi_{Bn}}{h}\sqrt{\frac{\varepsilon_r\varepsilon_0 m}{N_D}}\right) \tag{4.5}$$

で表される．したがって，R_c は (4.5)式を使って次式で与えられる．

$$R_c \fallingdotseq \exp\left(\frac{4\pi\phi_{Bn}}{h}\sqrt{\frac{\varepsilon_r\varepsilon_0 m}{N_D}}\right) \tag{4.6}$$

ここで，ε_0 は真空の誘電率，ε_r は半導体の比誘電率である．(4.6)式の R_c を ϕ_{Bn} をパラメータとして N_D の関数として表したのが図4.9である．キャリア密度 N_D が 10^{17} cm^{-3} 以下の場合，R_c は N_D と無関係に ϕ_{Bn} が大きいほど高い．10^{17} cm^{-3} 以上，特に 10^{19} cm^{-3} 以上の場合，ϕ_{Bn} の影響は極めて小さくなり，N_D が高いほど R_c は小さくなる．

図4.10（a）に金属，（b）および（c）に ϕ_m が ϕ_s より大きい場合の，金属と

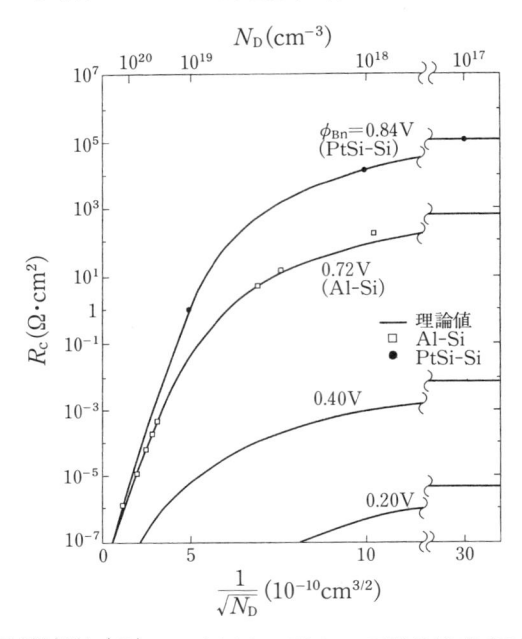

図 4.9 固有接触抵抗 (R_c) におよぼす n 型 Si の不純物濃度 (N_D) とバリア高さ (ϕ_{Bn}) の影響.
[C. Y. Chang, Y. K. Fang and S. M. Sze : Solid State Electron, **14** (1971) 541]
[A. Y. Yu : Solid State Electron, **13** (1970) 239]

の接合前の高濃度 n$^+$Si および nSi のエネルギー準位をそれぞれ示す.また,(d)に金属と n$^+$/nSi との接合界面におけるエネルギー準位を示す.界面にはエネルギー障壁 $q\phi_{Bn}$ が生ずるが,キャリア密度が高いために,空乏層の幅 W がかなり狭くなり,ここに高電界がかかるためトンネル電流が容易に流れ,オーミック接合になる.この場合の電流-電圧特性の模式図を図 4.11 に示す.

4.2.2 オーミック接合の例

(1) シリサイドを用いたオーミック接合

3 章の CMOS プロセスの金属配線形成でも述べたように,LSI においてソース・ドレーンとのオーミック接合に高融点金属と Si の金属間化合物である

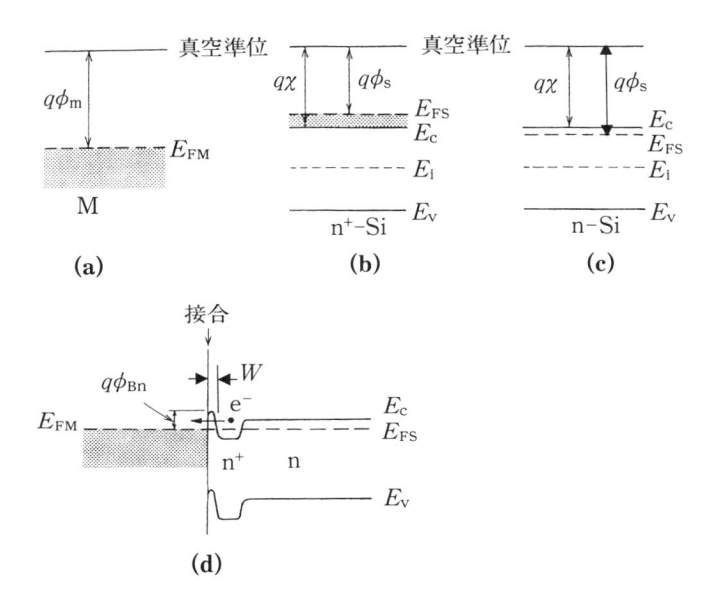

図 4.10 金属-Si 接合界面のエネルギー準位．
（a）金属，（b）縮退した半導体，（c）半導体，
（d）トンネル効果によるオーミック接合．
［岸野正剛："現代半導体デバイスの基礎"（オーム社，1995）より引用］

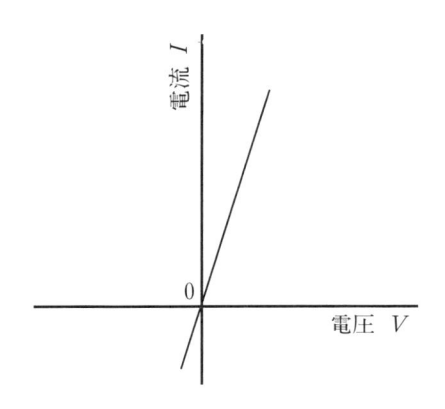

図 4.11 金属と半導体とのオーミック接合．

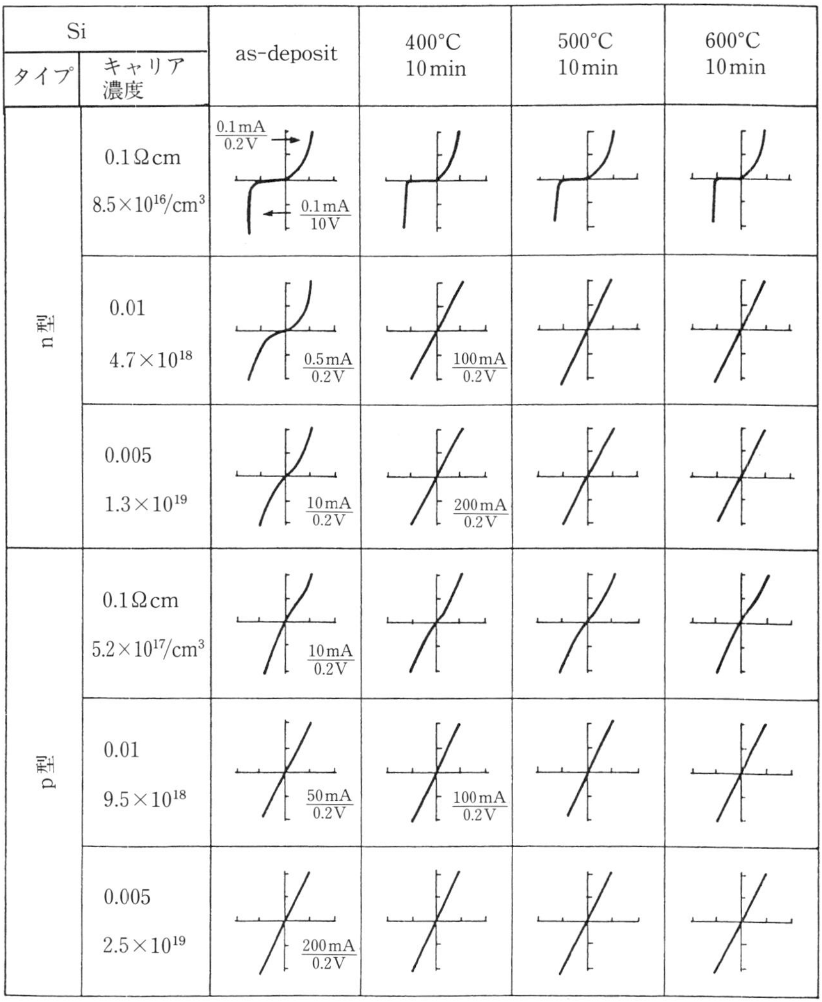

Si		as-deposit	400°C 10min	500°C 10min	600°C 10min
タイプ	キャリア濃度				
n型	0.1Ωcm 8.5×10^{16}/cm^3	$\frac{0.1\,\mathrm{mA}}{0.2\,\mathrm{V}}$ $\frac{0.1\,\mathrm{mA}}{10\,\mathrm{V}}$			
	0.01 4.7×10^{18}	$\frac{0.5\,\mathrm{mA}}{0.2\,\mathrm{V}}$	$\frac{100\,\mathrm{mA}}{0.2\,\mathrm{V}}$		
	0.005 1.3×10^{19}	$\frac{10\,\mathrm{mA}}{0.2\,\mathrm{V}}$	$\frac{200\,\mathrm{mA}}{0.2\,\mathrm{V}}$		
p型	0.1Ωcm 5.2×10^{17}/cm^3	$\frac{10\,\mathrm{mA}}{0.2\,\mathrm{V}}$			
	0.01 9.5×10^{18}	$\frac{50\,\mathrm{mA}}{0.2\,\mathrm{V}}$	$\frac{100\,\mathrm{mA}}{0.2\,\mathrm{V}}$		
	0.005 2.5×10^{19}	$\frac{200\,\mathrm{mA}}{0.2\,\mathrm{V}}$			

図4.12 Pt/n-Si および PtSi/p-Si 接合部における電流-電圧特性におよぼすキャリア濃度と熱処理の影響.
[B. Schwartz ed.: Ohmic contacts to semiconductors (Electrochemical Society Inc., 1969) より引用]

シリサイドが用いられる．Si 集積回路のコンタクト用の電極として最初に検討されたのが白金のシリサイド（PtSi）である．図 4.12 には，PtSi と n および p 型 Si との接合部の電流-電圧特性を示す．n 型 Si では，接合形成状態では，すべてノンオーミック接合であるが，キャリア濃度が 4.7×10^{18} cm^{-3} 以上の高濃度の場合には，400°C×10 分の熱処理によりオーミック接合が得られる．濃度が低い場合（8.5×10^{16} cm^{-3}）には，熱処理してもノンオーミック接合である．p 型 Si でもキャリア濃度，熱処理温度により同様の傾向を示す．上述のように，オーミック接合はキャリア濃度に強く依存する．熱処理の役割は，シリサイドとシリコンとの界面の汚れや酸化膜等の障害になるものを十分に除去し，これらの金属的な接合を促進することにある．

最近では，より抵抗の低い Co，Ni，Ti のシリサイドが検討されている．シリサイドが検討された理由は，オーミック接合の他に，自己整合的にソース・ドレーン上にシリサイドが形成されるため，余分なフォトリソグラフィーを必要としない利便さにある．図 4.13 には，自己整合シリサイド（サリサイド）のプロセスを示す．（1）はポリシリコンゲート，サイドウォール形成，およびソース・ドレーン形成，（2）は Ti あるいは Co 膜形成，（3）はアニールによるサリサイド形成，（4）はウェット選択エッチによる未反応金属膜の除去を示している．CoSi$_2$，TiSi$_2$ は二段階のプロセスにより形成される．以下に CoSi$_2$ の例を示す．

$$\text{Co} + \text{Si} \longrightarrow \text{CoSi} \quad (450°C)$$
$$\text{CoSi} + \text{Si} \longrightarrow \text{CoSi}_2 \quad (700°C)$$

CoSi 形成後にウェット選択エッチを行って金属膜を除去するが，高速熱プロセス（Rapid Thermal Process；RTP）を適用すると 700°C まで一気に加熱できるため第一のプロセスを省略できる．自己整合コンタクトを使うと，窓開けによるコンタクトに比較してソース・ドレーンの全面でコンタクトが可能になり，金属-Si のコンタクト面積を大きくできて，その結果コンタクト抵抗 R_c を小さくできる．

例えば，1 μm×1 μm の面積のソース・ドレーンを有し，0.4 μm のコンタクト窓を有する nMOS トランジスターとの R_c を考える[8]．今，ドナー濃度が約 10^{20} cm^{-3} の高濃度 n$^+$Si と金属との R_c が 1×10^{-7} Ω·cm^2，金属と金属（シリ

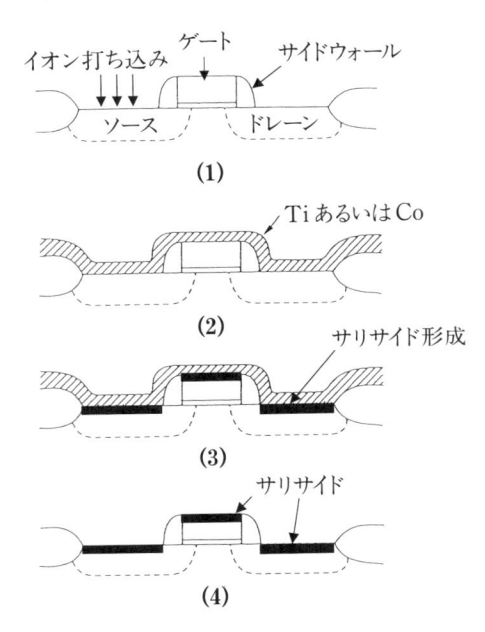

図 4.13 自己整合シリサイド（サリサイド）プロセス．
（1）ゲート，サイドウォール，イオン打ち込みによるソース/ドレーン形成，（2）Ti，Co 膜形成，（3）アニールによるサリサイド形成，（4）選択エッチによる未反応金属膜の除去．
[C. Y. Chang and S. M. Sze: "ULSI Technology"（McGraw-Hill, 1996）より引用]

サイドも含む）の R_c が $0.2\times10^{-8}\,\Omega\cdot\mathrm{cm}^2$ を考えると，シリサイドと Si のコンタクト抵抗は，$R_{c1}=1\times10^{-7}\,\Omega\cdot\mathrm{cm}^2/10^{-8}\,\mathrm{cm}^2)=10\,\Omega$，金属とシリサイドとのコンタクト抵抗は，$R_{c2}=0.2\times10^{-8}\,\Omega\cdot\mathrm{cm}^2/(0.12\times10^{-8}\,\mathrm{cm}^2)=1.6\,\Omega$ であるから，全コンタクト抵抗は $R_{c1}+R_{c2}=11.6\,\Omega$ となる．

シリサイドを作らないときは，コンタクト抵抗は R_{c1} だけであるから $R_{c1}=1\times10^{-7}\,\Omega\cdot\mathrm{cm}^2/(0.12\times10^{-8}\,\mathrm{cm}^2)=80\,\Omega$ となり，上述の例の方が 1 桁抵抗が低い．

4.3 AlとSiとのオーミック接合

オーミック接合の研究の大部分はAlとSiとの組み合わせについて行われてきた．Au，CuおよびAg等の金属はAlよりも抵抗が低いが，CuとAgは耐食性に問題がある．また，Au，Ag，Cuのハロゲン化物の蒸気圧がAlのそれよりも低く，プラズマエッチングが難しい．そのため，配線材料としてAlが用いられてきたためである．最近では，後述するダマシンプロセス技術により，Cu微細配線の加工が可能になり，超高速LSIの配線にはCuが使われ始めている．

Alは優れた耐食性と微細加工性の他に，シリコンの酸化膜（SiO_2）上にAlの酸化膜 Al_2O_3 の形成が容易なため，SiO_2 への密着性も高い．Siとの固有コ

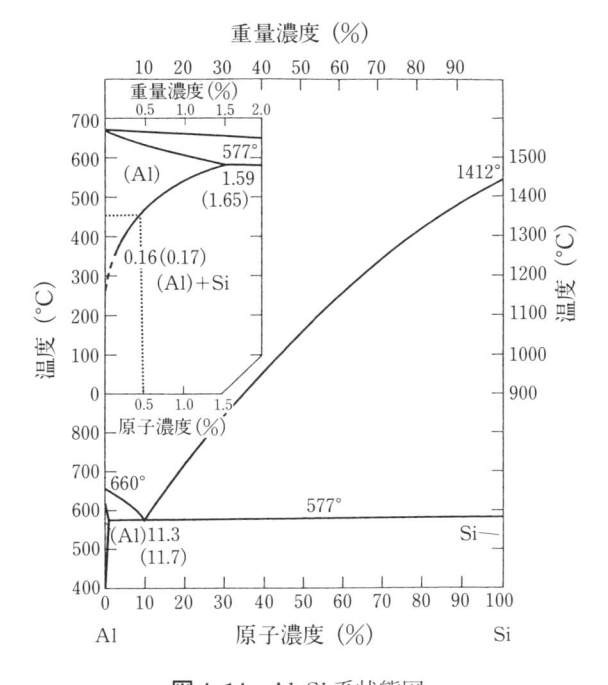

図 4.14 Al-Si 系状態図．
[M. Hansen : "Constitution of Binary Alloys" (McGraw-Hill, 1958) より引用]

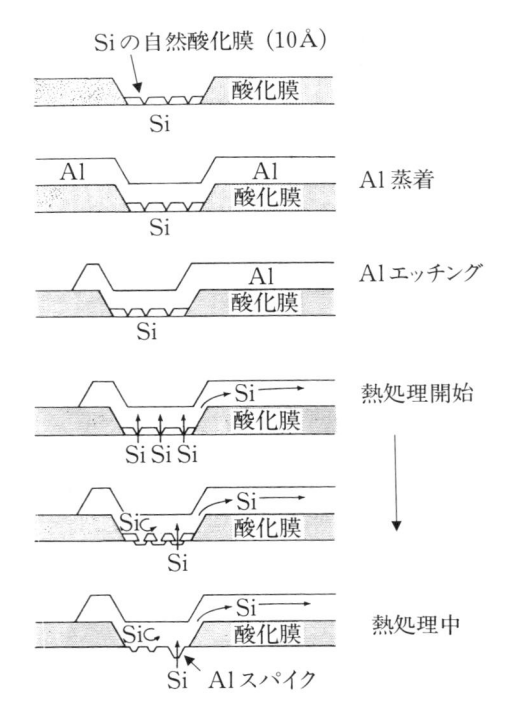

ンタクト抵抗（R_c）を下げるため，450℃で熱処理を行う．これにより，酸素原子をAlの中に取り込んで，Siの自然酸化膜を破壊し，Si中へのAlの拡散を容易にする．他方，アニーリングプロセスは好ましくない結果を二つもたらす．一つは，図4.14に示したAl-Si 2元状態図からも分かるように，450℃で熱処理することにより，SiはAl中に約0.5%（原子濃度）溶け込み，平衡に達する．このため，図4.15で示すようにAl配線の中にSiが拡散していき，Siに生じた穴をAlが埋める．これはAlスパイクと呼ばれる．Alを除去してAlスパイクを走査電子顕微鏡でSi表面から観察した例を図4.16に示す．この深さは1 μmにも達するため，pn接合を破壊する可能性がある．対策としては，Siを1 mass%程度含むAl-Si配線膜，あるいはpn接合深さを数μm

図4.15 熱処理によるSiのAl中への拡散とAlスパイクの形成．
[J. M. Poate, K. N. Tu and J. W. Mayer: "Thin Solid Film" (John Wiley & Sons, 1978) より引用]

4.3 Al と Si とのオーミック接合　57

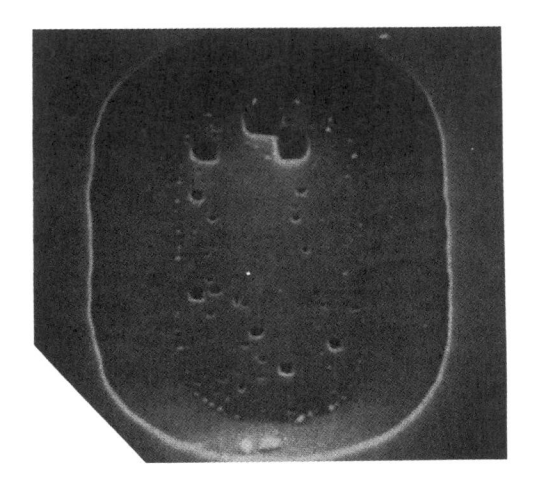

図 4.16　400°C×1 h の熱処理後，Al スパイク現象により Si 上に形成されたピット（4500 倍）．
[J. M. Poate, K. N. Tu and J. W. Mayer: "Thin Solid Film" (John Wiley & Sons, 1978) より引用]

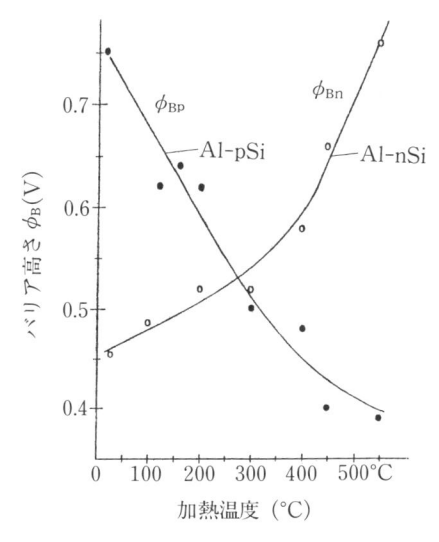

図 4.17　バリア高さにおよぼす加熱温度の影響．
[H. C. Card: Solid State Communications, **16** (1975) 87 より引用]

以上に深くする．もう一つの問題は，Al 中に溶解した Si が熱処理プロセスの冷却過程において，固溶限が小さくなることにより Si 上に再析出することである．すなわち，再析出 Si は Al を多量に含むため p 型 Si である．これにより n 型 Si 上に pn 接合が生じる結果，界面の障壁高さ ϕ_{Bn} が増大する．図 4.17 はそれぞれキャリア濃度が 1.5×10^{16} cm^{-3} と 7×10^{15} cm^{-3} の n 型および p 型 Si と Al との接合界面のバリア高さ ϕ_{Bn} と ϕ_{Bp} の熱処理温度依存性を示す．ϕ_{Bp} は温度とともに界面の反応が十分に起こるため低くなるのに対し，ϕ_{Bn} は 450℃ 以上の温度になると急激に大きくなる．これは，前述したように n 型 Si 上に p 型 Si が生成したことによる．

これは，図 4.18 で示すガラスボンドダイオード等の Al で電極接続を行う半導体デバイスでは非常に重要な問題である．ガラスボンドダイオードは，(a)が電極接合前，(b)が電極接合後の構造である．n 型でなく，n$^+$ 型にするのは，キャリア濃度を高くすることにより，オーミックコンタクトを得るためである．しかし，電極接合により n$^+$ 型 Si 上に p 型 Si 層が再晶出している．この層を再結晶層（再成長層）と呼ぶ．この層が生成することによる pn$^+$ 接合部の損失は全体の順方向電圧降下（Forward Voltage Drop；FVD）の約

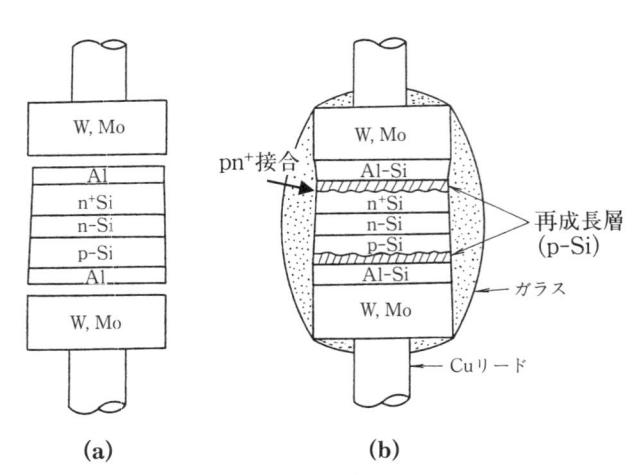

図 4.18 ガラスボンドダイオードの構造．
（a）接着前，（b）接着およびガラス封止後．
［大貫　仁："北海道大学学位論文"（1984）より引用］

4.3 Al と Si とのオーミック接合　59

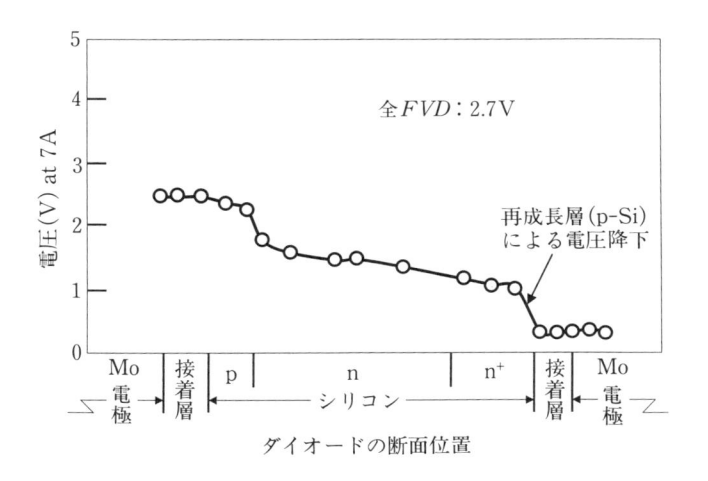

図 4.19　ガラスボンドダイオードの再成長層による順方向電圧降下（FVD）の増大．
[日立製作所パワーデバイス部の厚意による]

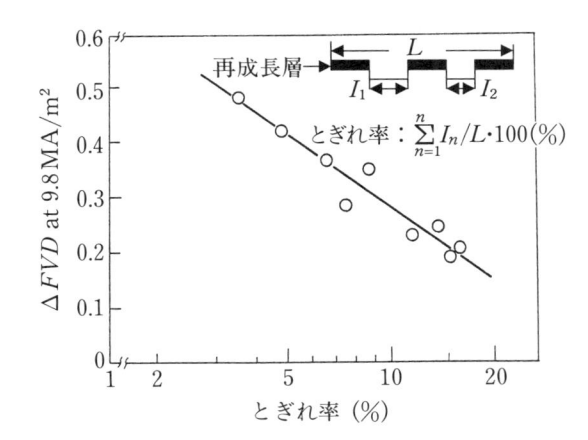

図 4.20　ΔFVD におよぼす再成長層のとぎれ率の影響．
[大貫　仁：日本金属学会誌，**42**（1978）1029 より引用]

30%を占める．これを図 4.19 に示す．すなわち，7 A の電流をダイオードに流したときの Al 層（接着層）と n$^+$Si との界面での順方向電圧降下は 0.8-0.9

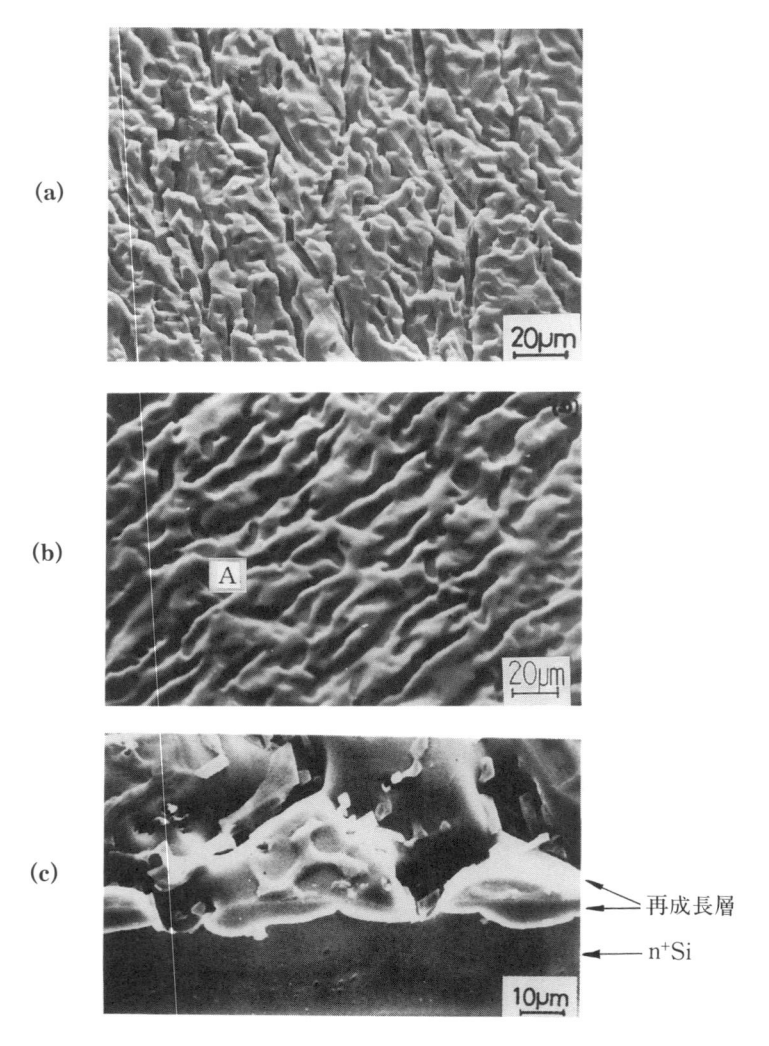

図 4.21 りん拡散前と拡散後の表面形態および Al と接合後，Al を除去した後の再成長層の SEM 像．
(a)エッチング後の表面形態（液の濃度：10％ケムソルブ溶液（NaOH），液温：40°C，エッチング時間：1.5 h，A は溝を示す），(b)ボロン拡散後の n^+Si の表面形態（A は溝を示す），(c)再成長層の SEM 像．
[大貫 仁："北海道大学学位論文"（1984）より引用]

4.3 Al と Si とのオーミック接合　61

V であり，ダイオード全体の FVD (2.7 V) の約 30%を占める．一方，p 型 Si と Al との界面での電圧降下は認められない．電圧降下の増大分 ΔFVD をできるだけ少なくするためには再成長層をできるだけ少なくすればよい．図 4.20 には，接合部において再成長層の晶出しない割合（とぎれ率）と ΔFVD との関係を示す．とぎれ率が大きいほど ΔFVD が小さくなり，オーミック接合に近づく．ここで，とぎれ率とは図に示すように接合部の一断面において，再成長層の生じていない場所の割合(%)として定義してある．とぎれ率を大きくするには，Si 表面に溝を図 4.21(a) のようにつけてから n 型の不純物を拡散すれば(b)に示すような接合前の n$^+$Si の表面形態が得られる．Al と接合しても(c)で示すように溝上には再結晶層は生成せず，オーミック接合が得られる．このため，FVD を低くすることができる．図 4.22 には溝の面積が FVD に与える影響を示す．溝の面積が増加するほど FVD は低くなる傾向を示し，

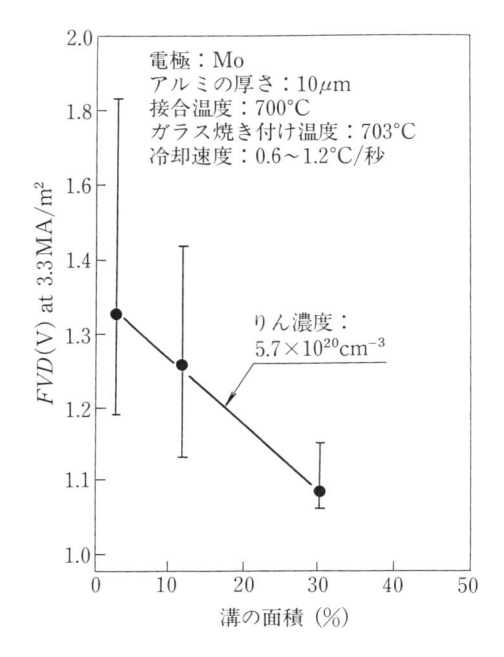

図 4.22　順方向電圧降下 (FVD) と溝の面積との関係．
[大貫　仁："北海道大学学位論文" (1984) より引用]

図 4.21(c)の結果ともよく一致する．この溝をつける方法は電力用の半導体素子のように n⁺Si 層が厚い場合には適用できるが，LSI のソース・ドレーンのように薄い pn 接合には不適である．

参考文献

1) S. M. Sze : "Physics of Semiconductor Devices" (John Wiley & Sons, Inc., 1981) p. 245.
2) S. A. Campbell : "The Science and Engineering of Microelectronic Fabrication" (Oxford University Press, 1995) p. 400.
3) 松波弘之：``半導体工学''（昭晃堂, 1994）．
4) 岸野正剛：``現代半導体デバイスの基礎''（オーム社, 1995）．
5) The Electrochemical Society : "Ohmic Contact" (1969).
6) 大貫　仁：``北海道大学学位論文''（1984）．
7) J. M. Poate et al. : "Thin Films" (John Wiley & Sons, Inc., 1978) p. 17.
8) C. Y. Chang and S. M. Sze : "ULSI Technology" (McGraw-Hill, Inc., 1996) p. 396.
9) Shinoda : "Ohmic Contact to Si Using Evaporated Metal Silicide, Ohmic Contact to Semiconductors", The Electrochemical Soc. Inc., 1969, p. 207.

第5章
半導体ウエハプロセスにおける配線材料形成技術

　前述（図1.8）のように，MOSデバイスの設計ルールの基本となる最小寸法は高集積化とともに小さくなる．これに伴い配線寸法も小さくなる．一例としてDRAMにおける第一層目Al配線の微細化の推移を図5.1示す．本図において，最小寸法は配線の幅ではなくほぼゲート長であることに注意されたい．図5.2にはこの一例として，0.8μmプロセスで作製したDRAMの断面SEM像を示す．このように，実際のLSI素子表面は極めて複雑な段差形状を有する．また，コンタクトホールのAl配線は，それ以外の場所における配線膜の厚さよりもかなり薄くなっている．したがって，このままの段差で微細化を進めると，微細加工が困難となるばかりでなく，微細なコンタクトホールにおける配線膜厚の減少や断線等による歩留り低下が増加する．また，段差上で

微細加工				
デザインルール 最小寸法：3μm	2μm	1.3μm	0.8μm	0.5μm
64K DRAM	256K DRAM	1M DRAM	4M DRAM	16M DRAM

図5.1 DRAMにおける第一層Al配線微細化の推移．
［菅原活郎，加藤登季男，大貫　仁：0.3-0.5μm対応PVD技術，菅原活郎，前田和夫編著"ULSI製造装置実用便覧"（サイエンスフォーラム，1991）p.341より引用］

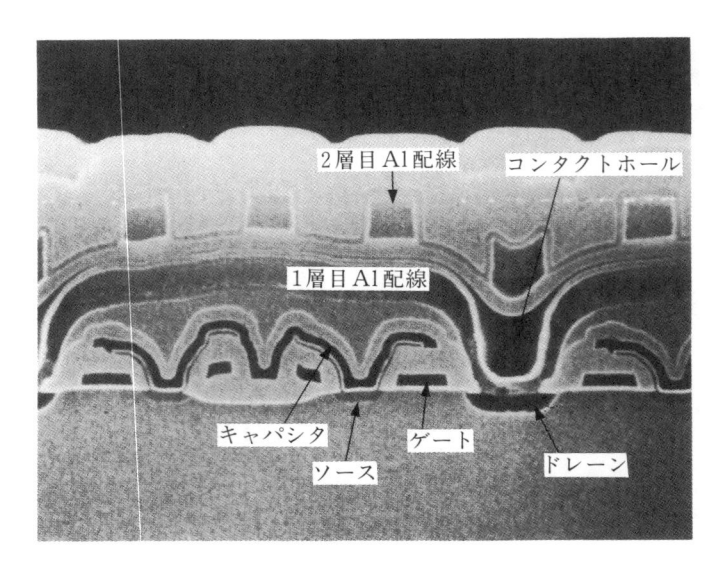

図 5.2 0.8 μm プロセス DRAM の断面 SEM 像.
[菅原活郎, 加藤登季男, 大貫　仁：0.3-0.5 μm 対応 PVD 技術, 菅原活郎, 前田和夫編著 "ULSI 製造装置実用便覧" (サイエンスフォーラム, 1991) p.340 より引用]

の信頼性が低下することは明白である.

　微細配線材料の課題を図 5.3 に示す.（1）多層配線の平坦化では, 第一層配線下の絶縁膜および層間絶縁膜を CVD (Chemical Vapor Deposition) により形成後, 加熱溶融による段差低減あるいはエッチングによって平坦にする方法, 化学機械的研磨 (Chemical/Mechanical Polishing, CMP と略称) により平坦にする方法とがある.（2）多層配線の低抵抗化では, 前述したサリサイドによるコンタクト抵抗の低減, Cu 配線等の低抵抗材料および低誘電率層間絶縁膜が重要である.（3）多層配線の高信頼化では, 金属配線膜被覆率の向上, 配線材料の耐エレクトロおよび耐ストレスマイグレーション性の向上, 配線材料の耐食性の向上が重要である. ただし, これらの微細配線は膜形成技術および微細加工技術の上に成り立つものである. これらの課題の中, 本章では膜形成技術について述べ, 次章で微細加工技術について述べる.

```
                     ┌─(1) 多層配線の平坦化
                     │       ┌─層間絶縁膜の平坦化
                     │       │   ・エッチバック法 ・TEOS 酸化膜 ・バイアススパッタ法 ・CMP
                     │       ├─基板（Al 配線下）平坦化
                     │       │   ・BPSG ガラスフロー（加熱溶融） ・CMP
微細多層─┤─(2) 多層配線の低抵抗化
配線技術 │       ┌─低抵抗電極・配線材料
                     │       │   ・ポリシリコン/シリサイド ・サリサイド ・高融点金属 ・Cu
                     │       ├─低誘電率層間絶縁膜
                     │       │   ・シリコン酸化膜に炭素をドープした SiOC
                     └─(3) 多層配線の高信頼化
                             ├─金属膜被覆率向上
                             │   ・スパッタ法の改良 ・バイアススパッタ技術
                             │   ・CVD（選択，ブランケット）技術
                             ├─耐エレクトロマイグレーション性向上
                             │   ・配線材料および配線構造の開発
                             ├─耐ストレスマイグレーション性向上
                             │   ・配線材料および配線構造の開発 ・多層配線の内部応力低減
                             └─耐食性の向上
                                 ・配線材料の開発 ・パッシベーション膜の無欠陥化
```

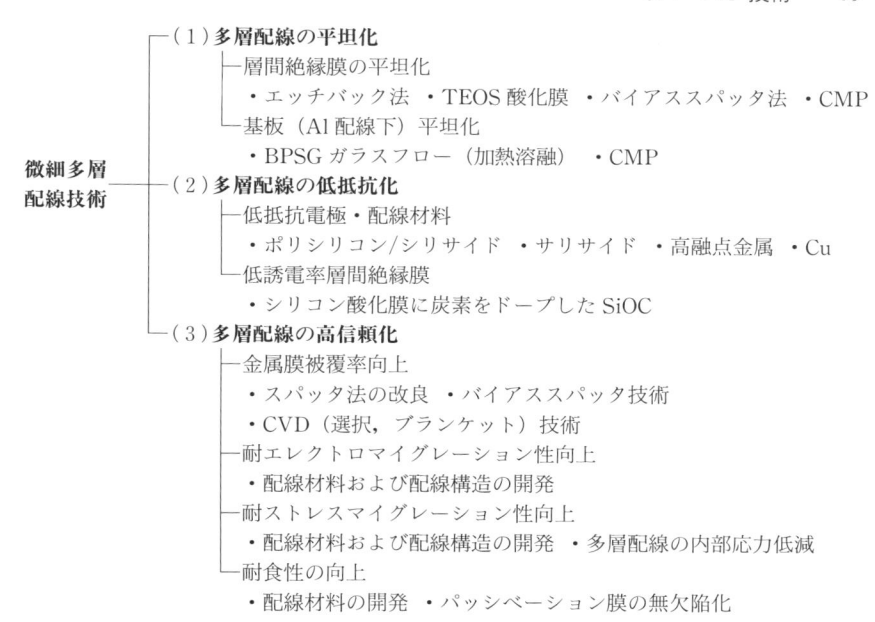

図 5.3 微細配線材料の課題．

[菅原活郎，加藤登季男，大貫　仁：0.3-0.5 μm 対応 PVD 技術，菅原活郎，前田和夫編著"ULSI 製造装置実用便覧"（サイエンスフォーラム，1991）p. 340 より一部引用]

5.1 PVD 技術

PVD（Physical Vapor Deposition）は化学的な反応を伴わずに物理的な手段で薄膜を堆積させる方法である．半導体プロセスにおいては，Al 等の配線膜形成あるいはバリア膜形成に主としてスパッタリングが使用されている．

5.1.1 スパッタリングの原理

スパッタリングに必要なアルゴンプラズマを生み出すグロー放電の模式図を図 5.4 に示す．スパッタリングはアルゴンのプラズマ（$Ar^+ + e^-$）により行われる．アルゴンプラズマは Ar ガスに高電圧を印加したときのグロー放電によ

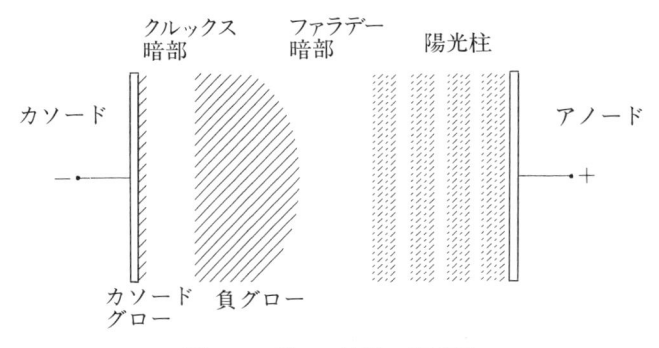

```
        クルックス    ファラデー
        暗部        暗部      陽光柱
カソード                              アノード

        カソード  負グロー
        グロー
```

図 5.4 グロー放電の模式図.
[C. Y. Chang and S. M. Sze : "ULSI Technology" (McGraw-Hill, 1996) より引用]

り生成される．グロー放電を肉眼で見ると数種類の異なった暗部と発光部とから成り立つ．カソード側から順にカソードグロー，クルックス暗部，負グロー部，ファラデー暗部，陽光柱が生ずる．負グロー内の正に帯電したアルゴンイオン（Ar^+）は，クルックス暗部に拡散していき，電圧降下により加速されて，カソードであるターゲット表面に衝突する．Ar^+ の運動量はターゲットに与えられ，これによりターゲットを構成する原子の結合が切られて，原子が飛び出す．ほとんどの原子はイオン化していない中性原子であり，プラズマ中を飛んでチャンバー内に置かれたウエハ上に堆積する．スパッタされた原子の角度分布は蒸着の場合と同じようにコサインの法則に従う．したがって，最大の堆積速度はターゲットに垂直方向に存在する．このため，微細なコンタクトホールでの側面の堆積量が底面に比べかなり少なくなる．これが信頼性を低下させることになるが，これについては後述する．

　スパッタリングにおける最大の課題は，いかにして Ar^+ のターゲットへの衝突速度を高めて，高い堆積速度を得るかにある．Ar^+ の衝突によりカソードから生じた二次電子が負グロー領域における Ar プラズマを生じさせるため，電場（E）と磁場（B）とのベクトル積 $E \times B$ を利用して二次電子を閉じ込め，プラズマの密度を高める．磁場を利用するカソードをマグネトロンという．図 5.5 に，DC マグネトロンスパッタリングシステムの原理図を，また図 5.6 には，スパッタリングの様子を Al について示した．高真空に保たれているスパ

5.1 PVD 技術　67

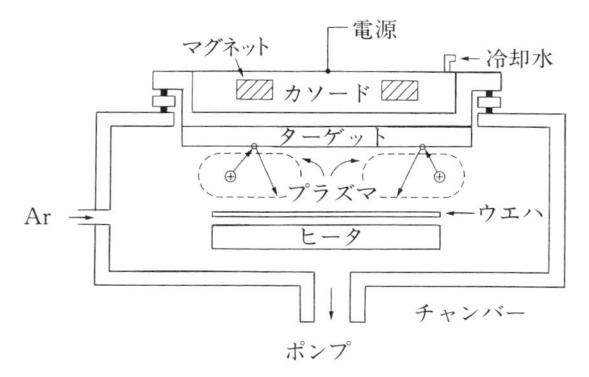

図 5.5 DC マグネトロンスパッタの原理．
[C. Y. Chang and S. M. Sze: "ULSI Technology" (McGraw-Hill, 1996) より引用]

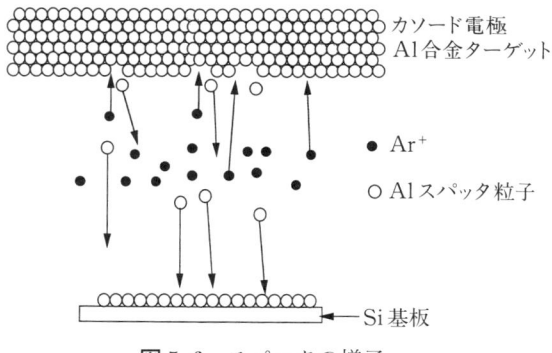

図 5.6 スパッタの様子．

ッタリングチャンバーに高純度 Ar ガスを導入し，圧力を 0.1 Pa 程度に調節して，チャンバーはグランドにし，例えばアルミ合金ターゲットをカソードにして，グロー放電によりアルゴンプラズマを作る．このとき，雰囲気の影響を受けないようにできるだけスパッタ速度を高くする目的で，Ar プラズマにできるだけ大きな電力をカソードに与える．通常 3～20 kW である．また，ターゲットの温度上昇を抑えるため，カソードを水冷する．さて，図 5.6 で示すように，プラズマ中の正に帯電した Ar^+ がカソードの Al 合金ターゲットに衝突

する衝撃で，ターゲットから Al 原子および合金元素の原子がスパッタされて飛び出す．これらが，ウエハ上に堆積して Al 合金膜が形成される．スパッタ法により生成した膜の長所は，比抵抗がバルクに近いこと，ウエハとの密着性および量産性に優れていることである．

5.1.2 Al 膜のスパッタリング

Al 膜は活性なため，チャンバー内に残留している H_2O，N_2 等の残留ガスの影響を受けやすい．図 5.7 にマグネトロンスパッタリングにより得られた Al 膜の比抵抗におよぼす残留窒素ガス分圧の影響をバルク比抵抗との比で示す．窒素分圧が 10^{-4} Pa を越えると抵抗の著しい増加が認められる．

図 5.8 は，残留ガスが膜の表面形状に与える影響を示したものである．水素と窒素を減らすことにより，ヒロック（突起）の量が著しく減少する．この結果，膜の反射率が向上する．表面形状に起因する Al 膜の反射率のばらつきはフォトエッチング性能に大きく影響する．また，ヒロックが存在する場合は，

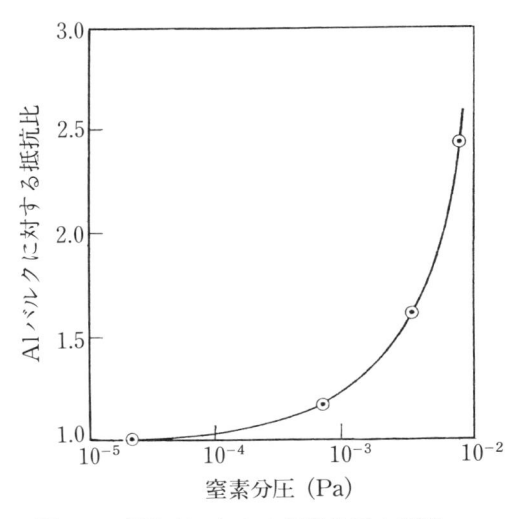

図 5.7 抵抗率に与える窒素分圧の影響．

［豊蔵信夫：アルミニウムとその合金，原徹，鈴木道夫，柏木正弘，前田和夫編 "超 LSI プロセスデータハンドブック"（サイエンスフォーラム，1982）p. 317 より引用］

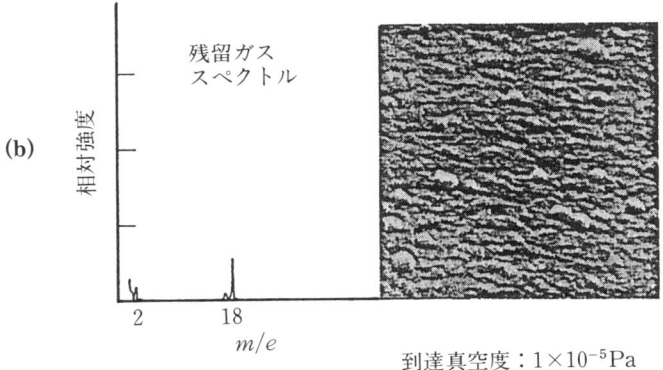

図 5.8 表面の凹凸形状におよぼす残留ガス量の影響．
(a) 水素と窒素分圧が高い，(b) 水素と窒素分圧が低い．
[豊蔵信夫：アルミニウムとその合金，原徹，鈴木道夫，柏木正弘，前田和夫編"超 LSI プロセスデータハンドブック"（サイエンスフォーラム，1982）p. 317 より引用]

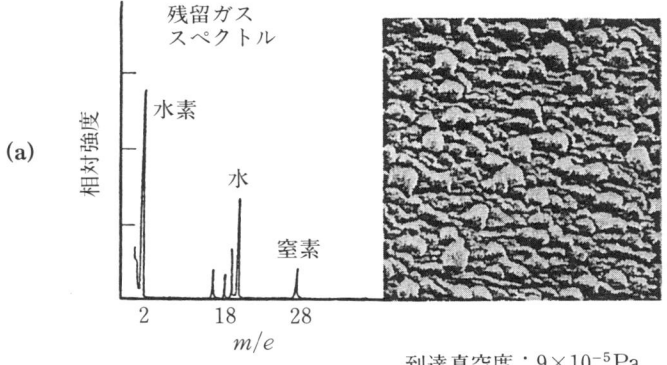

必ず膜中にボイドが存在する．これは，膜の抵抗を増大させ，後述するように信頼性も低下させる．したがって，活性な金属である Al 合金のスパッタでは，通常図 5.9 に示すようなロードロック方式のスパッタリング装置を使用して膜を形成する．ウエハをロードして予備排気するチャンバーと搬送チャンバ

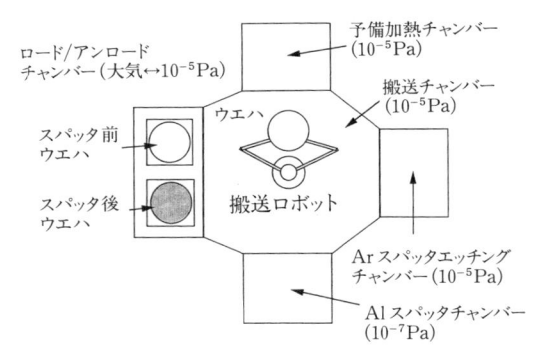

図 5.9 ロードロック方式スパッタ装置の構成と各部の真空度.
[河渕 靖:"北海道大学学位論文"(1997)より引用]

一, ウエハに吸着している水分を取り除くための予備加熱チャンバー, 酸化膜を取り除くための Ar スパッタエッチングチャンバー, Al スパッタチャンバーからなる. 特に, Al スパッタチャンバーは, 10^{-7} Pa 以上の高真空に保つことが望ましい.

チャンバー内の残留ガスの量が一定の場合, スパッタされた薄膜の性質は基板温度とアルゴン圧力の影響を強く受ける. 基板温度が低いと, スパッタされた原子の移動 (拡散) が少なく, ポーラスな膜が生成しやすい. 基板温度 (T) が $T/T_m ≒ 0.5〜0.7$ (T_m:融点) になるとスパッタ中に表面拡散が起こりバルクに近い性質の, 柱状の結晶粒を持った膜が生成する. 基板温度が高いほど核生成が起こりにくくなるため, 結晶粒径は大きくなりやすい. 大部分の Al スパッタリングは基板温度が 200〜300°C の間 ($T/T_m ≒ 0.5〜0.6$) で行われる. 粒径約 1 μm 以上のバルクに近い性質を有する Al 膜が得られる. 一方, Ar 圧力も膜質に大きな影響を与える. 最も好ましい膜質が得られるのは, 基板温度が高く, しかも Ar 圧力が低い場合である. 高速スパッタリングの目的で, プラズマ密度を高める (アルゴン圧力を高める) と, Ar が膜中に多量に混入して, 抵抗を高めたり, 膨れ, 膜剥がれ等を引き起こす可能性がある. Ar 圧力が低い状態でスパッタ速度を高めるには, 高プラズマ密度が得られるマグネトロンが必要である. これらにより品質の優れた Al 膜が得られる.

5.1.3 高融点金属膜のスパッタリング

　W, Mo, Co, Pt 等の高融点金属膜, TiW, TiN, TaN 等, 高融点金属の化合物は, 浅い pn 接合を有する Si デバイスとのオーミック接合, Al 合金配線あるいは Cu 配線と Si デバイスとの相互拡散防止膜（バリア膜）として使用される. このうち Al 合金膜に対して最初に使われたのが TiW 膜である. ただし, 微粒子がウエハ上に付着し, 高密度デバイスの歩留まりを低下させるという問題がある. 一方, TiN 膜は反応性スパッタリングあるいは後述するように CVD で形成される. TiN 膜は化学的, 熱的な安定性, 比較的低抵抗（数百 $\mu\Omega cm$）であること等からバリア膜として非常に重要である. オーミックコンタクトのため, TiN の下に Ti 膜等が必要な場合が多い. 図 5.10 は反応性スパッタリングで形成したチタンナイトライド膜の比抵抗と組成に及ぼす N_2 流量の影響を示す. 窒素なしでは純 Ti 膜が形成され, N_2 流量が増加するにつれて膜の比抵抗は増大し, Ti と N の比が 2:1（Ti_2N）で最大となる. その後, N_2 流量とともに膜の比抵抗は減少し Ti と N の比が約 1:1（TiN）のときに最小値となる. さらに N_2 流量が増加すると窒素濃度が高く, 比抵抗の高い窒素リッチな TiN 膜が生成する.

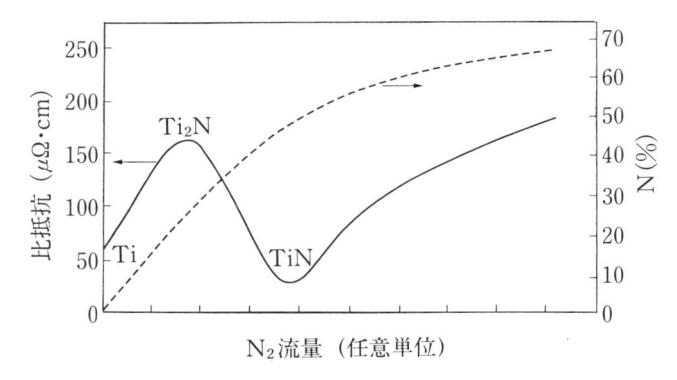

図 5.10 チタンナイトライド膜の比抵抗におよぼす N_2 流量の影響.
[C. Y. Chang and S. M. Sze : "ULSI Technology"（McGraw-Hill, 1996）より引用]

5.1.4　膜応力

Si ウエハ等の基板上に形成された薄膜には，引張応力あるいは圧縮応力が発生する．応力が高いと，膜が剥がれたり，次のプロセスにおいて生ずる熱サイクル中に，結晶粒界での拡散が促進する．これによって膜中にボイドが発生することがあり，信頼性にとって問題になる．膜応力は，主として基板と膜との熱膨張係数の差に基づいて生じ，膜形成温度が常温よりも高い場合によく見られる．E_f を膜のヤング率，ν_f をポアソン比，α_f を膜の熱膨張率，α_m を基板の熱膨張率，T を温度とすれば，膜応力は

$$\sigma = \frac{E_f}{1-\nu_f} \int_{T_1}^{T_2} (\alpha_f - \alpha_m) dT \tag{5.1}$$

で与えられる．通常は，膜形成前後のウエハの曲がりの変化から求める．図5.11 は，引張応力と圧縮応力によるウエハの曲がりの模式図である．ウエハ中心部の曲がりの変化を δ，ウエハの半径を R，ウエハの厚さを T_W，膜の厚さを t とすると，応力は

$$\sigma = \frac{\delta}{t} \cdot \frac{E_f}{1-\nu_f} \cdot \frac{T_W^2}{3R^2} \tag{5.2}$$

で与えられる．

図 5.11　スパッタ膜の引張応力と圧縮応力によるウエハの曲がり．
[S. A. Campbell: "The Science and Engineering of Microelectronic Fabrication" (Oxford University Press, 1995) より引用]

5.1.5　ステップカバレージ

スパッタリング中には，ターゲットから飛び出した原子はコサインの法則に従う．また，残留ガスによる汚染を防止するためには，10^{-7} Pa 以上の到達真空度および高純度の Ar からなる約 0.1 Pa のスパッタ圧力が必要である．この圧力下での原子の平均自由工程は数 cm のオーダであり，これはターゲット

とウエハ間の距離に等しい．したがって，飛び出した原子はウエハに到達するまでの間に周囲の原子と衝突することはほとんどなく，ウエハに対してほぼ垂直に入射する．この結果，基板面に垂直な段差部，あるいは基板面と鋭角をなす段差部におけるカバレージは非常に低下する．

一例を図5.12に示す．すなわち，スパッタリング後の段差部におけるAlの膜厚は最上部と底部に比べかなり小さい．しかし，図5.2に示した走査電子

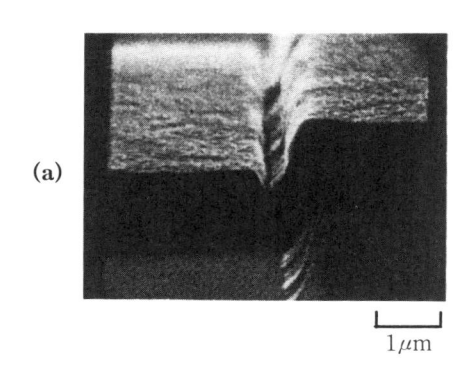

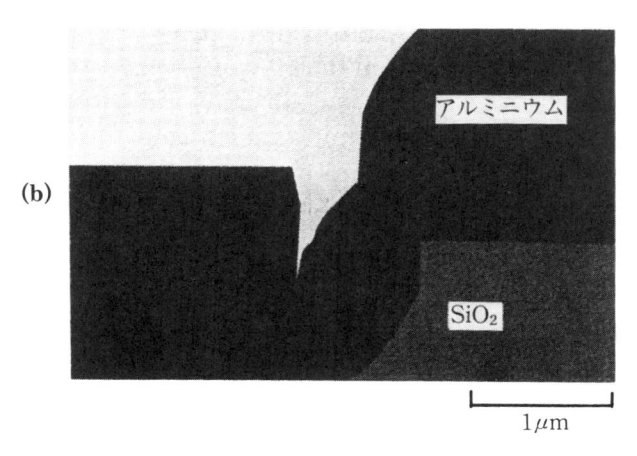

図5.12 急峻な段差部におけるカバレージのSEM像(a)およびコンピュータシミュレーションによる断面像(b)．
[I. A. Blech, D. B. Fraser and S. E. Haszko : J. Vac. Sci. Technol., **15** (1978) 13 より引用]

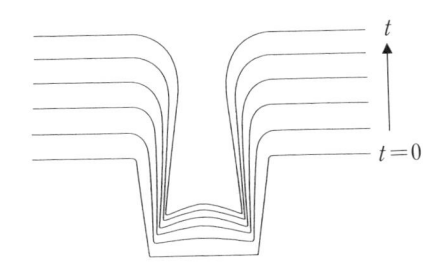

図 5.13 高アスペクト比のホールへの膜成長プロセスのシミュレーション（t は時間）．
[S. A. Campbell: "The Science and Engineering of Microelectronic Fabrication" (Oxford University Press, 1995) より引用]

顕微鏡（SEM）像からも明らかなように，コンタクトホールの径が1μmで，ホールの高さが1μm以上になると，ホールの最上部および角の部分の Al は厚いが，底部と側壁ではかなり薄いことが分かる．これを評価する指標として，ホールのアスペクト比（aspect ratio：AR）を次式で定義する．

$$AR = ホールの深さ/ホールの径 \quad (5.3)$$

スパッタ原子は基板にほぼ垂直に入射するが，ホールなどが存在すると複雑になる．コンタクトホールのマグネトロンスパッタリングによる膜形成過程は多くの研究者により計算されている．図5.13に高アスペクト比のホールへの膜成長過程の時間的変化を断面図で示す．ホールの最上面および角の上部の膜形成速度が大きく，底部および側壁での速度は低い．さらに底部の角では，最も成長速度が低く，ノッチやクラックが発生する可能性がある．通常，ホール最上部の膜厚 T に対する底部の角部の厚さあるいは側壁の厚さ t の比をステップカバレージというが，ホール全体への膜厚分布をステップカバレージという場合もある．ステップカバレージはアスペクト比 AR が大きくなるほど小さくなる傾向を示す．一方，LSI の高集積化，高速化に伴ってホール径が小さくなり，コンタクトホールの AR は増大する．これを図5.14に示す．1 MDRAM では1以下であった AR が，256 MDRAM では3以上になる．このため，従来の DC マグネトロンスパッタ法に代え，ターゲットばかりでなく，ウエハにも負の電圧を与えるバイアススパッタ法が開発された．図5.15

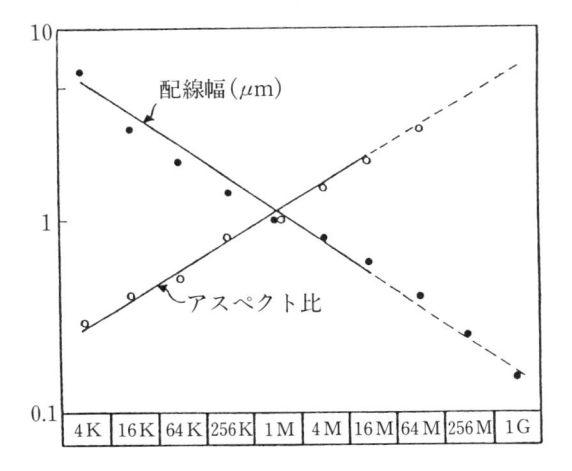

図 5.14 MOS 型 LSI の微細化とアスペクト比の推移.
[津屋英樹:工業レアメタル, No.104 (1992) 80 より引用]

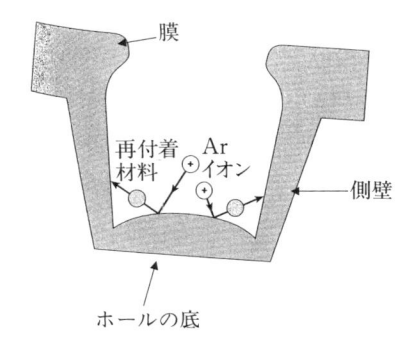

図 5.15 ホールの底部に堆積した膜をリスパッタリングしてホール側壁のステップカバレージを改善.
[S. A. Campbell: "The Science and Engineering of Microelectronic Fabrication" (Oxford University Press, 1995) より引用]

に示すように,底部に堆積した膜を,再スパッタして側壁に付着させ,ステップカバレージを改善する.ただし,対応できる AR は 2 未満であり,さらに膜中へのアルゴンの多量混入が引き起こされ,膜の抵抗増大や結晶粒径の微細化をもたらすため,未だ実用化されていない.

ウエハの温度を高めることで,ウエハに到着した原子は,表面をかなり動くことができる.動きやすさを示す表面拡散係数を D_s とすれば,

$$D_s = D_0 \exp(-E_s/kT) \tag{5.4}$$

ここで,D_0 は温度に無関係の振動項,E_s は表面拡散の活性化エネルギー,k はボルツマン定数,T は絶対温度である.表面拡散の活性化エネルギーはバルクの値よりもかなり小さく,数100℃に加熱することにより,表面拡散はかなり激しくなる.表面での拡散距離を L_s とし,膜になるまでの時間を t するとと,

$$L_s = \sqrt{D_s \cdot t} \tag{5.5}$$

D_s は温度の指数関数で大きくなるため,ウエハを数100℃に加熱することで

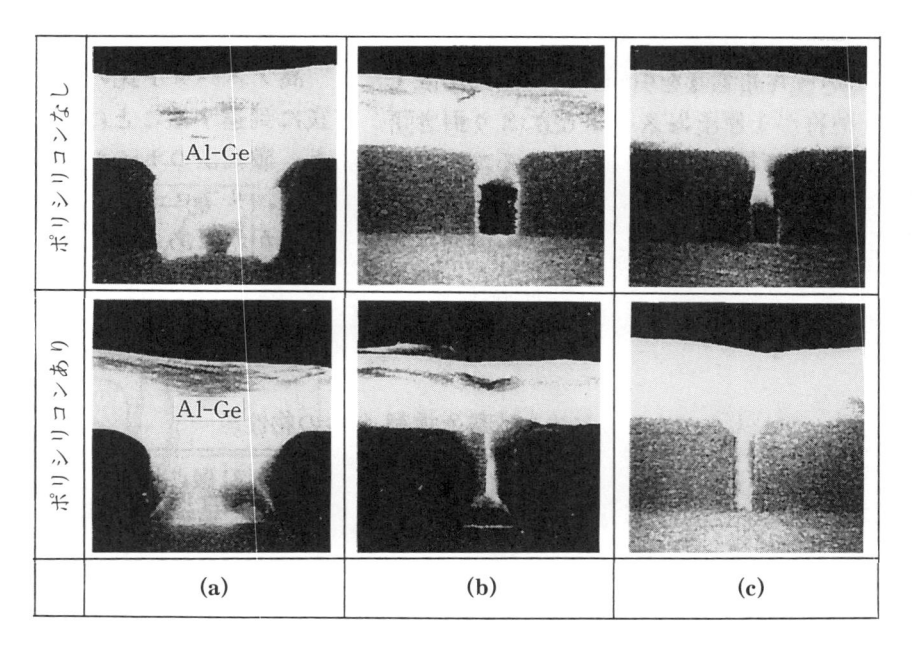

図5.16 アスペクト比が(a)0.53,(b)1.2,(c)4.0のホールへのAl-Geリフロースパッタリングとポリシリコンの効果を示す断面SEM像.
　　　　［菊田邦子：まてりあ,**36**(1997)より引用］

L_s を著しく長くすることができる.図 5.16 は,共晶温度が Al よりも約 250°C 低い 424°C の Al-Ge 合金ターゲットを用い,ウエハ温度を 300°C に保持してスパッタした場合の Al 合金膜の埋め込み状況を示したものである.SiO_2 に穴をあけたホールの場合,AR が 1.2 以上では Al 合金膜が棚つりを起こし,ホール底部に空洞が生じている.これに対し,SiO_2 上に 50 nm 厚さのポリシリコン膜を形成したホールでは,Al 合金膜が完全に埋まっている.これは,スパッタリング中に Al とポリシリコン(Poly-Si)とが非常にぬれやすいためと考えられる.

図 5.17 は,深さ 0.5 μm,幅 0.6 μm の溝へ,Cu 膜をスパッタリングで形

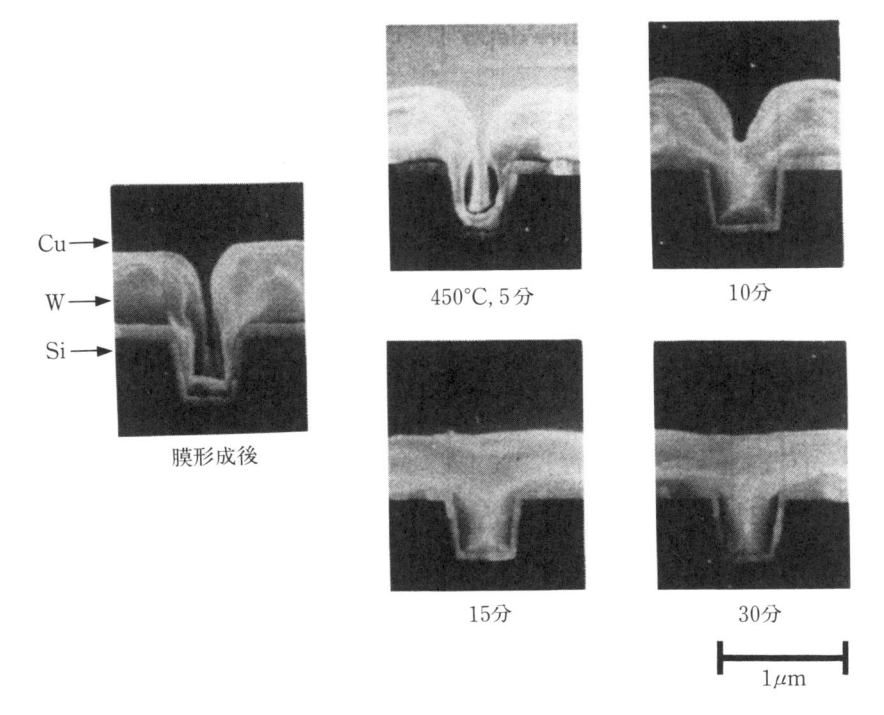

図 5.17 ホール上に形成された Cu 膜を 450°C に加熱したときの埋め込み状況の変化(SEM 像).
[阿部一英,原田祐介,橋本圭市,鉄田 博:電子情報通信学会誌,C-II, J 78-C-II (1995) 311 より引用]

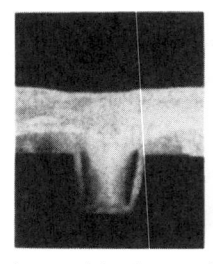

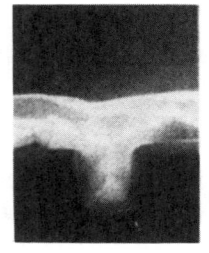

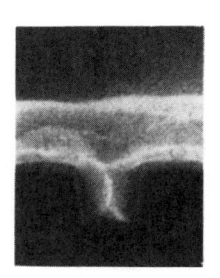

Cu(700nm)/W(100nm)　Cu(700nm)/Mo(100nm)　Cu(700nm)/TiN(100nm)

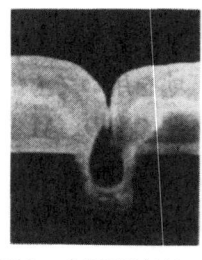

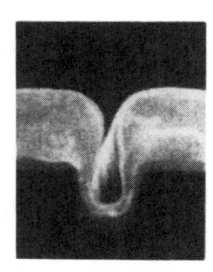

Cu(700nm)/TiW(100nm)　Cu(700nm)/Ta(100nm)　1μm

図 5.18 450°C，30 min 加熱処理したときの，Cu 埋め込み性におよぼす下地材料の影響（SEM 像）．
[阿部一英，原田祐介，橋本圭市，鉄田　博：電子情報通信学会誌，C-II，J 78-C-II (1995) 311 より引用]

成し，同一チャンバー内の真空中（10^{-5} Pa）において，450°Cに 30 min 加熱保持した後の溝内の Cu 膜の埋め込み状況を SEM で調査した結果を示す．スパッタのままの状態では，Cu 膜のステップカバレージはよくない．しかし，保持時間が 5〜10 min と増加するにつれて埋め込み状況は改善され，15 min 以上で完全に穴を埋めることができる．図 5.18 は 450°Cに 30 min 加熱処理した後における Cu 膜の埋め込み性の下地材料依存性を示す．TiN，W，Mo 等の銅膜とぬれのよくない下地膜の方が，TiW，Ta のように Cu 膜とぬれのよい下地膜の場合よりも Cu の埋め込み性がよい．これは，Cu 膜を形成した後に加熱するため，ぬれの悪い下地膜の方が，Cu 原子が動きやすいためである．

その他の埋め込み技術としては，高圧状態でウエハを加熱してホール中に金属膜を埋め込む方法，CVD 法およびめっき法等があり，これらは，AR を 4

あるいはそれ以上にすることが可能である．しかし，いずれの埋め込み技術においても，いかにして下地膜（接着層ともいう）を高 AR のコンタクトホールに高いステップカバレージで形成するかがキー技術である．通常，下地膜は高融点金属膜，高融点金属の窒化物（TiN，TaN）あるいは TiW 膜である．これらは，浅い pn 接合あるいは浅いソース・ドレーンを有する Si デバイスとのオーミックコンタクトおよび Al 配線あるいは Cu 配線と Si との反応を防止する役割（バリアメタルという）も果たしているため，プロセス上重要である．これは，後述する CVD 技術においても同様である．次節では，絶縁膜形成および高 AR のコンタクトホールの穴埋めに極めて重要な CVD 技術について述べ，さらに共通技術としての下地膜形成技術について述べる．

5.2 CVD 技術

　CVD（Chemical Vapor Deposition：化学気相蒸着）は，PVD と並んで ULSI 技術における主要な膜形成技術である．ULSI の微細化・高密度化の進展とともに，素子構造形成のための CVD の重要性が一段と高まっている．超微細加工を要する LSI においては，Si バルク内部よりも表面に積層される電極・配線構造がその信頼性や歩留りの決め手となる．これは，プロセスや構造が次第に複雑になっているためである．現在では，電極材料である Al や Cu 以外の材料のほとんどは CVD 法により実用的な膜形成が可能である．本節では，まず，CVD の原理について述べ，次に，CVD の技術的分類とそれぞれの技術の特徴について述べ，さらに，応用例として絶縁膜の CVD 技術および金属膜の CVD 技術について述べる．

5.2.1 CVD の原理

　CVD は原料ガスの反応によって，基板上へ不揮発性の固体膜を形成する方法である．比較的低温で導電膜や絶縁膜を形成することができるので，下地の物性に与える影響は比較的小さい．気相状態の成分が基板表面あるいはその近傍で化学的に反応し，基板表面に固体を形成する．CVD 反応では，以下の数段階を経て基板上に膜が形成される．

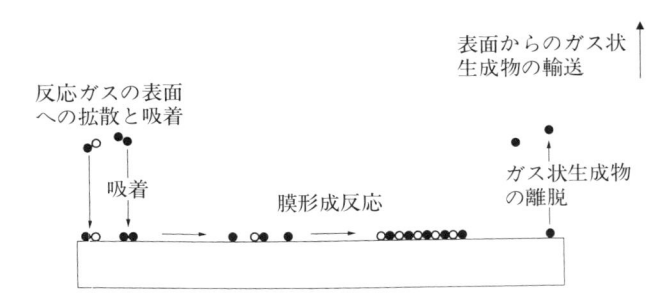

図 5.19 CVD プロセスの模式図.
[C. Y. Chang and S. M. Sze: "ULSI Technology"（McGraw-Hill, 1996）より引用]

1) 反応ガスの基板表面への輸送
2) 基板上への反応ガスの吸着
3) 基板表面を触媒とする不均一な膜形成表面反応
4) ガス状反応生成物の基板からの離脱
5) 基板表面から外部への反応生成物の輸送

これらの CVD プロセスを模式的に図 5.19 に示す．CVD では，化学反応により，固体材料が基板表面に生ずる不均一反応と，気相中で生じたものが基板表面に堆積する均一反応がある．しかし，実用的には不均一反応が好ましい．なぜなら，反応は選択的に加熱された表面のみで起こり，品質の良好な膜が生成できるためである．一方，均一反応では，膜中にガスを含み，密度の低い，しかも基板との密着性の低い膜が生成する．

代表的な CVD 技術としては，反応性ガスの熱分解を利用する常圧 CVD（Atmospheric-pressure CVD: APCVD），低圧 CVD（Low-pressure CVD: LPCVD）ならびにプラズマ CVD（Plasma-enhanced CVD: PECVD）がある．低圧 CVD は常圧 CVD に比べ段差部のステップカバレージ，膜質および組成の均一性に優れる．さらに，キャリアガスが不要なことから，不純物による汚染が少ないという特徴を有する．しかし，低圧 CVD は常温 CVD に比べ操作温度が高くしかも膜形成速度が小さいという欠点を有する．一方，プラズマ CVD は比較的膜形成速度も大きく，ステップカバレージにも優れ，さらに上記二つの方法に比べ操作温度を低くできる利点がある．

5.2.2 CVDの種類および特徴

(1) 常圧CVD

常圧CVDは最初に半導体の製造プロセスに応用された．その反応炉はシンプルであり，膜形成速度が大きいのが特徴であるが，ステップカバレージが悪く，他のCVDに比べ膜質が悪い．図5.20にウエハを連続的に処理できる装置の模式図を示す．本装置は低温でSiO_2を形成するのに最も多く使用される．ウエハはベルトコンベヤーで反応炉まで運ばれる．反応性ガスは炉の中央部から放出されるが，このガスは，高速窒素ガスのカーテンにより炉中に閉じ込められている．このような連続炉は，大口径のウエハに高速で均一な膜を形成するのに有効であるが，ガスの消耗が激しく汚れを伴うので，反応炉の洗浄を頻繁に行う必要がある．常圧CVDにより形成されるその他の酸化膜としては，PSG（Phosphosilicate Glass：りんガラス），BPSG（Borophosphosilicate Glass：ボロンりんガラス）等がある．

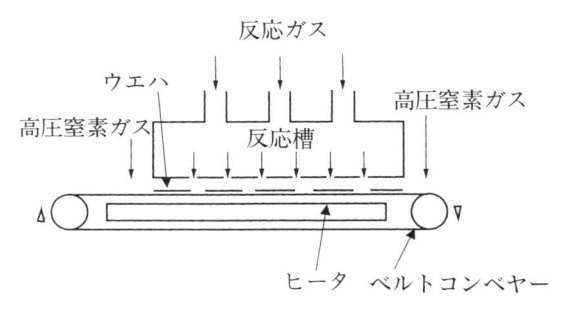

図5.20 常圧CVD（APCVD）装置の概要.
[C. Y. Chang and S. M. Sze : "ULSI Technology"（McGraw-Hill, 1996）より引用]

(2) ホットウォール減圧CVD

大量のウエハにPoly-Si，SiO_2，シリコンナイトライドを形成する目的で製作されたホットウォール型減圧CVD装置の内部模式図を図5.21に示す．反応炉は，炉と，これにより加熱される石英管とから成り，石英管の一方の端部からガスが導入され，他の端部は真空ポンプに接続されている．ウエハは，ガスの流れに垂直に炉中に置かれている．炉の圧力は30〜250 Pa，温度は

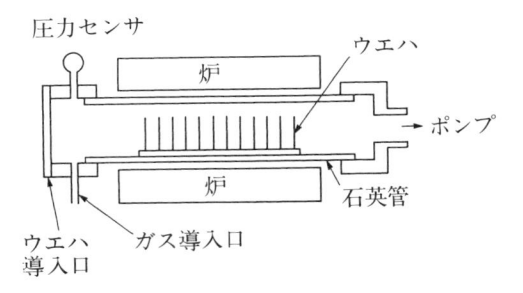

図 5.21 ホットウォール型減圧 CVD 装置の概要．
[S. M. Sze : "VLSI Technology"（McGraw-Hill, 1988）より引用]

300～900℃である．大口径のウエハ上に良質の膜を形成でき，ステップカバレージにも優れているが，膜形成速度は小さい．毒性の高い，腐食性の可燃性ガスを使用する等の不利な点もある．上記の酸化および窒化膜の他に，最近では，W，WSi_2 などの金属膜も CVD によって形成される．

（3） ホットウォール型プラズマ CVD

図 5.22 にホットウォール型プラズマ CVD 装置の模式図を示す．本装置は，減圧下（20～200 Pa）において高周波（50～13.5 MHz）を印加し，グロー放電によりプラズマを炉内部に発生させ，エネルギーを反応ガスに与える．常圧および減圧 CVD に比べてより低い温度に保持されたウエハ上に薄膜を形成す

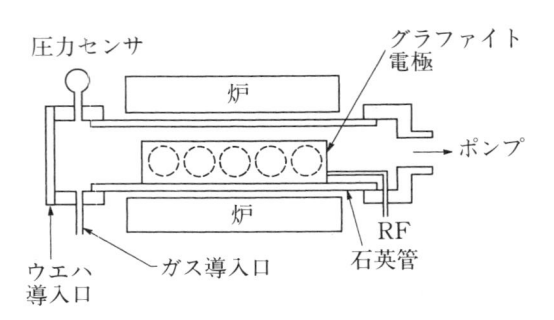

図 5.22 ホットウォール型プラズマ CVD 装置（RF：高周波）．
[S. M. Sze : "VLSI Technology"（McGraw-Hill, 1988）より引用]

ることができる．ウエハは，ガスの流れに平行に，縦におかれる．最大の利点は基板温度を低くできることで，例えば Al の配線以降のプロセスによく用いられる．膜形成速度を熱反応のみに比べ大きくでき，膜質，ステップカバレージもよいが，その反面，プラズマに起因する電子蓄積損傷の問題が顕在化しており，対策が検討されている．

5.2.3　CVD による膜形成プロセスおよび膜の特性

（1）　Poly-Si 膜

Poly-Si（多結晶 Si）膜は MOS デバイスのゲート電極，キャパシタ電極，あるいは，浅い接合でのオーミック電極として使用される．ゲート電極の低抵抗化のためには，W，$TaSi_2$ 等の金属あるいはシリサイドが Poly-Si 膜上に形成されるのが普通である．Poly-Si 膜は図 5.21 に示した減圧 CVD 装置を用い，シラン（SiH_4）を約 590～650℃の温度範囲で熱分解して作製される．分解反応は

$$SiH_4 \longrightarrow Si + 2H_2 \qquad (5.6)$$

である．25～130 Pa の圧力下で 100％シランを使用する場合と，同じ圧力下で窒素ガスで 20～30％に希釈したシランを使用する場合の二つの場合がある．Si 膜は約 580℃以下で膜形成した場合アモルファスであるが，約 630℃以上の温度では柱状晶の多結晶となる．また，アモルファスを約 700℃まで加熱すると粒成長して粗大な結晶になる．これらの透過電子顕微鏡組織を図 5.23 に示す．構造がアモルファスから柱状晶に変化すると Poly-Si の比抵抗は小さくなる．以上の構造変化と温度の関係は，ドープする不純物の種類によっても変化する．図 5.24 は膜形成時に P および B を in situ ドープ（10^{20}～10^{21} cm^{-3}）した Poly-Si 膜の比抵抗の膜形成温度依存性である．P ドープの場合，約 620℃以上の温度で Poly-Si の構造はアモルファスから柱状晶に変化するのに対し，B ドープの場合では，この温度は約 540℃付近にある．

（2）　SiO_2 膜

（a）　SiO_2 膜の形成方法

SiO_2 膜は不純物をドープする場合と，しない場合とがある．不純物をドー

84　第5章　半導体ウエハプロセスにおける配線材料形成技術

(a) 605°Cで膜形成(アモルファス)　ポリシリコン

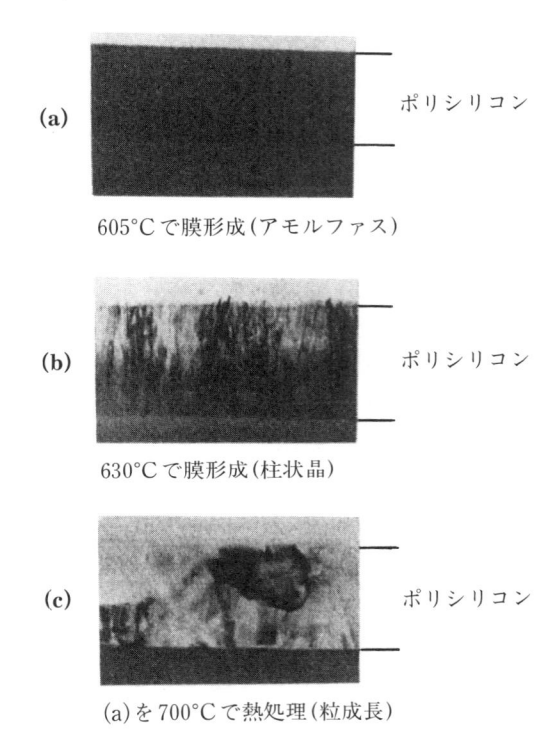

(b) 630°Cで膜形成(柱状晶)　ポリシリコン

(c) (a)を700°Cで熱処理(粒成長)　ポリシリコン

図5.23 ポリシリコン膜の基板温度による組織変化．
[S. M. Sze : "VLSI Technology"（McGraw-Hill, 1988）より引用]

プしない SiO_2 膜はMOSトランジスタのゲート電極直下の酸化膜，キャパシタ，イオン打ち込み，拡散用のマスクあるいは多層配線間の絶縁膜等に使用される．一方，不純物としてPをドープした SiO_2 膜は，主としてAl等の金属配線膜間の絶縁膜およびPSG（Phosphosilicate Glass），ならびにデバイス製作の最終段階における保護膜（ファイナルパッシベーション膜）として使用される．特に，CVDによって形成したPMD（Poly-metal interlevel dielectric：Poly-SiCと1層目電極配線間の絶縁）膜は，950と1100°Cの間の温度に加熱されると軟化し，流動変形して表面が平坦化する．この現象により，次の金属配線膜形成に適したステップカバレージが得られる．Pに加えてボロンをドー

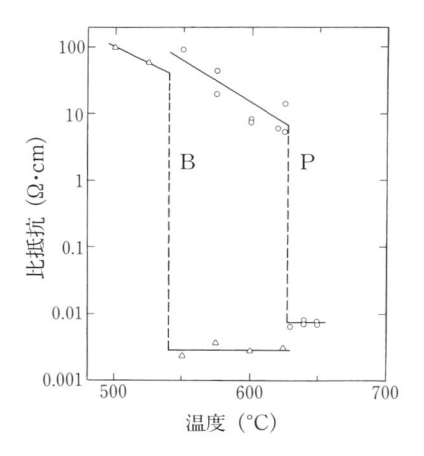

図 5.24 P および B をドープしたポリシリコン膜の比抵抗におよぼす膜形成温度の影響.
　　　　[S. M. Sze: "VLSI Technology"（McGraw-Hill, 1988）より引用]

プした BPSG（Borophosphosilicate Glass）は，さらに流動変形する温度（850〜950℃）が下がるため，平坦化に適する．SiO_2 膜には数種類の形成方法がある．

500℃以下の低い温度では，シラン，ドーパント，酸素の反応により膜形成が行われる．P をドープした SiO_2 膜は，以下の化学反応により APCVD（図 5.20）あるいは LPCVD（図 5.21）法を用いて形成される．

$$SiH_4 + O_2 \longrightarrow SiO_2 + 2H_2 \tag{5.7}$$

$$4PH_3 + 5O_2 \longrightarrow 2P_2O_5 + 6H_2 \tag{5.8}$$

シランと酸素との反応の主な利点は，Cl による Al 腐食がないので Al 配線の上に膜形成できることにある．したがって，この方法は，ファイナルパッシベーション膜形成や Al 多層配線膜間の絶縁膜に使用される．欠点は，ステップカバレージが低いことである．

650 から 750℃の温度範囲では，LPCVD 反応炉において，液相状態から蒸発した $Si(OC_2H_5)_4$ の熱分解で SiO_2 膜が形成される．反応は

$$Si(OC_2H_5)_4 \longrightarrow SiO_2 + 副産物 \tag{5.9}$$

である．ここで，$Si(OC_2H_5)_4$ は TEOS（Tetra Ethyl Ortho Silicate）と呼ばれている．TEOS の分解により形成される SiO_2 膜は，ポリシリコンゲート上の絶縁層（図3.2参照）としてよく使われる．TEOSCVD の長所は，均一性，

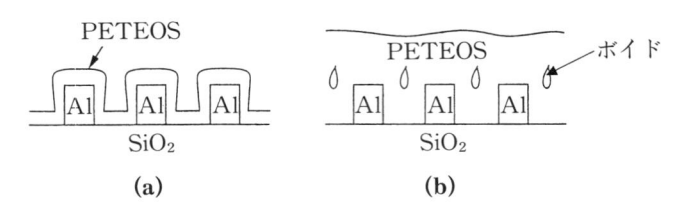

図5.25 PETEOS を用いた Al 膜上への SiO_2 膜形成．
（a）成長初期，（b）ボイド形成．
[C. Y. Chang and S. M. Sze : "ULSI Technology"（McGraw-Hill, 1996）より引用]

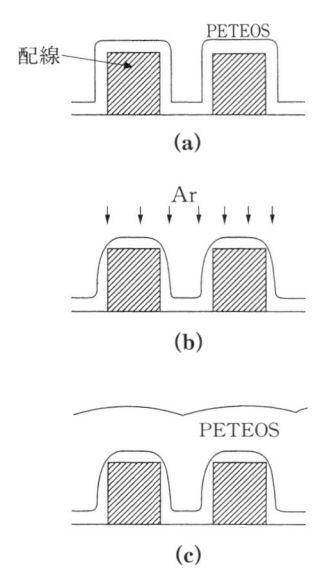

図5.26 ボイドフリー PETEOS（SiO_2）膜形成プロセス．
（a）PECVD による TEOS（SiO_2）膜の形成，（b）Ar スパッタエッチングによるオーバーハングの除去，（c）ボイドフリー PETEOS 膜の形成．
[C. Y. Chang and S. M. Sze : "ULSI Technology"（McGraw-Hill, 1996）より引用]

高いステップカバレージ，優れた膜質にある．さらに，PECVD 炉を用いると，400℃以下の温度においても TEOS の熱分解により，高品質の SiO_2 膜が得られる（Plasma-enhanced TEOS; PETEOS）．ステップカバレージも優れ

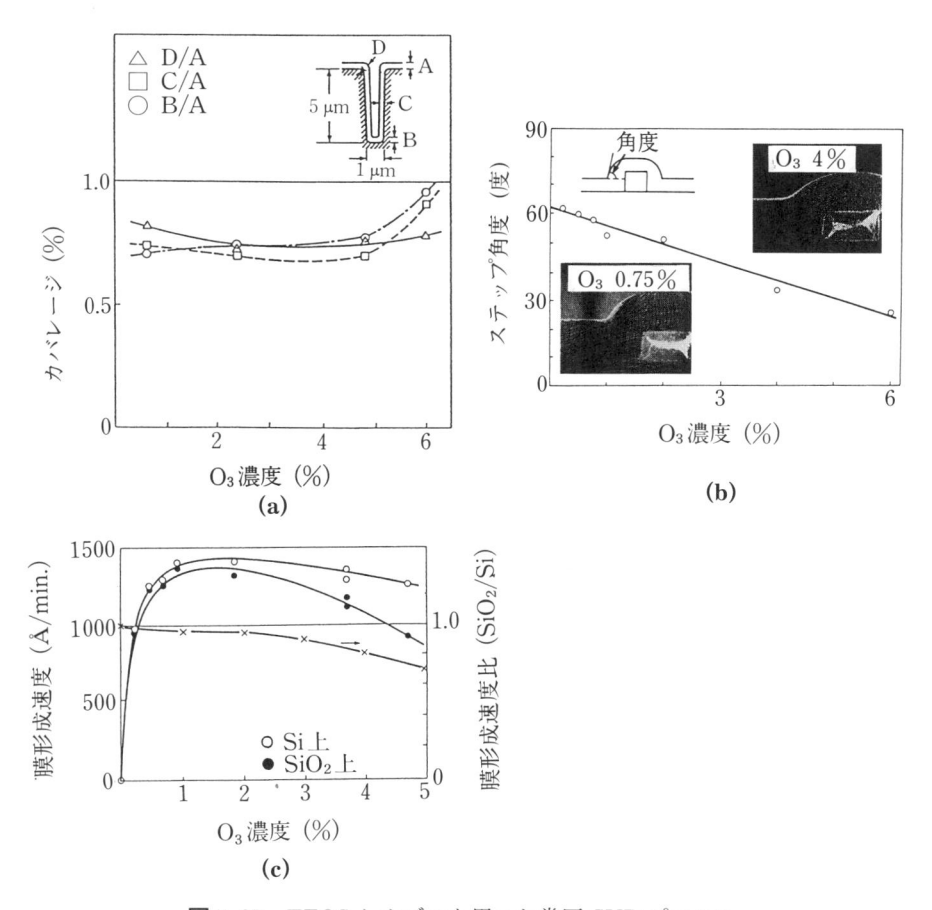

図 5.27 TEOS とオゾンを用いた常圧 CVD プロセス．
（a）Si に加工した溝（トレンチ）へのカバレージにおよぼすオゾン濃度の影響，（b）ステップ角度におよぼすオゾン濃度の影響，（c）膜形成速度におよぼすオゾン濃度の影響．
［前田和夫：菅原活郎，前田和夫編著"ULSI 製造装置実用便覧"（サイエンスフォーラム，1991）p.292 より引用］

ている．ただし，本法を配線間の絶縁膜形成にそのまま用いると，図5.25(a)に示すようにAl配線の角の部分にPETEOSが厚く堆積し，さらに(b)で示すようにPETEOS膜中にボイドが生ずる．これを防止するためには，図5.26に示すように，配線の角の部分に堆積し，張り出したPETEOS膜を，アルゴンの逆スパッタリングにより除去した後，さらにその上部にPETEOS膜を形成するのがよい．

最近では，TEOSとオゾン（O_3）を用いた常圧CVD（APCVD）が低温（350℃）でも高いステップカバレージと低粘度のSiO_2膜が形成できることで注目されている．図5.27(a)はアスペクト比が5.0の溝中へのステップカバレージのオゾン濃度依存性を，(b)はステップの角度におよぼすオゾン濃度の影響を，(c)は膜形成速度のオゾン濃度依存性を示している．(a)からはオゾン濃度が6%になると溝のいずれの場所においても高いカバレージが得られること，(b)からはオゾン濃度が高くなるにつれてステップの角度が小さくなる，すなわち，ステップの表面がなだらかになること，(c)からは膜形成速度が下地とオゾン濃度の影響を強く受けること等が分かる．

図5.28はPETEOS・CVDとO_3-TEOS・APCVDの段差部におけるカバレージの状態を示したものである．(a)ではSiO_2膜がコンフォーマル，すなわち，壁に沿っての膜厚が溝の底部の膜厚と同じであるが，(b)ではSiO_2膜が流動状態になっていることが分かる．

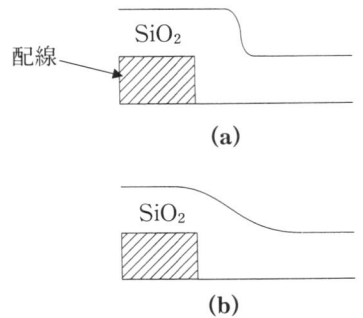

図5.28　O_3-TEOS・APCVDとPETEOS・CVDにより形成したSiO_2膜のカバレージの断面模式図．
(a)PETEOS，(b)O_3-TEOS．
[C. Y. Chang and S. M. Sze : "ULSI Technology"（McGraw-Hill, 1996）より引用]

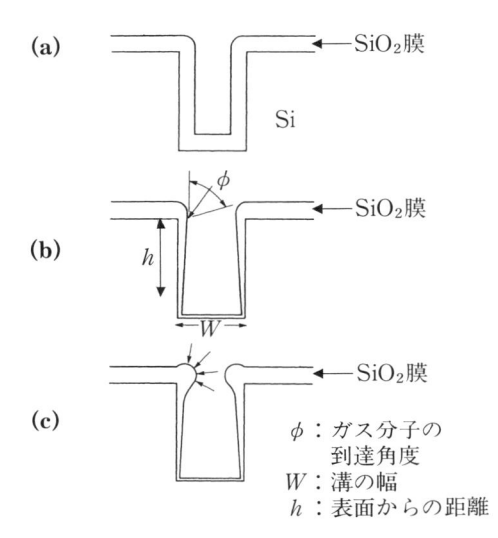

図 5.29 溝に SiO₂ 膜を形成したときに生じる 3 種類のステップカバレージ．(a) コンフォーマル膜, (b) 長い平均自由工程で表面拡散のないノンコンフォーマル膜, (c) 短い平均自由工程で表面拡散のないノンコンフォーマル膜．
[S. M. Sze : "VLSI Technology"（McGraw-Hill, 1988）より引用]

（b） ステップカバレージ

図 5.29 は溝に SiO₂ 膜を形成したときに見られる 3 種類のステップカバレージの模式図を示している．(a) はコンフォーマルなステップカバレージを示す．これは，原料ガスが表面に付着し，反応する前に，直ちに表面を拡散することにより，基板表面上のどの位置においても濃度および厚さの均一な膜が形成されることによる．一方，反応ガスが基板表面に付着し，十分な表面拡散がない状態で反応する場合，膜形成速度はガス分子の到着角度に依存する．(b) はガスの平均移動距離が段差の寸法よりも大きい場合の例である．表面の到着角度は 180° であるのに対し，垂直段差部の表面における到着角度は 90° であるため，膜の厚さは 1/2 になる．垂直壁に沿っての到着角度 ϕ は，ステップの開口幅 W と表面からの距離 h によって決定される．この到着角度は膜厚を決定し，次式で与えられる．

$$\phi = \tan^{-}(W/h) \tag{5.10}$$

90　第5章　半導体ウエハプロセスにおける配線材料形成技術

したがって，膜厚は溝の側壁に沿って薄くなり，底部では，クラックが生ずる場合もある．これをセルフシャドウイングという．(c)は表面拡散がなく，しかも平均移動距離が小さい場合の例である．この場合の溝の最上部における到着角度は270°で，膜が厚く成長するのに対し，側壁に沿ってガス分子が枯渇するため，側壁の膜厚は極めて薄くなる．

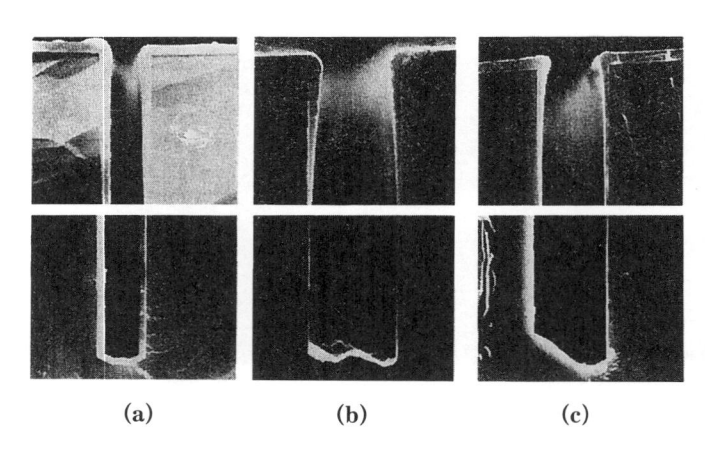

(a)　　　　**(b)**　　　　**(c)**

図 5.30　種々のCVD法で形成した，SiO_2膜のステップカバレージを示す断面SEM像．
(a) TEOSによるCVD SiO_2膜，(b) シラン＋酸素によるCVD SiO_2膜（減圧），(c) シラン＋酸素によるCVD SiO_2膜（常圧）．
　　　[S. M. Sze: "VLSI Technology" (McGraw-Hill, 1988) より引用]

図5.30は$W=5\,\mu m$，深さ$50\,\mu m$の溝へSiO_2膜を種々の方法で形成した場合のステップカバレージを示している．(a)はTEOSのLPCVD（温度700°C）によるSiO_2膜の場合であるが，ほぼ均一なステップカバレージが得られている．これは，TEOSの表面拡散速度が大きいことによる．(b)は減圧下においてシランと酸素との反応（700°C）により生成したSiO_2膜の場合である．平均移動距離が数百μmと大きいが，表面拡散が起こらないため，ステップカバレージは到着角度に依存する．(c)は常圧下において，シランと酸素との反応（480°C）により生成したSiO_2膜を示している．平均移動距離が$0.1\,\mu m$と短いため，溝の最上部に膜が厚く形成されている．

ただし，通常のスパッタ法により形成した膜は(b)のようなカバレージになることが多い．

(c) リフローによるカバレージの改善

ポリシリコンゲート膜とその上部に形成されるメタライゼーション（金属電極配線）との間の絶縁膜として，PをドープしたSiO_2膜がよく使われる．Pはイオン化した不純物のデバイスへの拡散を防止する役割を果たすためである．もし，段差部におけるSiO_2膜のステップカバレージが低いと，その上部に均一な金属膜を形成することが難しい．このため，PをドープしたSiO_2膜のカバレージは，SiO_2膜が軟化してフローする温度まで加熱され，矯正される．これを，Pガラスのフローという．図5.31に，Poly-Si上のP添加量をそれぞれ(a) 0 wt%，(b) 2.2 wt%，(c) 4.6 wt%，(d) 7.2 wt%含んだSiO_2膜を蒸気中において1100℃に20分加熱した後の断面SEM像を示す．これらの中，0 wt%Pでは，フローが起こらない．また，P濃度が高くなるにつ

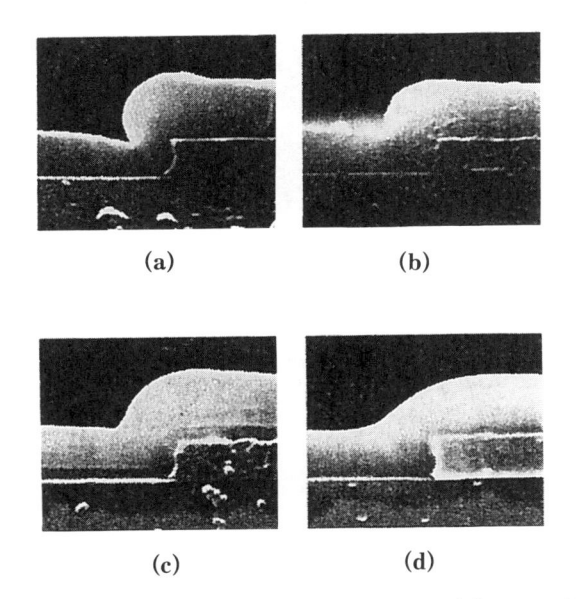

図 5.31 P添加SiO_2膜のリフローによるカバレージの変化を示す断面SEM像．(a) 0 wt%，(b) 2.2 wt%，(c) 4.6 wt%，(d) 7.2 wt%．
[S. M. Sze: "VLSI Technology" (McGraw-Hill, 1988) より引用]

れてフローが増加し，SiO_2 表面がなだらかになる．フローは温度，時間，P 濃度，および雰囲気等の影響を受ける．通常，フロー温度は 950～1100°C と高い．温度を下げるには，P 濃度を高くするのが有効であるが，8 wt% 以上になると，SiO_2 中の P と大気中の水分との反応により生成した酸により Al 配線が腐食する，という問題が生ずる．低温フロー用に使用される B を添加した BPSG は，4～6 wt% の P と，1～4 wt% の B を含んでいる．BPSG の場合，P が 4 wt% でも 850～950°C でフローが生ずる．

(d) SiO_2 膜の性質

SiO_2 膜の性質はデバイスの特性，信頼性等に大きな影響を与える．例えば，低誘電率の膜は金属配線膜の層間絶縁膜として重要であり，高誘電率の膜は MOS のキャパシタおよびゲート酸化膜として重要である．Al 等の配線間の層間絶縁膜，ファイナルパッシベーションを考慮した場合，膜形成温度が重要である．一方，膜内部応力の大きさ，内部応力が引張りか圧縮かは，膜形成速度，膜形成温度等により変化する．誘電率はシリコンの濃度に依存し，濃度が高い方が高い．ステップカバレージは，膜形成温度が高くなるほど高い．これらの性質は，デバイスの信頼性，特性上からも重要である．したがって，プロセス制御は極めて慎重に行わなくてはいけない．表 5.1 に種々の方法により形成した SiO_2 膜の性質を示す．

表 5.1 種々の方法で形成した SiO_2 膜の特性．

膜形成	プラズマ SiH_4+O_2(or N_2O)	LPCVD SiH_4+O_2	LPCVD $TEOS+O_2$	LPCVD $SiCl_2H_2+N_2O$	熱
温度（°C）	200	450	700	900	1000
組成	$SiO_{1.9}$(H)	SiO_2(H)	SiO_2	SiO_2(Cl)	SiO_2
ステップカバレージ	ノンコンフォーマル	ノンコンフォーマル	コンフォーマル	コンフォーマル	コンフォーマル
密度（g/cm³）	2.3	2.1	2.2	2.2	2.2
反射係数	1.47	1.44	1.46	1.46	1.46
絶縁強度（10^6V/cm）	3-6	8	10	10	11
エッチング速度(nm/分)（H_2O:HF=100:1）	40	6	3	3	2.5
比誘電率	4.9	4.3	4.0	—	3.9

[S. M. Sze: "VLSI Technology" (McGraw-Hill, 1988) より引用]

（3） シリコンナイトライド膜

（a） 膜形成

シリコンナイトライド膜はNaとH_2Oに対する優れたバリアとなるため，Si素子の保護膜として使用される．NaとH_2Oは配線を腐食させたり，素子特性を不安定にする．シリコンナイトライド膜は前述のように，LOCOSプロセス用のマスクとしても使用される．これはパターンニングされたシリコンナイトライド膜の下のシリコンは酸化されないが，その他の場所のSiは容易に酸化されるためである．このように，酸化されにくいというのもシリコンナイトライド膜の特長である．さらに，シリコンナイトライド膜はSiO_2膜と組み合わせてMOSのキャパシタにも使用される．シリコンナイトライド膜はAPCVDおよびLPCVDの二つの方法により形成される．APCVDでは，以下に示すシランとアンモニアの反応により700～900℃の温度範囲において膜形成される．

$$3SiH_4(g) + 4NH_3(g) \longrightarrow Si_3N_4(s) + 12H_2 \qquad (5.11)$$

LPCVDでは，ジクロロシランとアンモニアの反応により700～800℃の温度範囲において膜形成される．

$$3SiCl_2H_2(g) + 4NH_3 \longrightarrow Si_3N_4(s) + 6HCl + 6H_2(g) \qquad (5.12)$$

上記二つの反応式においてはシリコンナイトライドをSi_3N_4と表したが化学量論的成分比ではほとんどSi_3N_4とはなっていないため，文章ではシリコンナイトライドで表した．両法を比較すると，LPCVDで形成したシリコンナイトライド膜の方が均一性，耐湿性に富む．

（b） シリコンナイトライド膜の性質

シリコンナイトライド膜は高比抵抗（$10^{16}\ \Omega\cdot cm$），高誘電強さ（$5\text{-}10\times 10^6$ V/cm），高い引張応力（$=1\times 10^9\ N/m^2$）を有する．引張応力の面で見ると，膜を200 nm以上に厚くすると，膜に割れが発生する．また，高比誘電率（6～9）を有することも特徴である．最近のULSIデバイスでは，高誘電率および高比抵抗に着目して，特にDRAMのキャパシタの誘電体や不揮発性メモリの誘電体として広く使用されている．

(4) 金属膜およびその形成方法

CVDにより，いくつかの金属あるいは金属の化合物が形成できる．代表的な膜としては，Al，Cu，WSi_2，TiNおよびWである．ただし実用化されているのはWSi_2とWだけである．

(a) CVD-W

WSi_2は，ゲートのPoly-Si電極上に設けられ低抵抗ポリサイドとして使用されている．一方，CVD-Wは，比較的抵抗が低い（10〜15 μΩcm）ため，コンタクトホールの穴埋め（プラグ）や第一層配線に用いられている．CVD-Wは以下の反応過程により形成される．

$$WF_6 + 3H_2 \longrightarrow W + 6HF \quad (水素還元) \tag{5.13}$$

$$2WF_6 + 3Si \longrightarrow 2W + 3SiF_4 \quad (Si表面による還元) \tag{5.14}$$

$$2WF_6 + 3SiH_4 \longrightarrow 2W + 3SiF_4 + 6H_2 \quad (シラン還元) \tag{5.15}$$

CVDによる膜形成において，ウエハは400〜500℃に加熱されたチャックに保持され，ウエハ表面の反対側からWF_6，H_2，SiH_4ガスを噴出し，化学反

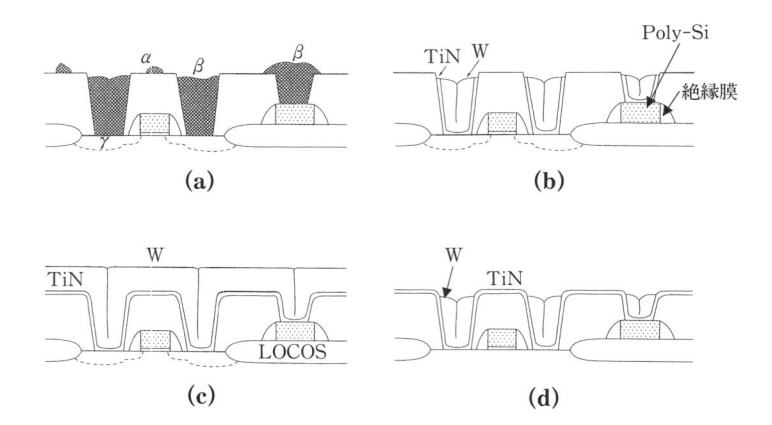

図5.32 選択CVDによるコンタクトホールへのW膜形成．
（a）下地膜（バリア）のない場合（α：選択性不良，β：平滑性不良，γ：ジャンクションリーク），（b）TiNバリアを用いた選択W-CVD（ただしTiNの選択エッチング難），（c）TiNバリア上のWブランケット膜形成，（d）エッチバックによるWプラグ．

[C. Y. Chang and S. M. Sze: "ULSI Technology" (McGraw-Hill, 1996) より引用]

応を起こさせる．

(b) 選択 CVD-W プラグ

Si コンタクトホール上において，選択プロセスは(5.14)式に示した WF_6 の Si 表面による還元から始まる．このプロセスにより，Si 上には W の核が形成され，SiO_2 上には形成されにくい．実際の W プラグは，(5.13)式に示した水素還元反応により起こる．この還元反応により W が選択的に成長し，プラグになる．しかし，選択性は完全ではなく，図 5.32(a)で示すように SiO_2 上にも W が成長する．現在まで，完全な選択 CVD が得られる技術は開発されていない．W プラグの好ましくないもう一つの問題は，深さの異なるホールへの埋め込みが非常に難しいという点にある．すなわち，図 5.32(a)で示したように，ゲートのコンタクトホール深さは，常にソース/ドレーンへのコンタクトホール深さよりも小さい．このため，選択 CVD-W プラグでは，両方のコンタクトホールへ同時に W を完全に埋め込むことは不可能である．したがって，W プラグは，上部配線と下部配線間を繋ぐホール，すなわちビアホールの埋め込みに適する．

選択性を高める有効な方法は，図 5.32(b)に示すように TiN からなる層をホール内部に設けることである．これにより W 膜は底部ばかりでなく，側壁からも成長するため，深さの問題は解決できる．さらに，膜を厚く形成しなくともホールを穴埋めできるため，選択性は，上述の(a)に比べゆるやかになる．しかも，TiN 層を設けた W プラグの密着性は側壁からの成長により(a)より高いという利点がある．ただし，TiN バリア層の選択エッチングの問題が残る．

(c) ブランケット CVD-W

CVD-W を TiN 層の上部にブランケット状に形成し（図 5.32(c)），リーアクティブ（reactive）・イオンエッチングによりエッチバックし，ホール内部に W を残す（図 5.32(d)）方法もある．W のブランケット CVD では，通常(5.15)式に示すシラン還元により TiN 層の上部に極薄い W 層を Si への損傷なしに形成し，次に(5.13)式に示す水素還元によりブランケット W 層を形成する．ただし，TiN は Si とのオーミックコンタクトをとるのが難しいため，TiN の下に Ti を設ける．もし，TiN 膜中に欠陥が存在すると WF_6 はそ

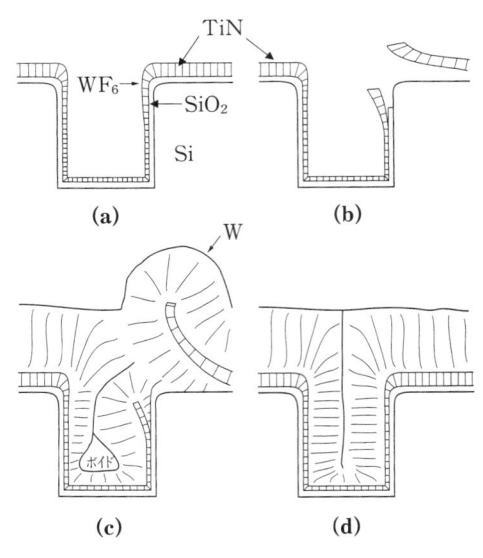

図 5.33 ブランケット CVD によるコンタクトホールへの W 膜形成およびバリア不良による膜中での穴の形成．
(a) TiN の WF_6 によるアタック，(b) TiN と WF_6 の反応による TiN の剥離，(c) 剥離した TiN とホール内部 TiN 上への W 膜形成（穴形成），(d) TiN の剥離のない場合，(c)(d) の曲線は W 結晶の成長方向を示す．
[C. Y. Chang and S. M. Sze : "ULSI Technology"（McGraw-Hill, 1996）より引用]

の場所から入り込み，Ti と反応する．図 5.33 は，TiN 膜の剥離が原因でブランケット CVD-W 膜中にボイドおよびこぶが形成される模式図を示している．スパッタ TiN 膜は高い膜応力をもっており，(a) に示すホール最上部角の部分の応力が最大となる．TiN 膜は柱状晶であるためポーラスであり，WF_6 が侵入しやすい．このため，(b) で示すように，WF_6 との反応により下地の Ti が消失し，SiO_2 から TiN 膜が剥がれる．W は剥がれた TiN の両側上に成長するため，大きなこぶが発生したり，ボイドが生じたりして，後の配線プロセスに大きな問題が生ずる．この問題は，コンタクトホールの微細化が進むほど，発生しやすくなるため，欠陥のすくない TiN シード層を形成することが重要である．一方，(d) に示すようにホールの角を丸くして，局部応力を低減することで上記トラブルを低減できる．

（d） その他のCVD金属膜

Ti膜は，$TiCl_4$の水素還元，TiN膜は$TiCl_4$とNH_3との化学反応，Al膜はアルキルAlの熱分解，Cu膜はCu錯化合物の熱分解等によりCVD可能である．この中，AlおよびCuは未だ研究の域を出ていない．

5.3 接着層形成技術

前述のように，CVD-W膜のコンタクトホールにおける埋め込み性の向上には，TiN等のバリア膜が非常に重要な役割を果たした（これはホール内部との接着性の向上の役割も果たしているため，接着層とも呼んでいる）．これは，CVDばかりでなく，リフロー等によりホールの穴埋めをする場合，例えば後述のようにめっきで配線を形成する場合にも重要である．したがって，微細コンタクトホールへの膜形成の第一ステップとして，接着層であるW等の高融点金属膜およびTiN等のバリア膜を，いかにして高いステップカバレージで形成するかは極めて重要である．ここでは，このための主なスパッタリング技術について述べる．

5.3.1　スパッタリングによるステップカバレージ向上策

（1）　コリメーションスパッタリング

コリメーション（collimation）スパッタリングは，ウエハとターゲットの間に図5.34に示すような蜂の巣状の穴を備えたコリメータを配置する．コリメータにより，スパッタ粒子の斜め成分がカットされるため，垂直あるいは，これに近い角度の粒子のみがウエハに到達し，コンタクトホールの底部に付着する．これによって，微小コンタクトホールの底部におけるステップカバレージは向上する．図5.35(a)はコンタクトホールの底部におけるカバレージのコリメータアスペクト比依存性を，通常のスパッタおよびアスペクト比1.0（図5.34参照）の場合について示したものである．ホールのアスペクト比が2.0の場合で比較すると，コリメーションスパッタのカバレージは従来法に比べて2倍程度向上している．ただし，膜形成速度は，(b)に示すようにコリメータのアスペクト比が大きくなるにつれて減少する．アスペクト比が1で通

アスペクト比：H/L

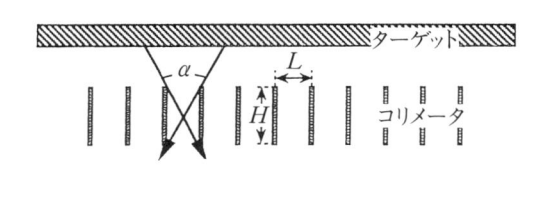

図 5.34 コリメーションスパッタの原理図（a はコリメータから放出されるスパッタ粒子の最大角度）．
[大崎明彦，藤沢雅彦，小谷秀夫：電子情報通信学会誌，J 78 C-II (1995) 259 より引用]

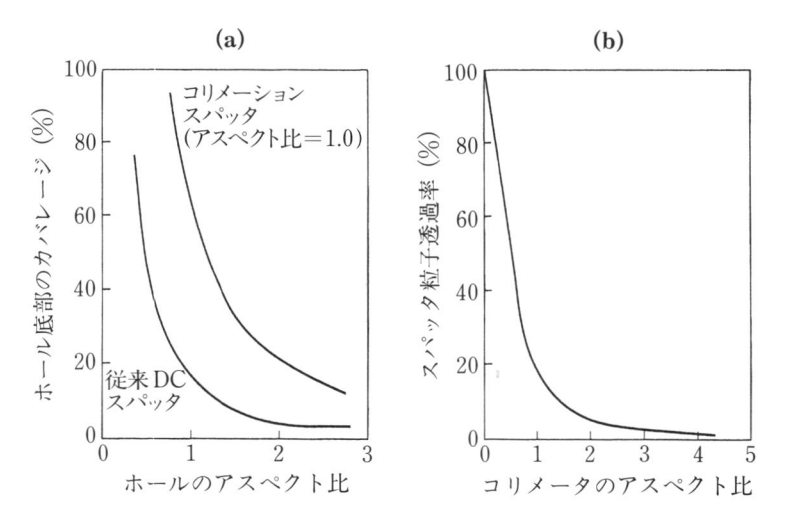

図 5.35 コリメーションスパッタにおける，底部のカバレージとスパッタ粒子の透過率．
　　　　（a）底部のカバレージ，（b）スパッタ粒子の透過率．
[C. Y. Chang and S. M. Sze: "ULSI Technology" (McGraw-Hill, 1996) より引用]

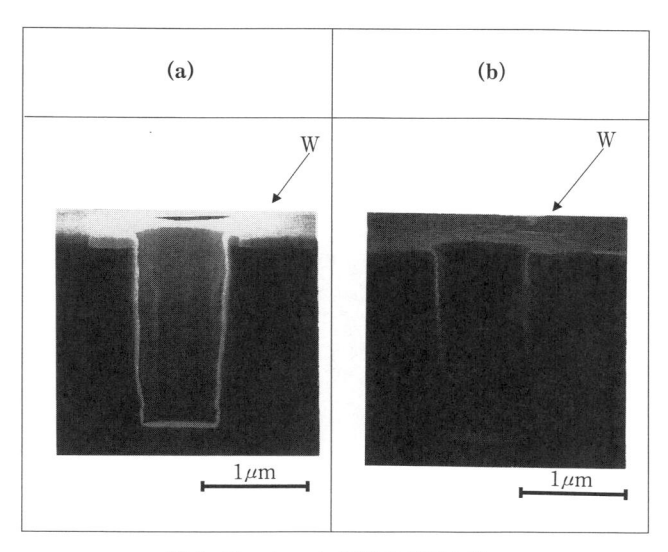

図 5.36 ホールの断面 SEM 像
（a）膜形成後，（b）WF$_6$ 導入後（基板温度：270°C）．
[J. Onuki, M. Nihei, M. Suwa and H. Goshima : J. Vac. Sci. Technol., **B17**(3), May/Jun (1999) 1028 より引用]

常の膜形成速度の 20%，1.5 で 10% にまで減少するため，スループットに問題が生ずる．さらに，底部のカバレージが高くても，次の CVD プロセスにおいて問題が生ずる場合もある．図 5.36 はその一例で，最初にスパッタリングによりコンタクトホールに W 接着層を形成し，次の WCVD プロセスにおいて WF$_6$ ガスを導入した後の，W 接着層の変化を示した SEM 写真である．コンタクトホール下部の W 接着層が消失していることが分かる．これは，WF$_6$ ガスの水素還元により発生した HF ガスによって W が消失したためである．このように，接着層の側壁のカバレージも十分に高くなくてはいけない．

(2) **スイッチングバイアススパッタリング**

コリメーションスパッタリングは，コンタクトホールあるいはビアホールの底部のカバレージ改善には有効である．しかし，側壁のカバレージを改善できないという欠点がある．側壁および底部のカバレージを改善するために開発さ

100　第5章　半導体ウエハプロセスにおける配線材料形成技術

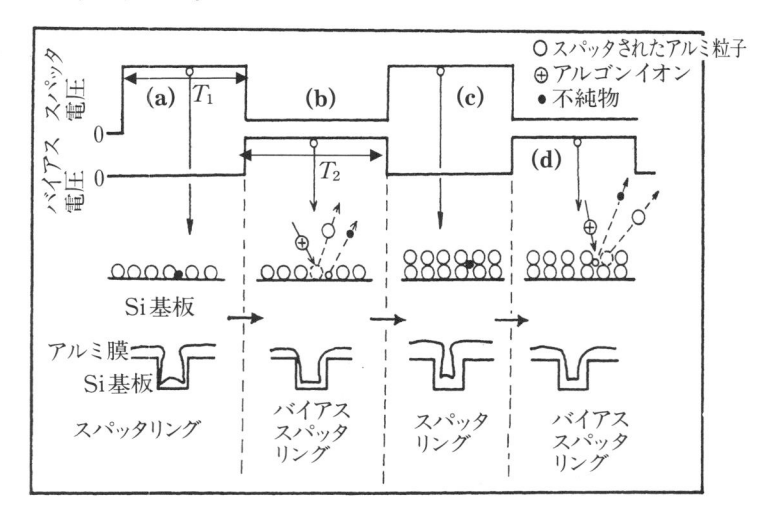

図5.37 スイッチングバイアススパッタリングによる膜形成プロセス（バイアス時間比：T_2/T_1+T_2，スイッチング周期：T_1+T_2）．
[J. Onuki et al.: Appl. Phys. Lett., **53** (1988) 968 より引用]

(a) DCスパッタ
ステップカバレージ
底部：8.7%
側壁：4%

(b) スイッチングバイアススパッタ
DCバイアス電圧：-200V
バイアス時間比：0.3
ステップカバレージ
底部：32%，側壁：18%

(c) スイッチングバイアススパッタ
RFバイアス電圧：-200V
バイアス時間比：0.3
ステップカバレージ
底部：28%，側壁：17%

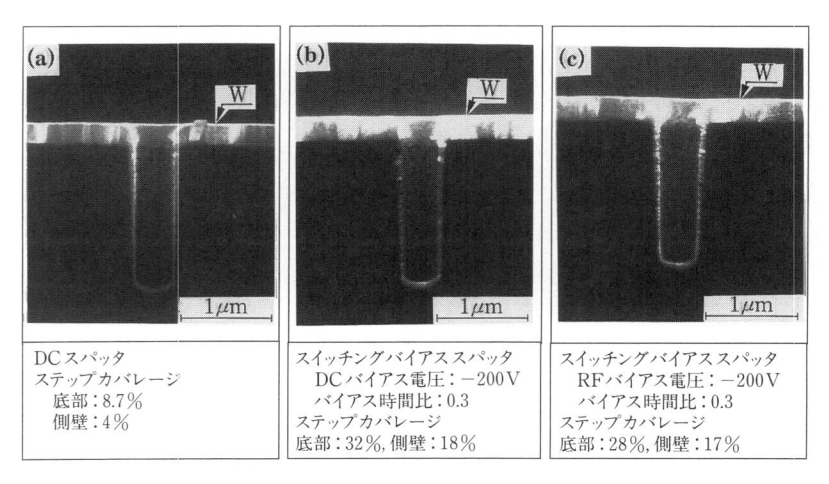

図5.38 アスペクト比3.5のホールへのDCおよびスイッチングバイアススパッタによるW膜形成．
[J. Onuki, M. Nihei and M. Suwa: J. Vac. Sci. Technol., **B17**(3), May/Jun (1999) 1028 より引用]

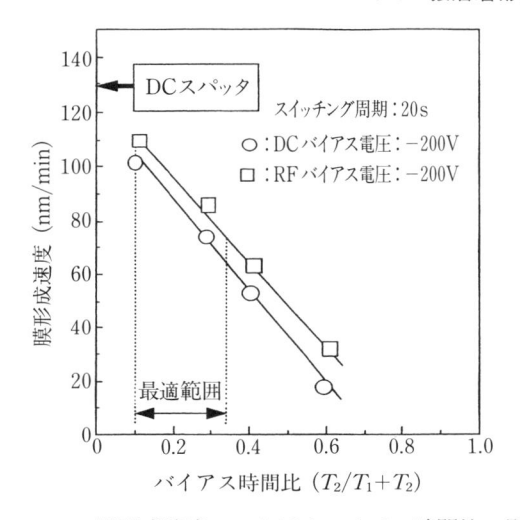

図 5.39 W 膜形成速度におよぼすバイアス時間比の影響.
[J. Onuki, M. Nihei and M. Suwa: J. Vac. Sci. Technol., **B17**(3), May/Jun (1999) 1028 より引用]

れたのがスイッチングバイアス (switching bias) スパッタリング法である．スイッチングバイアススパッタリング法の概念図を図 5.37 に示す．この方法では，スパッタとバイアススパッタ（逆スパッタ）を交互に繰り返す．この方法によってカバレージが改善されるプロセスを図 5.37 に模式的に示した．

図 5.38 はアスペクト比が 3.5 のコンタクトホールにスイッチングバイアススパッタリング法適用したときの W 膜の SEM 像である．DC スパッタで形成した W 膜のコンタクトホール底部近傍の側壁におけるカバレージは 4% と低いのに対し，スイッチングバイアススパッタリング法を使えば，カバレージが 18% に高くなる．高いカバレージの得られる条件下での膜形成速度は DC スパッタの場合の約 50〜80% であり（図 5.39），コリメーションスパッタ (DC による速度の約 10〜20%) に比べかなり高いという長所もある．

その他，ターゲットと基板の間の距離を長くするロングスロースパッタ法がある．また，スパッタとバイアス印加による逆スパッタとを同時に行うバイアススパッタ技術もあるが，これは膜中に不純物が混入し，比抵抗やエレクトロ

マイグレーション耐性が低下するという問題がある.

参考文献

1) C. Y. Chang and S. M. Sze : "ULSI Technology" (McGraw-Hill, Inc., 1996) p. 396.
2) S. A. Campbell : "The Science and Engineering of Microelectronic Fabrication" (Oxford University Press, 1995) p. 400.
3) S. M. Sze : "VLSI Technology" (McGraw-Hill, Inc., 1988) p. 236.
4) 菅原活郎, 前田和夫編著:"ULSI 製造装置実用便覧"(サイエンスフォーラム, 1991).
5) 原　徹, 鈴木道夫, 柏木正弘, 前田和夫編:"超 LSI プロセスデータハンドブック"(サイエンスフォーラム, 1982).

第6章 微細加工技術

半導体デバイスの微細化はリソグラフィー，エッチング技術等の微細加工技術の進歩により発展してきた．今後，これらの重要性はますます増大していくと考えられる．リソグラフィー技術は，写真製版技術と同じ原理で半導体基板上にフォトレジストの微細パターンを形成する技術である．また，エッチング技術はリソグラフィー技術によるフォトレジストパターンをマスクにし，半導体基板上に設けた薄膜を微細な電極や配線などの回路パターンに加工する技術である．その他，最近では微細配線の信頼性を向上するため，層間絶縁膜を平坦化して配線段差を軽減するCMP（Chemical/Mechanical Polishing）を用い，これで基板上の絶縁膜全体を平坦化するグローバル平坦化技術がある．半導体デバイスの微細化は今後とも続くので，リソグラフィー，エッチング技術と並んでますます重要な技術になる．本章では，これら三つの技術について述べる．

6.1 リソグラフィー技術
6.1.1 概　　要

リソグラフィー工程（エッチング工程も含む）の概略を図6.1に示す．（1）膜形成した半導体基板上にレジストを塗布する，（2）マスクを下地回路基板とずれないように重ね合わせる，（3）半導体基板上のレジスト膜に，光，電子線，X線等を用いてマスクに作製した回路パターンを転写する，（4）レジスト膜を現像してレジストパターンを形成する，（5）レジストパターンをエッチ

104　第6章　微細加工技術

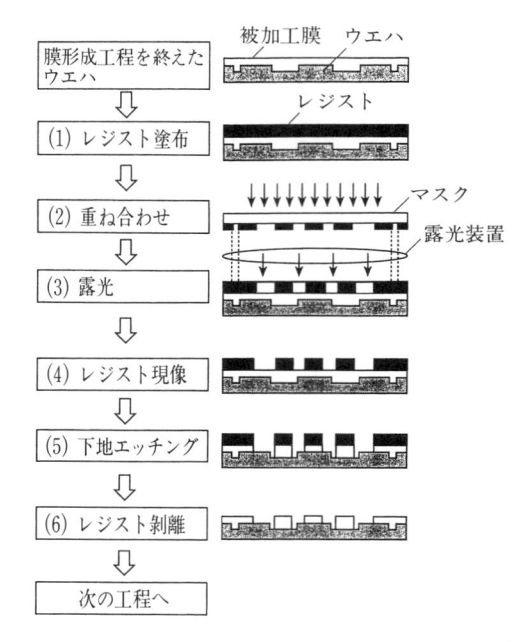

```
膜形成工程を終えた
ウエハ
   ⇩
(1) レジスト塗布
   ⇩
(2) 重ね合わせ
   ⇩
(3) 露光
   ⇩
(4) レジスト現像
   ⇩
(5) 下地エッチング
   ⇩
(6) レジスト剥離
   ⇩
次の工程へ
```

図 6.1　リソグラフィー（エッチングも含む）工程の概略．
　　　　右側の矢印は光を示す．
［井上壮一・丹呉浩侑編 "半導体プロセス技術"（培風館，1998）より引用］

ングマスクにして下地をエッチングする，(6)レジストを剥離し，リソグラフィー工程が完了する．

　リソグラフィー技術の変遷と LSI の進歩について図 6.2 にまとめた．マスクあるいはレチクル（回路寸法を5倍に拡大したマスク）を電子ビーム等で作製した後，64 MDRAM までは水銀灯の g 線（波長 436 nm）と i 線（波長 365 nm）を用いた露光，64 MDRAM から 1 GDRAM までは，KrF エキシマレーザ（波長 248 nm）と ArF エキシマレーザ（波長 193 nm）等が用いられている．図 6.3 で示すように，現在までの半導体デバイスでは，光を用いたリソグラフィー技術が中心である．1 GDRAM 以上の半導体デバイスでは，さらなる光の短波長化や，電子ビーム直接露光，投影露光，波長が 10 nm 以下の X 線を使用する等倍露光および波長が 10〜15 nm の EUV（Extreme UV）リソ

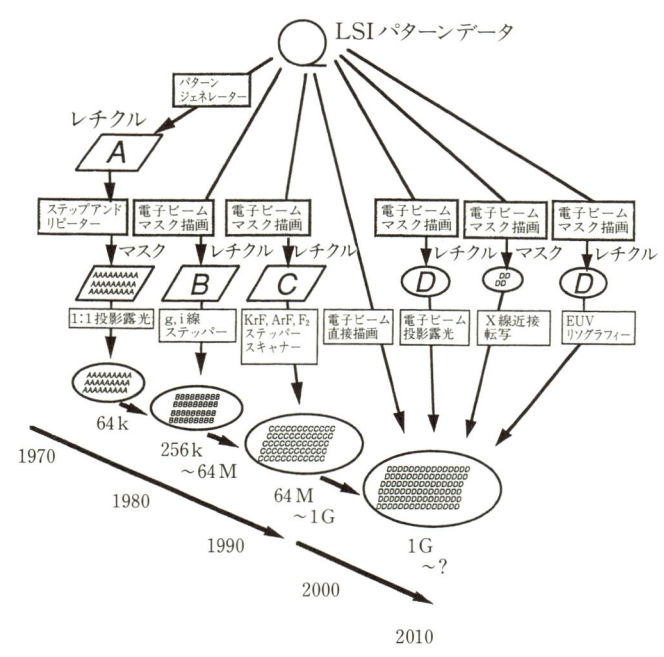

図 6.2 リソグラフィー技術の変遷と LSI の発展.
[岡崎信次：応用物理, **69** (2000) 196 より引用]

グラフィー技術等が使用されると考えられる．このように，半導体の高集積化とともに波長が短い光を利用するのは解像度が高くなるためである．

6.1.2 レジストプロセス

　光リソグラフィーでは，パターン形成，下地加工の媒体として，レジスト材料を用いる．レジストは露光に用いる光と反応し，露光部分と非露光部分で現像時の溶解特性が変化する．したがって，現像によりパターンが形成される．図 6.4 で示すように，露光部分の樹脂が現像液に溶解して除去される場合をポジ型，露光部分の樹脂が現像液に対し不溶化する場合をネガ型という．g 線や i 線光リソグラフィーでは，ナフトキノンアジドを感光剤とするノボラック樹脂系が主として用いられている．ノボラック樹脂は現像液であるアルカリ水溶

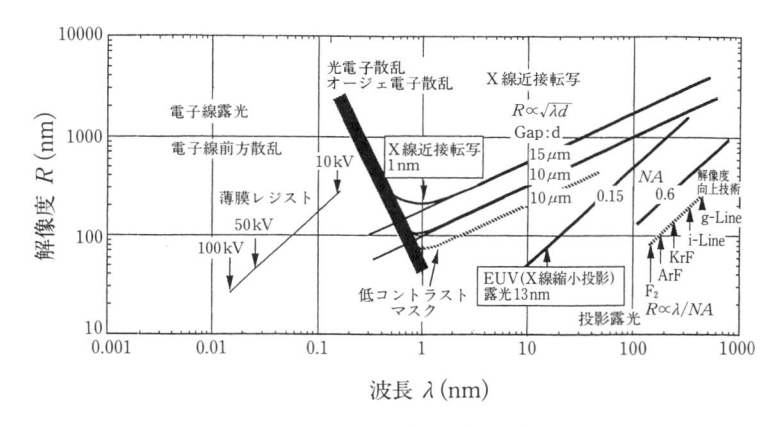

図 6.3 露光波長と解像度の関係.
[岡崎信次:応用物理, **69** (2000) 196 より引用]

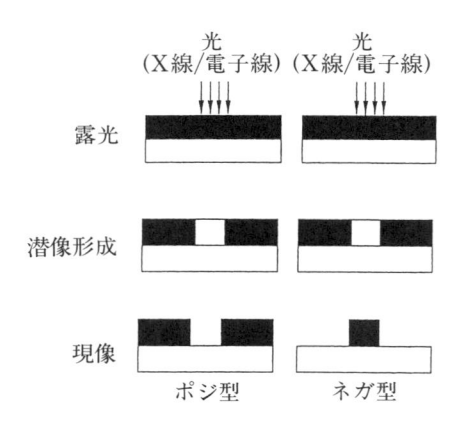

図 6.4 レジスト材料の極性.
[岡崎信次:応用物理, **69** (2000) 196 より引用]

液には可溶であるが，感光剤であるナフトキノンアジドの作用により，溶解度が低く抑えられる．紫外線（例えば g 線，i 線）露光により，感光剤が分解してカルボン酸に変化すると，ノボラック樹脂はアルカリ液に可溶になる．このため，露光部が現像液に溶解し，ポジ型の特性を示す．図 6.5 にポジ型レジス

6.1 リソグラフィー技術　107

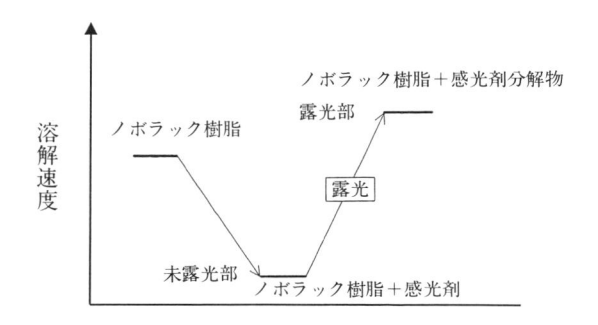

図 6.5 ポジ型レジストの光反応と現像液に対する溶解速度との関係.
[井上壮一：丹呉浩侑編"半導体プロセス技術"（培風館，1998）より引用]

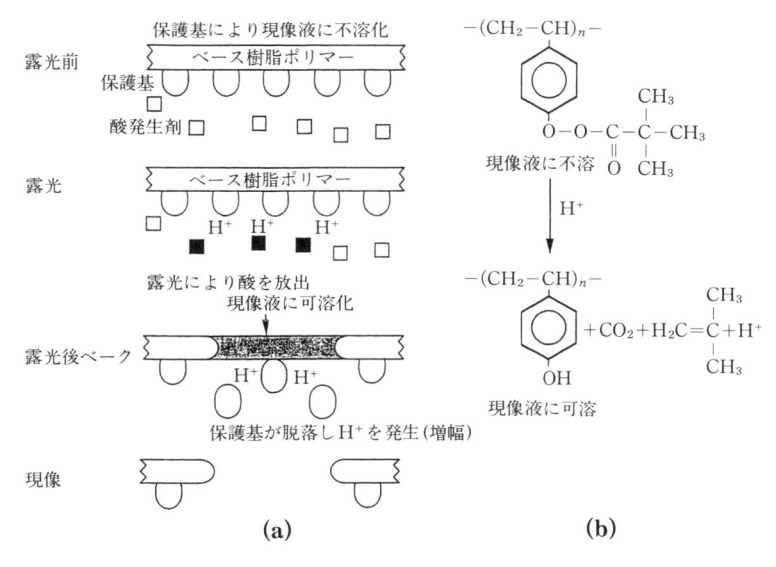

図 6.6 化学増幅型レジストの概念図.
（a）模式図，（b）t-BOC 型の材料の例.
[岡崎信次：応用物理，**69** (2000) 196 より引用]

トの光反応とアルカリ現像液に対する溶解速度との関係を示す．露光することにより，元のノボラック樹脂よりも大きな溶解速度が得られる．溶解速度の差が大きいほどコントラストの高い高解像度が得られる．

さらに高解像度が要求される場合，KrFエキシマレーザが光源として用いられるが，g線，i線の光源に比べ照射強度が低い．このためレジストも非常に高感度なものが求められるようになり，化学増幅型レジストと呼ばれるものが開発された．ネガ型とポジ型が開発されている．ここでベース樹脂としては，ノボラック樹脂と同様にアルカリ可溶性のポリヒドロキシスチレン樹脂が用いられる．これは，ノボラック樹脂がKrFの光の波長に対し透明度が低く，ポリヒドロキシスチレン樹脂が透明なためである．図6.6にポジ型レジストの光反応概念図を示す．ポジ型レジストの場合，アルカリ可溶性樹脂の極性基を溶解抑制基で保護したベース樹脂，光酸発生剤（Photo Acid Generator）からなっている．紫外線照射により，光酸発生剤が励起されて酸を放出する．次のポストベークによって酸がベース樹脂の溶解抑制基を破壊し，ベース樹脂がアルカリ可溶性に変化する．この反応が一度起こると，酸が再び発生して次の反応が起こるというように連鎖反応を引き起こす．

6.1.3　光リソグラフィー技術

現在のULSIの加工には，主として縮小投影露光技術が用いられている．これは，図6.7に示すように，半導体基板上に形成すべきULSIの描かれた回路パターンを4〜5倍に拡大したマスク（レチクル）を露光装置の光学系を介して照明する．その透過光は縮小投影レンズを通して半導体基板上に投影され，回路パターンが形成される方法である．この方式の露光装置はステッパーおよびスキャナーと呼ばれる．ステッパーではレチクル上の1チップまたは数チップ単位を縮小投影し，1回の露光が終わったら，ステージを移動させ，再び露光を繰り返すステップアンドリピート方式を採用している．

縮小投影露光における解像度Rは，レイリーの式と呼ばれる次式で与えられる．

$$R = k_1 \lambda / NA \tag{6.1}$$

ここで，k_1はレジストや露光方法に依存する比例定数，λは露光波長，NAは

図6.7 ステッパーの構造とその原理図.
[岡崎信次：応用物理，**69**（2000）196より引用]

レンズの開口数である．したがって，波長が短く，開口数が大きいほど解像度は高くなる．また，レジスト材料やプロセス，露光方法に依存する比例定数 k_1 も解像度に大きな影響を与える．

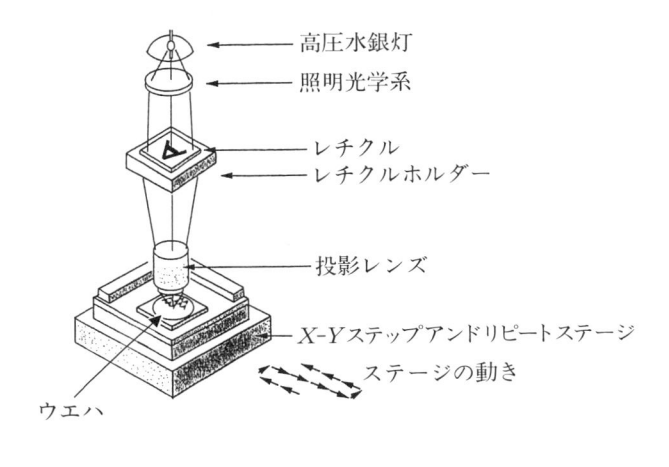

レジストは厚さと段差があるので，厚さ方向の焦点の深さ，すなわち焦点深度も重要である．焦点深度 DOF は次式で表される．

$$DOF = k_2 \lambda / (NA)^2 \tag{6.2}$$

ここで，k_2 は比例定数である．

光リソグラフィーは，高 NA 化とレジスト材料の改良による k_1 因子の低減化により進展した．1980年代半ばには，例えば NA は0.5以上になり，サブミクロンレベルの解像度が得られるようになった．その反面，(6.2)式からも明らかなように，高 NA 化は焦点深度を減少させ，半導体表面の段差上に回路パターンを形成することが難しくなった．そこで，高 NA 化は多少犠牲にしても，光の波長 λ をg線（436 nm），i線（365 nm）と短くして解像度の向上と焦点深度の確保を達成した．0.35 μm プロセスまではi線を中心的に利用するようになった．さらに，配線の微細化に対応するため，KrFエキシマレ

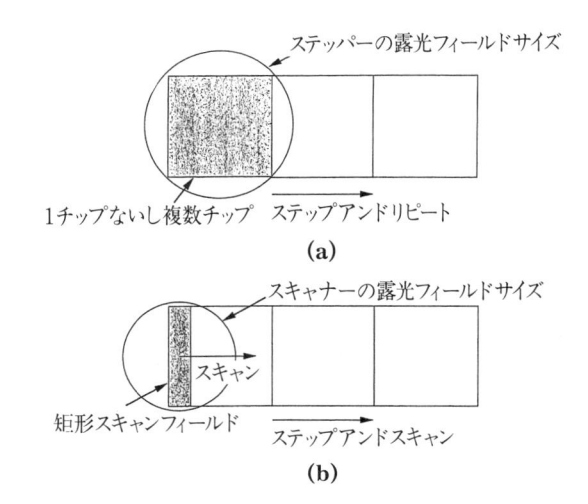

図 6.8 ステッパーとスキャナーの露光方式の比較.
ステッパー（a）とスキャナー（b）の場合の露光フィールドその動き.
［岡崎信次：応用物理, **69** (2000) 196 より引用］

ーザ（248 nm）が光源として導入され，最近では，ArF エキシマレーザ（193 nm）の導入も始まっている．この場合，重要なことは，短波長化ばかりでなく，CMP（Chemical/Mechanical Polishing）などによる層間絶縁膜の平坦化技術の急激な進歩があり，要求される焦点深度は従来の半分程度となった．同時に平坦化によりレジストの落膜化が可能になった．このため，高 NA 化（例えば 0.6）が再び可能になり，低 k_1 化とともにさらなる解像度の向上が期待できることである．

最近，露光方式も変化して，ステッパーに代わりスキャナーが採り入れられ始めている．図 6.8 にステッパーとスキャナーの露光方式の比較を示す．ステッパーが停止したステージ上で 1 チップあるいは数チップの領域を露光しているのに対し，スキャナーではレチクルとステージが同期して移動する．一度に露光する面積は短冊状で，これをスキャンすることが特徴である．この結果，従来のような大面積を一括して露光するための面接をカバーする大きな光学系は不要になり，スキャンしながら焦点位置をダイナミックに補正できる．

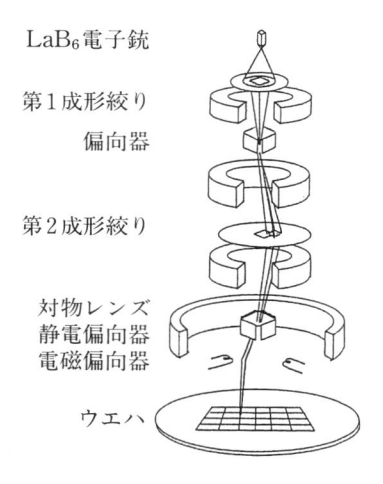

図 6.9 可変矩形型電子線描画装置.
[岡崎信次:応用物理, **69** (2000) 196 より引用]

6.1.4 電子線リソグラフィー技術

電子線リソグラフィー技術は光リソグラフィーがマスクを用いるのに対し,制御用コンピュータに格納された回路パターンデータを直接用い,回路パターンを電子ビームで半導体基板上に直接形成する.電子ビームを細く絞って描画することにより,光リソグラフィーで形成できない超微細な回路パターンの加工が可能である.回路パターンを一つ一つ順番に描画するため,露光時間が非常に長くなるという欠点がある.このため,研究開発には向いているが,現在のところ量産には不適である.図 6.9 に可変矩形描画装置を示す.

6.1.5 等倍 X 線リソグラフィー技術

X 線リソグラフィーの基本原理を図 6.10 に示す.X 線は直進性が良いので,マスクと半導体基板を近接して置き,そこに軟 X 線を照射する.解像度 R はフレネル回折で決まり,次式で与えられる.

$$R = k_3 \sqrt{\lambda \cdot d} \tag{6.3}$$

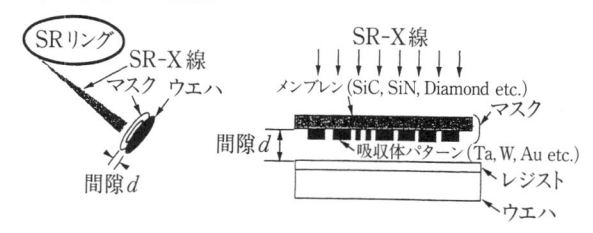

図 6.10 X 線近接転写方式の概念図．SR はシンクロトロン放射光．
[岡崎信次：応用物理，**69**（2000）196 より引用]

ここで，λ は軟 X 線の波長，d はマスクと半導体基板の間隔，k_3 は比例定数である．(6.3)式から明らかなように，波長が短く，マスク-半導体基板間の間隔が小さいほど解像度は高い．通常使用される波長は 0.7-1.0 nm であり，マスクと基板の間隔は実用上 15-20 μm とされ，解像度は 0.1 μm 程度である．最近では X 線源としてシンクロトロン放射光（SR 光）が利用されることが多い．

6.1.6　EUV リソグラフィー技術

　光リソグラフィーにおいて焦点深度を落とさずに解像度を向上させるためには，(6.1)，(6.2)式から露光波長を短くすることが効果的であることが分かる．EUV（Extreme Ultra Violet）リソグラフィーは波長 10〜15 nm の領域の光を使用する．この領域の光は物質に強く吸収されるため，すべて反射型の

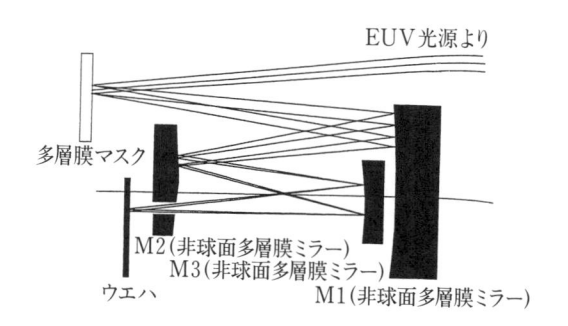

図 6.11 EUV リソグラフィー．
[岡崎信次：応用物理，**69**（2000）196 より引用]

光学系を用いなければならない．図 6.11 に反射型縮小露光の光学系概念図を示す．解像度としては 0.05 μm 以下までの可能性がある．

6.2 エッチング技術
6.2.1 エッチング技術の概要

　エッチング技術は，リソグラフィー技術により形成したフォトレジストパターンをマスクとして，ウエハ表面に形成した薄膜を回路パターンに加工する方法である．エッチング技術は主として(1)酸やアルカリ等を使用するウェットエッチング技術と(2)プラズマ中において反応性ガスを使用するドライエッチング技術とに分類される．設計ルールが 10 μm から 0.5 μm までの各世代に対応して実用化されてきたエッチング技術の推移を図 6.12 に示す．ウェットエッチングは 7.5 μm ルールまで広く用いられていたが，高集積化に対応するため，プラズマエッチング，異方性エッチングである反応性イオンエッチング（RIE：Reactive Ion Etching），有磁界 RIE，ECR(Electron Cyclotron Resonance)-RIE が順に開発されてきた．以下に，これらの技術について述べる．

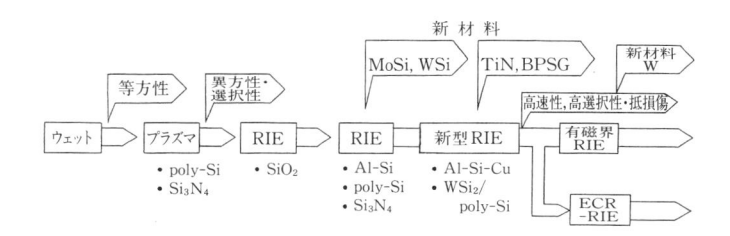

図 6.12 ドライエッチング技術の動向（RIE：Reactive Ion Etching, ECR-RIE：Electron Cyclotron Resonance-Reactive Ion Etching）．
　［徳山　巍編："半導体ドライエッチング技術"（産業図書，1992）より引用］

6.2.2 ウェットエッチング技術

ウェットエッチング技術は酸やアルカリ溶液を使用した純粋な化学反応を利用する．下地膜やマスクに対して高い選択比が得られ，照射損傷が少ない利点がある．ウェットエッチングの被エッチング材料とエッチング液の例を表6.1

表6.1 ウェットエッチングの例．

被エッチング材料	エッチング液
Si	$HF-HNO_3-CH_3COOH$ KOH $N_2H_4+CH_3CHOHCH_3$
Al	$H_3PO_4-HNO_3-CH_3COOH$ $KOH-K_3[Fe(CN)_6]$ HCl H_3PO_4
Mo	$H_3PO_4-HNO_3$
Ti	HF H_3PO_4 H_2SO_4 $CH_3-COOH(I_2)-HNO_3-HF$
Ta	HNO_3-HF
W, Pt	HNO_3-HCl
Au	I_2-KI
Ag	$Fe(NO_3)_3$-ethylene glycol
Cu	$FeCl_3$
SiO_2 PSG BSG	buffered $HF+NH_4F$ HF $HF-HNO_3$
SiN_4	H_3PO_4 HF $HF-CH_3COOH$
Al_2O_3	H_3PO_4 $H_2SO_4 \rightarrow BHF$

［麻蒔立男："超微細加工の基礎"（日刊工業新聞社，1993）より引用］

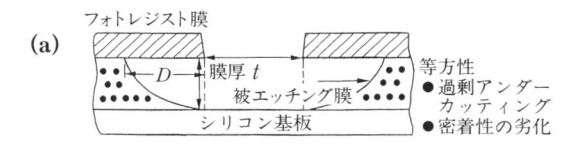

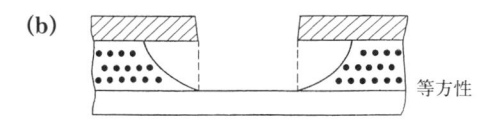

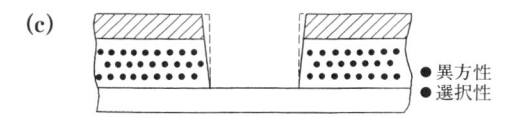

図 6.13 エッチングパターンの断面形状．
（a）ウェットエッチング，（b）プラズマエッチング，（c）反応性イオンエッチング．
［徳山　巍編："半導体ドライエッチング技術"（産業図書，1992）より引用］

に示す．ただし，エッチング反応には方向性がなく，等方的である．フォトレジストとエッチングする下地膜との密着性が低い場合には，膜界面にエッチング液がしみ込んで，被エッチング膜の厚さ以上にエッチングが進む．このようなときには，図6.13(a)で示すようにアンダーカット量 D が膜厚 t 以上になる．したがって，現実に得られるパターンの寸法は理想的なエッチング後のパターン寸法よりも $2D$ だけ大きくなる．

6.2.3　プラズマエッチング技術

　LSIの微細化に伴い，ウェットエッチングの欠点を補う目的でアンダーカットの少ないプラズマエッチング技術が開発された．これは，例えばCF_4（フレオン）を用いてプラズマを発生させると，図6.14で示すように，SiF_4，CF_2，CF_3，F^*等の種々の分解生成物が生ずる．この中でF^*（フッ素ラジカル：遊離された F）が化学的に活性で，プラズマ中に置かれた Si，SiO_2，Si_3N_4 等と以下の反応を起こす．

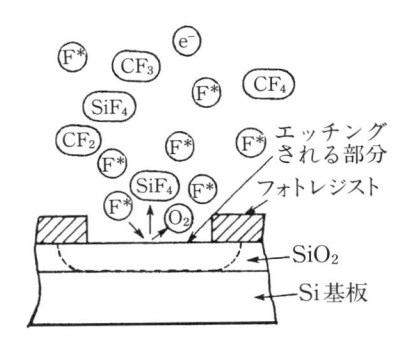

図 6.14 フレオンプラズマによるエッチング.
[麻蒔立男:"超微細加工の基礎"(日刊工業新聞社,1993)より引用]

$$Si + 4F^* \longrightarrow SiF_4 \uparrow$$
$$SiO_2 + 4F^* \longrightarrow SiF_4 \uparrow + O_2 \uparrow$$
$$Si_3N_4 + 12F^* \longrightarrow 3SiF_4 \uparrow + 2N_2 \uparrow$$

これらの生成物は蒸気圧が高く,気体となって排気される.これによって,下地膜のエッチングができる.

F^* 等のラジカルは電界に影響されず,四方八方に熱運動するので,エッチングは等方的に起こる.プラズマエッチングにより加工されたパターンの断面形状は図 6.13(b)で示すようにアンダーカット量が減少する.アンダーカット量は下地膜の厚さ程度に制御でき,生産性も高いが,等方性エッチングであるため最小寸法 3 μm が限界である.また,酸素プラズマを用いれば,フォトレジスト等の有機物を灰化できるので,フォトレジストの除去にも使われている(プラズマアッシャ).図 6.15 にプラズマエッチング装置における反応槽の基本構造を示す.反応槽は石英製の円筒で,13.56 MHz の高周波グロー放電でプラズマを発生する.ガス圧力は 10〜数百 Pa,印加高周波電力は数百 W であり,バレル型プラズマエッチング装置ともいわれている.しかし,ウエハ内での不均一エッチングや,プラズマによるウエハの損傷等があり,実際の半導体デバイスの製造には枚葉式(ウエハを 1 枚ずつ処理する方式)のプラズマエッチング装置が使用された.

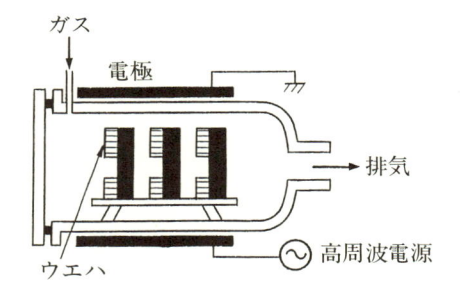

図 6.15 バレル型プラズマエッチング装置の反応槽の基本構造.
[徳山 巍編:"半導体ドライエッチング技術"(産業図書,1992)より引用]

6.2.4 反応性イオンエッチング技術

　LSI の微細化に伴い,パターンのエッチング寸法の精度向上が一層重要な課題になると,プラズマ中のラジカルの化学反応を用いた等方性プラズマエッチングでは対応できなくなった.このため,方向性があり,エッチングされる下地膜と反応するイオン種を用いた,反応性イオンエッチング(RIE)技術が開発された.図6.16(a)に平行平板型 RIE 装置の模式図を示す.(b)には Z 方向のアノード,カソードおよびプラズマの電位分布を示す.例えば,13.56

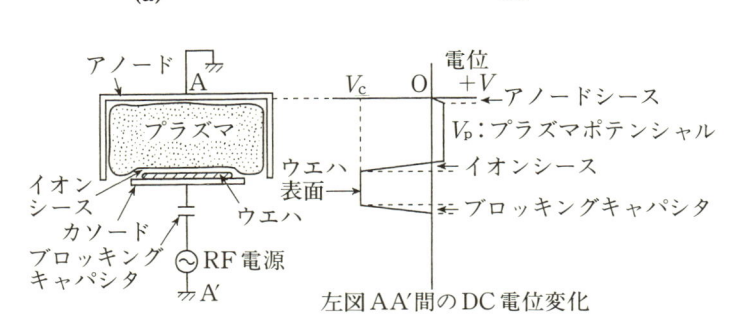

図 6.16 平行平板型 RIE 装置の模式図(a)と装置中の z 方向の直流成分電位分布(b).
[関根誠:丹呉浩侑編 "半導体プロセス技術"(培風館,1998)より引用]

MHzの高周波がブロッキングキャパシタを通してカソード電極に印加される場合を考える．高周波放電により形成されたプラズマはシース層を介してチャンバーの壁と接触する．(b)で示すように，通常プラズマはチャンバーの壁に対してプラズマポテンシャル（V_p）と呼ばれる正電位に維持される．これは，チャンバー壁への電子電流とイオン電流が釣り合う自己整合的な状態である．これは，質量の小さい電子の移動度が正イオンの移動度よりも圧倒的に多いためである．

カソード電極が正の場合，多くの可動電子が電極に向かって加速され，多量のマイナスチャージが蓄積される．電極が負の場合，正のイオンが電極に向かって加速されるが，電子に比べ移動度が小さく，電極に蓄積される量は極めて少ない．また，ブロッキングキャパシタがRF電源と電極とを絶縁しているので，電極に蓄積した電子は電源から放電することはない．したがって，カソード電極は(b)に示すように負の電位（V_c）になる．これを自己バイアス電位という．通常数10 Vから数100 Vである．チャンバー中のガス圧力は10^{-1}〜10^{-2} Paである．ここで，（$V_p + V_c$）を陰極降下電圧という．RIEで最も重要なのは，カソード電極表面近傍に形成されたシース層を通過する反応性イオンが（$V_p + V_c$）により加速され，基板表面にほぼ垂直の方向から入射・衝突して異方性エッチングを起こすことにある．これは，自己バイアス電位が大きくなると，反応性イオンの衝撃により促進されるエッチングの速度が，基板表面内

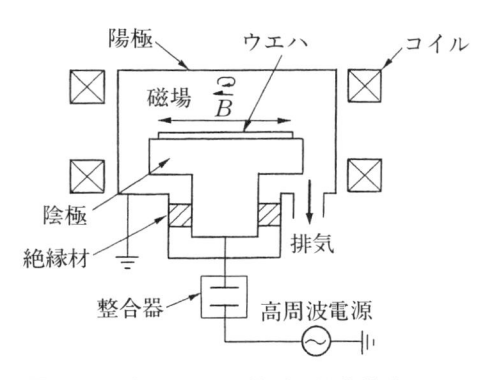

図 6.17 有磁界RIE装置の基本構造．
[徳山　巍編：“半導体ドライエッチング技術”（産業図書，1992）より引用]

で起こる活性粒子間の再結合反応の反応速度よりも十分大きくなることで説明できる．

　異方性エッチングを助けるのが側面保護効果であり，エッチングによる反応生成物等が，被エッチング部材である下地膜の側面に堆積する．これによって側面が保護されるため，基板に垂直な方向のエッチングが優先的に進む．エッチング後のパターンの断面形状を図6.13(c)に示した．異方性エッチングによりアンダーカットがほとんどなく，寸法精度の高い加工形状が得られる．パターンの微細化が進むにつれ，図6.17で示すように，エッチングチャンバーの外部に磁界コイルを設置し，基板と平行に回転静磁場を形成する．低いガス圧力下でも，高密度プラズマの発生とその維持が可能な有磁界RIEが開発され，高速，低自己バイアス電位（100 V）のエッチングが可能になった．

　さらに，一層の微細化に対応して，例えば，多層配線の高段差部における高精度パターン加工，RIE時の基板損傷の低減を目的にしたECR-RIE装置が開発された．これは，マイクロ波と磁場により，プラズマ中の電子が効率よくマイクロ波を吸収して，高密度のプラズマを生成し，低ガス圧力下で，低イオンエネルギーの異方性エッチングを可能にする技術である．ドライエッチング

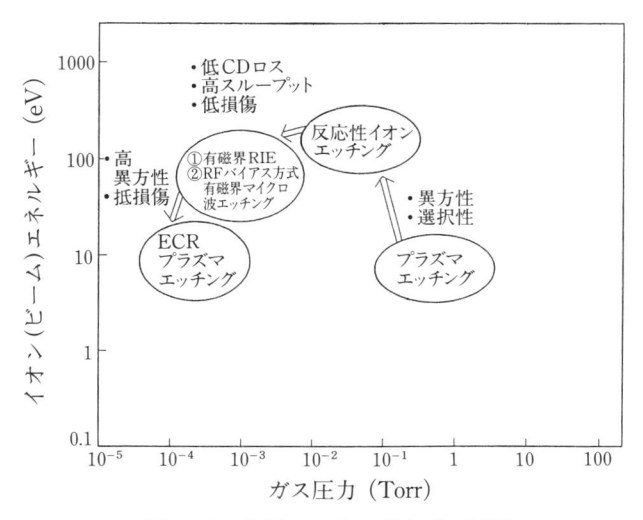

図6.18　各種エッチング方式の特徴．
[徳山　巍編："半導体ドライエッチング技術"（産業図書，1992）より引用]

技術のイオンエネルギーとガス圧力との関係を図 6.18 に示す．プラズマエッチングから始まり，RIE と有磁界 RIE 技術により異方性と選択性エッチングが可能になり，さらに ECR-RIE 技術により低損傷化と高異方性化が可能になった．

6.2.5 反応性イオンエッチングプロセス

（1） Al のエッチング

Al 合金のエッチングでは，反応生成物の蒸気圧の高い塩素ガスが使用され，代表的なガス種は，Cl_2，BCl_3，HCl である．Al は反応性の高い金属であり，表面の酸化膜が破壊されると Cl_2 と自然に反応し，エッチングが高速に進むため，アンダーカットも生じやすい．しかし，前述したように，Al のエッチングにおいては，レジスト分解物が側壁保護膜形成に寄与し，その結果アンダーカットを低減できる．図 6.19 はこれを示す図であり，レジストに被覆された大きなパターンからの距離に対するアンダーカットの変化を示している．アンダーカット量はレジスト領域に近づくほど減少することが分かる．すなわち，Al 合金のエッチングにおいては，レジストのエッチング生成物がパターン側壁に重合して吸着し，中性のエッチング種から側壁を保護する膜が形成され，アンダーカットを防止して異方性エッチングが達成される．しかし，Al や下地膜がスパッタされ側壁保護膜に取り込まれる結果，レジスト除去後も側壁保

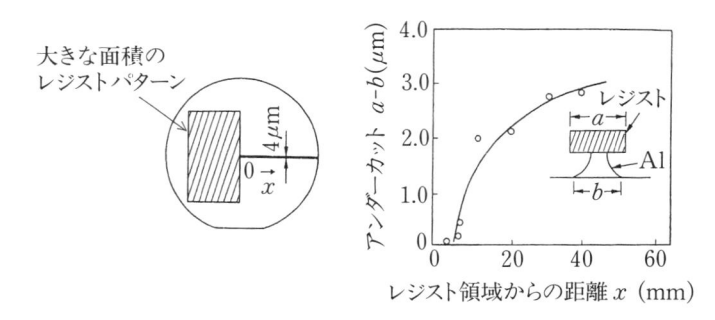

図 6.19 Al エッチングにおいてレジスト分解物が側壁保護膜形成に寄与していることを示す実験結果．
〔J. Hasegawa et al.：Proc. 7 th Symp. Dry Process (1985) 126 より引用〕

護膜が異物として残り，異物に付着したハロゲンがAlの腐食を引き起こす場合がある．特に，Al–Cu合金では注意が必要である．

（2） Siのエッチング

Siのエッチングにおいても側壁に重合膜が形成され，アンダーカットが防止される．図6.20はCF$_4$にH$_2$を添加した混合ガスによりSiをエッチングした場合の，Siのエッチング速度とエッチング形状におよぼすH$_2$添加量の影響を示す．CF$_4$のみでは，大量のF原子が発生し，SiF$_4$↑が大量に生成するためアンダーカットを生じる．H$_2$添加量が増加することにより，気相中のF原子がHF↑となり除去されるため，CF$_x$が発生し，パターン側面に$(CF_2)_n$の形の重合膜が生成してアンダーカットが防止され異方性エッチングが可能になる．

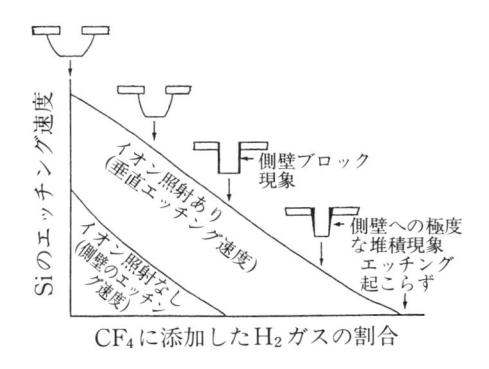

図6.20 CF$_4$にH$_2$を添加した混合ガスによりSiをエッチングした場合のH$_2$添加量によるSiエッチング速度とエッチング形状変化の模式図．
［J. W. Coburn et al.: Nucl. Instr. Meth., **B27** (1987) 243 より引用］

（3） 酸化膜のエッチング

LSIの絶縁膜にはSiO$_2$が広く用いられている．SiO$_2$膜の下にある材料は，Si基板や多結晶Siであるため，これらに対しSiO$_2$膜を選択的にエッチングする必要がある．CF$_4$ガスのみではSiO$_2$膜を選択的にエッチングすることは不可能である．しかし，CF$_4$ガスに水素を添加することによりSiO$_2$膜のSi

122　第6章　微細加工技術

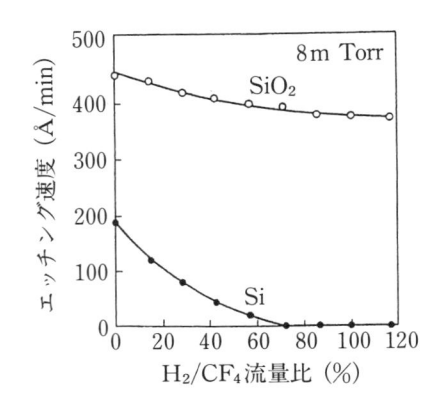

図6.21　CF_4 への H_2 添加量に対する Si と SiO_2 のエッチング速度変化．
［関根誠：丹呉浩侑編 "半導体プロセス技術"（培風館，1998）p.126 より引用］

に対する選択エッチングが可能になった．図6.21は，SiO_2 膜と Si のエッチング速度におよぼす水素添加量の影響を示す．横軸の水素添加量は CF_4 流量に対する水素流量の比で示してある．CF_4 単独では，選択比は20%程度であるが，水素量が増加するにつれて Si のエッチング速度は急激に低下し，水素添加量比60%でほぼ0%になり，それ以上では，単結晶 Si 表面ではエッチングは起こらず，炭素とフッ素からなるフロロカーボン重合膜が堆積する．これに対し，SiO_2 膜のエッチング速度はゆるやかに減少する．したがって，水素添加量比60%以上で高い選択比を得ることが可能になる．

6.3　CMP技術
6.3.1　CMPの概要およびメカニズム

　LSIの素子表面は極めて複雑な段差形状をもっている．段差が大きいまま微細化を進めると，微細加工が困難となるばかりでなく，段差部での配線の信頼性が著しく低下することは明白である．したがって，平坦化技術は微細なLSIにおいて極めて重要である．

　局所的な平坦化は，第5章で述べたBPSG（りんおよびホウ素を含む低融点ガラス）の850～950℃付近の温度での加熱溶融による平坦化などにより行

われてきた．しかし，リソグラフィーやエッチングを容易にして配線の信頼性を一段と向上させるためには半導体チップ全体にわたる平坦化が必要であり，これは層間絶縁膜の CMP（Chemical/Mechanical Polishing）により達成される．

　CMP は Si の鏡面研磨に 30 年にわたって使用されているが，層間絶縁膜の平坦化に適用されたのは最近のことである．平坦化を目的にして，新しい装置およびプロセスが開発されている．層間絶縁膜は，ウエハ全体にわたり均一に研磨されることが不可欠である．その研磨量は 0.5〜1 µm と極めて少ない．最近，CMP は層間絶縁膜の研磨の他に，W プラグおよびダマシン銅配線形成等，埋め込まれた配線金属膜の研磨にも使用されている．

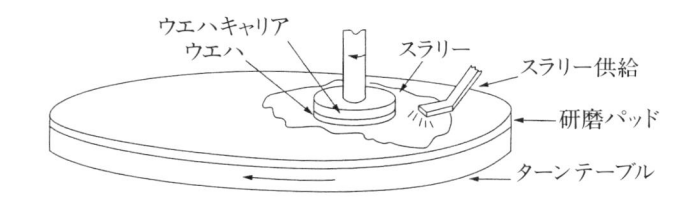

図 6.22 CMP 装置の概観．
[C. Y. Chang and S. M. Sze : "ULSI Technology"（McGraw-Hill, 1996）より引用]

　図 6.22 に CMP 装置の模式図を示す．ウエハキャリアに装着したウエハをターンテーブルに貼った研磨パッドの上に押し付け，それぞれを一定の速度で回転させながらパッド上に自動的に供給されたスラリー（研磨剤）によって研磨する．スラリーは KOH 溶液に浮遊させたコロイド状のシリカである．スラリーの自動供給により，研磨パッドが均一に濡れるとともに，スラリーはパッド内で均一に分布する．CMP の研磨メカニズムは機械的作用と化学的作用に基づいている．機械的作用による研磨速度は Preston によれば研磨圧力，ウエハと研磨パッドとの相対速度に比例する．一方，化学的研磨は図 6.23 に示す四つの段階を経て起こる．(1) ウエハおよびスラリー粒子の酸化物表面と水素結合の形成(a)，(2) ウエハとスラリー粒子の水素結合の形成(b)，(3) 水の分子放出によるウエハとスラリー粒子間の Si-O 結合の形成(c)，(4) スラ

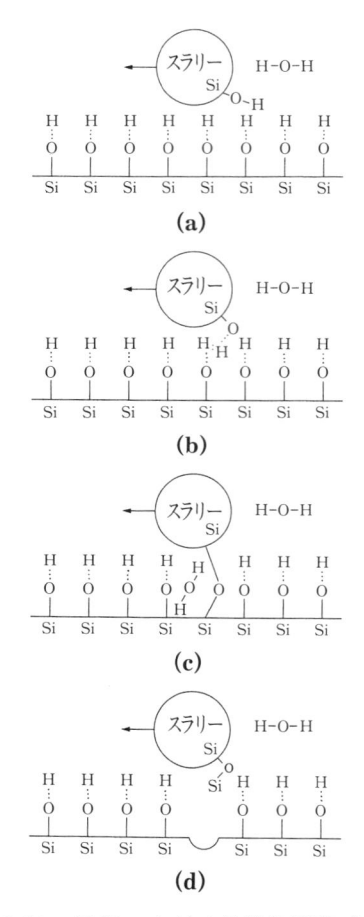

図 6.23 CMPにおける化学的研磨プロセス．
[C. Y. Chang and S. M. Sze: "ULSI Technology" (McGraw-Hill, 1996) より引用]

リー粒子移動によるウエハのSi-Si結合の破壊，である．したがって，CMPは単にスラリーによるウエハ表面の磨耗によるものでなく，スラリー中の水分および溶液中のpHが水素結合に影響する．また，スラリーの組成および粒子の大きさも研磨状態に影響する．化学的作用により機械的作用で生じた層間絶縁膜のダメージを除去できる．さらに，研磨特性はパッド材質，ウエハキャリ

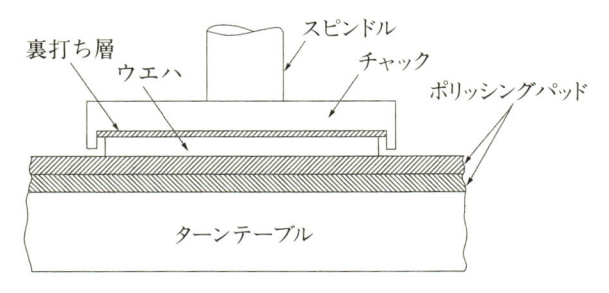

図 6.24 CMP 用ウエハキャリア.
[C. Y. Chang and S. M. Sze: "ULSI Technology"(McGraw-Hill, 1996)より引用]

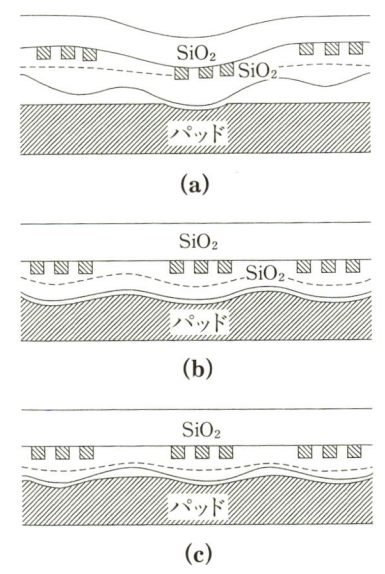

図 6.25 研磨の形状におよぼす研磨パッドと裏打ち層の剛性の影響.
(a)裏打ち層がない,(b)軟らかすぎる研磨パッド,(c)適当な硬さの研磨パッド.
[C. Y. Chang and S. M. Sze: "ULSI Technology"(McGraw-Hill, 1996)より引用]

アの内部構造にも依存する.

　図 6.24 は,研磨パッド,ウエハキャリアおよびキャリア内部に保持されたパターンを有するウエハの配置を模式的に表したものである.ウエハとキャリ

アのチャック部の間に弾性的に変形する裏打ち層が設けられている．また，2層からなる研磨パッドは研磨に適した剛性と弾性を与えることができる．図6.25は研磨の状態が研磨パッドおよび裏打ち層の剛性によりどのように変化するかを模式的に示したものである．(a)は，裏打ち層がなく，剛性が高い場合で，ウエハが部分的に湾曲し，凸部が優先的に研磨されて点線（終点を示す）で示したように絶縁層が薄くなる場所を生ずる．(b)は研磨パッドが軟らかすぎる場合で，パッドがウエハ表面形状に合うように変形するため，点線で示すように平坦化が起こらない．(c)は適当に硬い研磨パッドの場合で，ウエハの高い部分を研磨できるので，点線で示すような絶縁層の平坦化が達成できる．

次に，ダマシンCu配線等で使用される金属膜のCMPについて述べる．図6.26は，金属膜のCMPメカニズムを示している．(a)は溝に形成された金

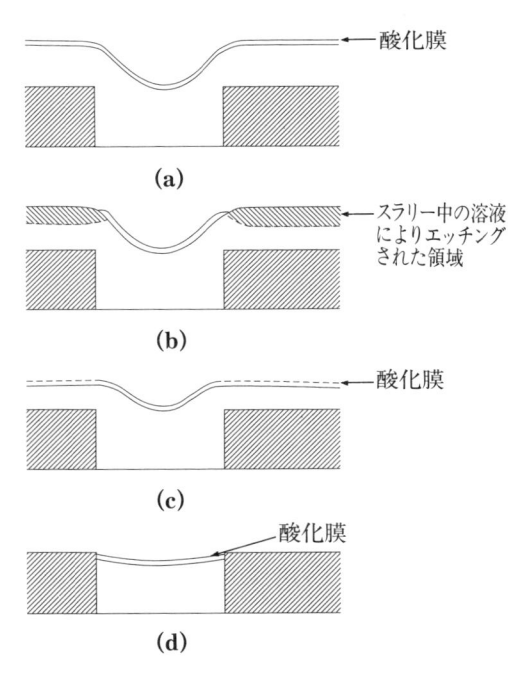

図6.26 金属膜のCMPメカニズム．
[C. Y. Chang and S. M. Sze: "ULSI Technology" (McGraw-Hill, 1996)より引用]

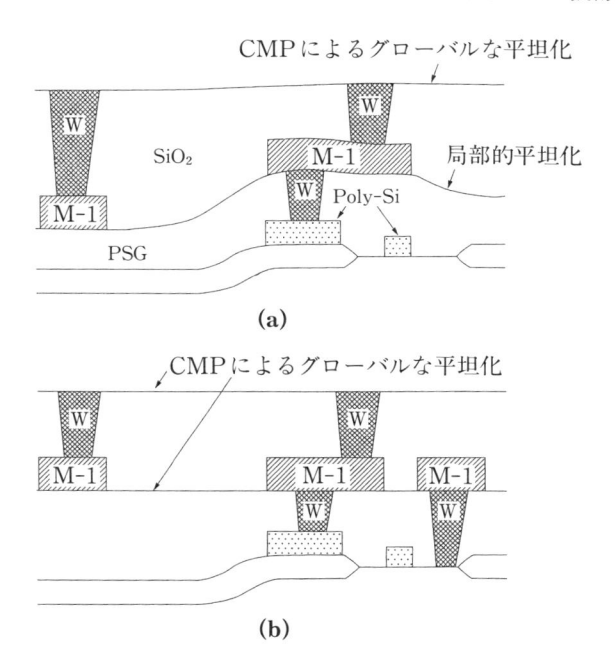

図 6.27 CMP を 1 回 (a) および 2 回 (b) 層間絶縁膜の平坦化に適用した LSI の断面構造の模式図.
[C. Y. Chang and S. M. Sze : "ULSI Technology"(McGraw-Hill, 1996)より引用]

属膜および膜表面の酸化膜,(b)は CMP により高い部分の酸化膜がエッチングされ,さらにスラリー中の溶液により斜線で示すように金属膜がエッチングされたこと,(c)は,CMP が再度行われ,エッチングされた金属膜上に再び酸化膜が形成されたこと,(d)は(b)と(c)のプロセスを繰り返して高い場所が除かれ,CMP が完了したことを示している.

図 6.27 に各層間絶縁膜の平坦化に CMP を 1 回 (a) および 2 回 (b) 適用した場合の LSI 断面構造の模式図を示す.(a)では層間絶縁膜が平坦化されていないために M-1 配線上部の W で示すビアホールの深さが著しく異なることが分かる.この場合,リソグラフィーとエッチングは非常に困難になる.(b)はこの課題を M-1 配線下部の層間絶縁膜を CMP により平坦化して解決した例である.これによって,M-1 配線上部のビアホールの深さはほぼ同じ

になる．

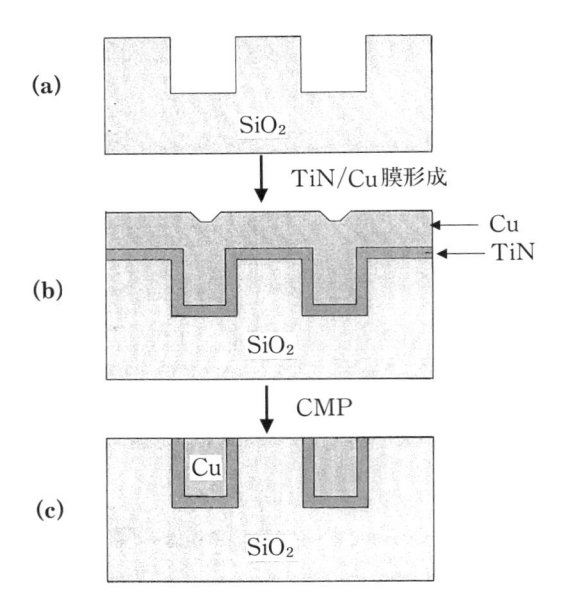

6.3.2　ダマシンおよびデュアルダマシンプロセス

　ダマシンプロセスのダマシンは古代中東の木あるいはセラミックに金属をはめ込む装飾技術に由来している．後述する Cu 配線技術の場合，RIE による Cu 配線の微細加工がかなり難しいため，ダマシンプロセスが不可欠の技術である．このプロセスは CMP により始めて可能になるので，微細加工の章で CMP の応用技術として解説する．図 6.28 にダマシンプロセスの一例を示す．(a)はパターンニングと RIE による金属配線形成用の溝の作製，(b)は TiN および Cu 膜のスパッタおよびめっきでの形成，(c)は CMP を用いた平坦化プロセスにより TiN/Cu 配線膜が形成されたことを示す．現在は，バリア膜として Ti/TiN あるいは Ta/TaN 膜がスパッタにより形成され，その上部に

図 6.28　ダマシンプロセス．
［B. Roberts, A. Harrus and R. L. Jackson : "Solid State Technology" (Feb. 1995) より引用］

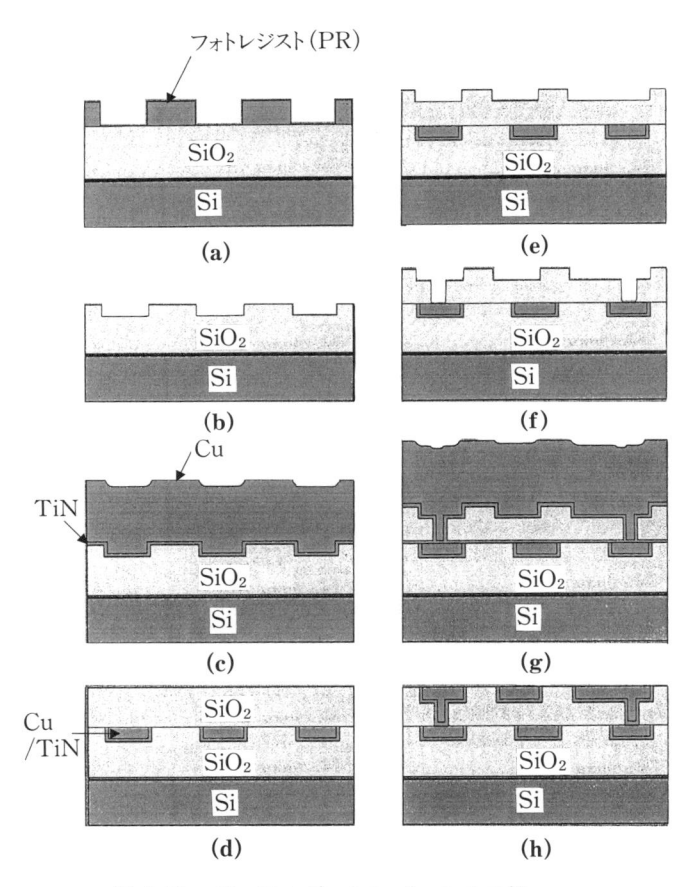

図 6.29 デュアルダマシンプロセスの例.
(a)配線枠の決定, (b)溝加工, (c)TiN/Cu膜形成, (d)CMPによるCu配線の平坦化および層間絶縁膜の形成, (e)第2層配線形成用溝加工, (f)ビアホール形成, (g)TiN/Cu膜形成, (h)CMPによるCu配線の平坦化.
[B. Roberts, A. Harrus and R. L. Jackson: "Solid State Technology" (Feb. 1995)より引用]

めっきの下地層としてスパッタにより厚さ数 10 nm の Cu 膜が形成されるプロセスが一般的である. 下地の Cu 膜をシード層といい, めっきにより健全な Cu 膜を形成するのには不可欠である.

図 6.29 にダマシンプロセスを 2 度使用したデュアルダマシンプロセスを示す．(a)は配線溝を作製するためにパターンニングされたフォトレジスト膜が SiO_2 上に乗っている状態，(b)は RIE による溝の形成，(c)は配線用溝への TiN/Cu 膜の形成，(d)は CMP による配線膜の平坦化加工とその上部への層間絶縁膜の SiO_2 膜が PECVD（第 5 章参照）により形成された状態，(e)はパターンニングと RIE による第 2 層配線形成用の溝の形成状態，(f)はビアホールのパターンニングと RIE による第 1 層金属配線上へのビアホールの形成，(g)は溝とビアホールへの TiN/Cu 膜の膜形成，(h)は CMP により余分の金属膜を除去し，2 層配線が完成したことを示している．ダマシンプロセスは，上述したように 2 回のリソグラフィーと RIE から成る．ビアホールの金属膜は第 2 層配線膜と同一の材料であり，これによって，ビアホールの耐エ

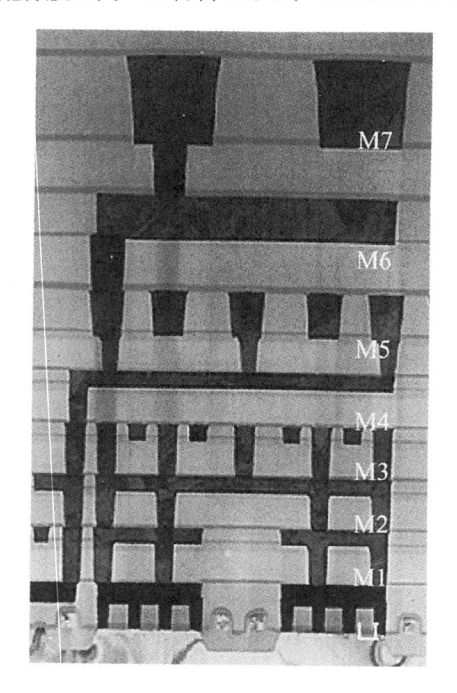

図 6.30 Cu デュアルダマシン 8 層配線の TEM 像．
[N. Ohashi, Y. Yamada, N. Konishi, H. Maruyama, T. Oshima, H. Yamaguchi and A. Satoh: Proc. of IITC (2001) 140 より引用]

レクトロマイグレーション性が向上する場合もある．

図 6.30 に，Cu デュアルダマシンを用いた 8 層配線の断面 TEM 像を示す．最小配線幅は 0.18 μm である．

参考文献

1) 岡崎信次：応用物理, **69**（2000）196.
2) 徳山　巍編："超微細加工技術"（オーム社, 1997）.
3) 徳山　巍編："半導体ドライエッチング技術"（産業図書, 1992）.
4) 麻蒔立男："超微細加工の基礎"（日刊工業新聞社, 1993）.
5) C. Y. Chang and S. M. Sze："ULSI Technology"（McGraw-Hill, 1996）.
6) 丹呉浩侑編："半導体プロセス技術"（培風館, 1998）.

第7章
薄膜配線材料の信頼性物理

第3章でも述べたように，LSIの高速化，高集積化はトランジスタおよび配線の微細化により達成されてきた．しかし，配線寸法の微細化に伴い，配線に流れる電流密度は増大し，その結果としてエレクトロマイグレーションによる配線の断線問題が顕在化した．また，配線寸法が微細化すると，その周りの絶縁層からの応力により配線が断線するストレスマイグレーション現象も生じる．さらに，高集積化とともに半導体チップのパッケージ容積に対する割合が増加するのに伴い，配線の腐食による断線等も起こりやすくなる．本章ではこれらの物理・化学現象と解決方法について述べる．

7.1 エレクトロマイグレーション
7.1.1 エレクトロマイグレーションの概要

エレクトロマイグレーション（Electromigration：EM）とは導体中の原子と導体を通る直流電流（実際には電子）との相互作用により，原子が電子の運動量をもらって移動する現象である．この原子の移動は温度が高くなると激しくなる．LSIの配線には主としてAlやAl合金膜が用いられてきたため，Al配線のEMに関する研究が多い．図7.1はEMによるAlイオンの移動を模式的に示した図である．$0.5T_m$（T_m：Alの融点）程度の温度において，Alイオンは格子ポテンシャルのエネルギー井戸の中で移動できる熱的エネルギーを十分に持ち，ポテンシャルエネルギーの頂上に位置できるイオンもある．このように活性化したイオンは格子の中を自由に自己拡散できる．この状態で電場が

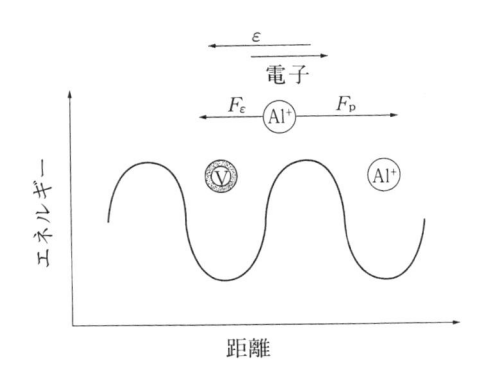

図7.1 エレクトロマイグレーションによるAl原子の移動（Al$^+$：格子のポテンシャル井戸の中の正に帯電したAlイオン，ε：電場，F_ε：電場による力，F_p：エレクトロンウィンドフォース，V：Alイオンが移動した後に残った空孔）．
[C. Y. Chang and S. M. Sze: "ULSI Technology" (McGraw-Hill, 1996)より引用]

与えられた場合，Al$^+$イオンは，電場による力F_εと電子流からの運動量の交換を受けて生じるエレクトロンウィンドフォース（電子との摩擦による力）F_pを受ける．F_εとF_pとは向きが反対であるが，$F_\mathrm{p} \gg F_\varepsilon$であるため，Al$^+$イオンは電子流の方向に移動する．このとき，拡散に関与する空孔は電子と逆向きに移動する．

空孔が集まることによりボイドが形成され，これが成長してAl配線を横切るまでに拡大するとAl配線が断線し，回路の不良が生じる．

EMによる原子流速F_aは次式で表される．

$$F_\mathrm{a} = \frac{N D_0 Z^* q \varepsilon}{kT} \cdot \exp\left(-\frac{E_\mathrm{a}}{kT}\right) \tag{7.1}$$

ここで，Nは原子密度，D_0は振動項，Z^*qは実効電荷量，εは電場，kはボルツマン定数，Tは絶対温度，E_aは原子の拡散に関する活性化エネルギーである．

EMにおけるAl単結晶の格子拡散の活性化エネルギーE_aは1.48 eVであるのに対し，多結晶のそれは0.6 eV程度であり，大きな差がある．これは，多結晶Al合金のEMが活性化エネルギーの低い粒界拡散に支配されることを示している．図7.2はAl配線の粒界，特に粒界三重点におけるAl原子の流

7.1 エレクトロマイグレーション　135

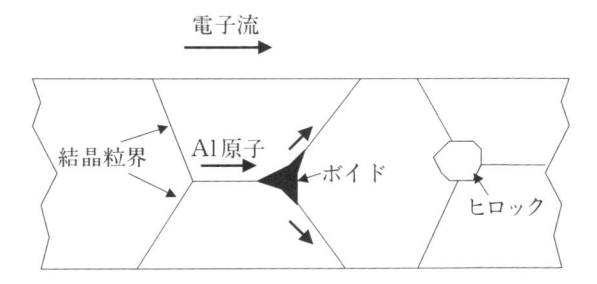

図 7.2 ボイドおよびヒロックの生成メカニズム．

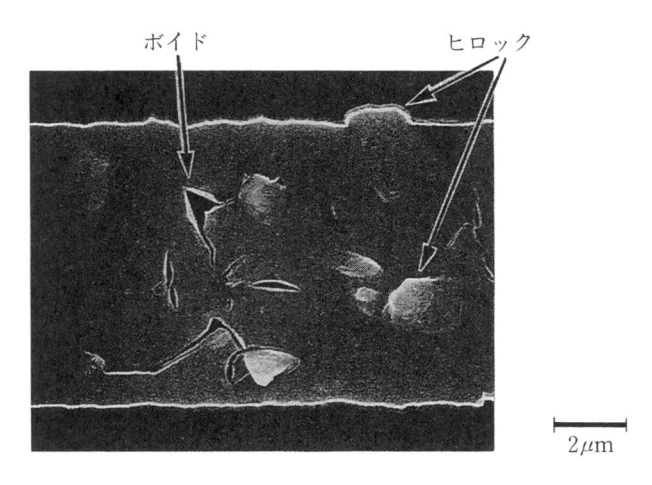

図 7.3 エレクトロマイグレーションにより生じた Al 配線のボイドとヒロック．
[河渕　靖："北海道大学学位論文"（1997）より引用]

速の差に起因するボイドおよびヒロック（突起）の生成メカニズムを示したものである．配線中央の粒界を拡散する Al 原子は三重点二つの粒界に分かれて拡散するので，三重点で Al 原子の欠損が起き，ボイドとなる．図 7.3 に EM で生じた Al-0.5 mass%Cu 合金配線の粒界におけるボイドおよびヒロックの SEM 像を示す．ボイドは粒界に沿って Al 原子が押し出された後のくさび状の空洞になっている場所であり，ヒロックは押し出された Al 原子が配線の上に堆積した突起である．

7.2 エレクトロマイグレーションの測定方法
7.2.1 平均断線時間の測定

配線が断線するまでの時間を測定する方法である．得られたデータをワイブルプロットして，全試料の50%が断線するのに要した時間を平均断線時間 MTF（Mean Time to Failure）と定義してこれの大小で配線材料等の優劣を判定する．この例を図7.4に示す．この MTF と前述した原子の流速 F_a との間には次式のような関係がある[3]．

$$MTF \propto \left(\frac{\partial F_a}{\partial x}\right)^{-1} \tag{7.2}$$

この式から明らかなように，配線の寿命は流速の位置的変化に逆比例する．すなわち，配線寿命は，結晶粒界や異種物質との境界のように，Al原子の流速を大きくする界面の影響を受ける．MTF と電流密度，温度および活性化エネルギーとの関係を表したものが Black の経験式(7.3)である．

$$MTF = AJ^{-n} \exp\frac{E_a}{kT} \tag{7.3}$$

ここで，A は比例定数，J は電流密度，n は電流密度依存度であり通常2〜3

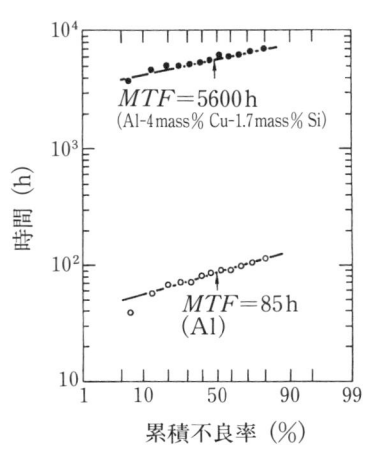

図7.4 Al および Al 合金膜の MTF（温度：220°C，電流密度：8×10^5 A/cm²）．
[A. J. Learn: J. Electron. Mater., **3** (1974) 531 より引用]

の値をとる．

7.2.2 電気抵抗変化率の測定

配線に電流を流すと，配線の抵抗は時間とともに変化する．この抵抗変化はEMにより，配線中にボイドが発生し，電子の散乱が増えたためである．抵抗の相対変化率 $\Delta R/R_0$（ただし，R_0 は試験前の配線抵抗，ΔR は試験前後における配線抵抗の差）はエレクトロマイグレーションによる金属イオンの移動速度 V，配線の長さ l，試験時間 t を使って次式のように表される．

$$\frac{\Delta R}{R_0} \propto V\frac{t}{l} \tag{7.4}$$

この式から，電極間での金属イオンの粒界に沿った移動速度 V が求められる．図 7.5(a) は，Au 薄膜試料の各セグメントにおける抵抗相対変化率 $\Delta R/R_0$ におよぼす通電時間の影響である．ここで，温度は 356°C，$J=6.3\times 10^5$ A/cm^2，配線の幅は 16 μm である．セグメントⅡ，Ⅲに比べ，セグメントⅣでは通電

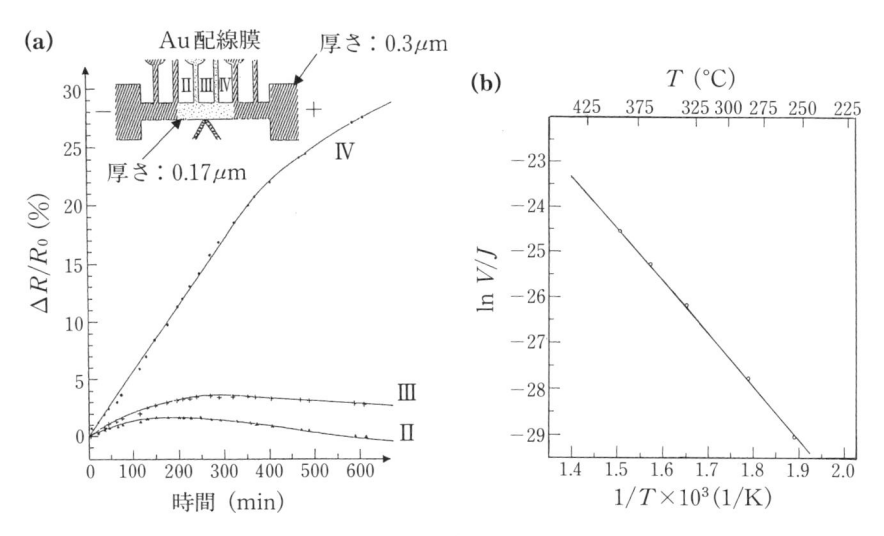

図 7.5 （a）Au 配線膜の抵抗変化率 $\Delta R/R_0$ の通電時間依存性（温度：356°C，電流密度：6.3×10^5 A/cm^2，配線幅：16 μm）．（b）ln V/J と $1/T$ との関係．
[R. E. Hummel and H. J. Geier : Thin Solid Films, **25** (1975) 335 より引用]

により抵抗の大幅な増加が認められる．これは，このセグメントにおけるボイド発生が他のセグメントに比べ，多いことに起因している．また，エレクトロマイグレーションによる活性化エネルギー E_a は上記移動速度 V と次式のような関係にある．

$$\ln V/J = \ln\left(\frac{D_0 \rho Z^* q}{kT}\right) - \frac{E_a}{kT} \tag{7.5}$$

ここで，J は電流密度，D_0 は振動項，Z^*q は実効電荷量，ρ は抵抗率，k はボルツマン定数，T は絶対温度である．図 7.5(b) に $\ln V/J$ と $1/T$ との関係を示す．この傾きから活性化エネルギー E_a が求まり，この例では 0.98 eV である．本方法で求められたイオン速度は MTF 等他の方法で求められた値と

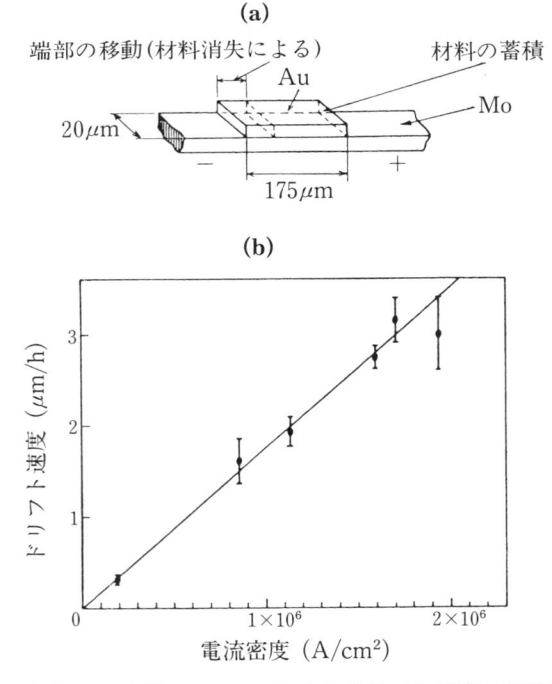

図 7.6 エレクトロマイグレーションによるドリフト速度の電流密度依存性．(a) Au 膜のエレクトロマイグレーションによるドリフト速度測定のための試料の形状の模式図，(b) ドリフト速度．

[I. A. Blech and E. Kinsborn: Thin Solid Films, **25** (1975) 327 より引用]

一桁の範囲内で一致している．

7.2.3　ドリフト速度の測定

図7.6(a)で示すように，ストライプ状のAu膜を抵抗が高く，EMの起きにくいMo薄膜基板の上に設けた後，電圧を印加すると，電流は低抵抗のAu膜中を流れる．そしてEMにより，陰極側のAu膜端部が消失し，陽極側に蓄積する．これをドリフトという．(b)は430℃におけるAu膜のドリフト速度を電流密度の関数として表したものである．ストライプの端部が移動するのは，電流密度が臨界値を超えたときだけである．これはAuの消失および蓄積により応力勾配が発生（陽極側が陰極側よりも空孔が少なく，陽極側の方が陰極側よりも圧縮応力が高い）し，この応力勾配が電子流速と反対方向にイオン流速を生じさせるためである．臨界電流密度は応力勾配に打ち勝つための最小駆動力に対応する．

7.3　耐エレクトロマイグレーション性向上の方法
7.3.1　LSI配線における配線不良の概要

エレクトロマイグレーション（EM）による6種類の配線劣化モードの模式図を図7.7に示す．(a)では，電流の中の電子によりコンタクト近傍でAl中

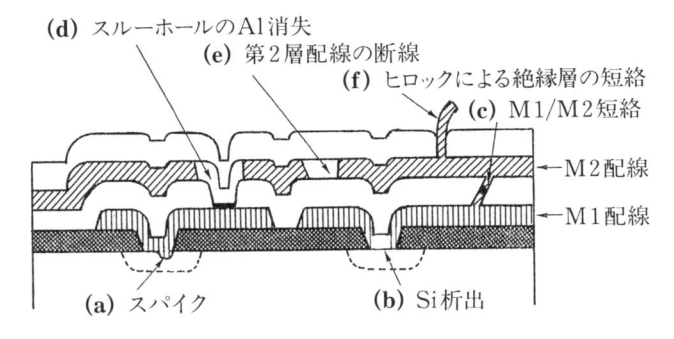

図7.7　エレクトロマイグレーションに起因する6種類の劣化モード．
［P.S. Ho：日立製作所日立研究所講演概要（1990）より引用］

のSiが移動すると，Al中のSiが不足するため，Siのスパイクが発生し，浅い接合では，ジャンクションリークが発生する．（b）では，Al中に拡散したSiが他のコンタクトホール上に析出して高抵抗のコンタクトになる．（c）は，EMにより第1層配線にヒロック（突起）が発生し，層間絶縁膜を突き破って第2層配線とショートした状態である．（d）は第1層配線と第2層配線とを繋ぐビア（スルー）ホールのAlが界面近傍での結晶粒径の差およびステップカバレージの不良により，消失する現象を示す．（e）では，EMによりボイドが発生し，これが成長して第2層配線が断線する．（f）は，（e）によりヒロック（突起）が発生し，絶縁膜を破壊したことを示す．なお，（a）（b）をコンタクトEM，（d）をビアあるいはスルーホールEMという．

7.3.2 絶縁膜被覆による耐EM性の向上

絶縁膜でカバーすると，Al配線膜の耐EM性が向上する．陽極酸化により形成したAl_2O_3で被覆したAl配線の耐EM性はAl_2O_3被覆のないAl配線の

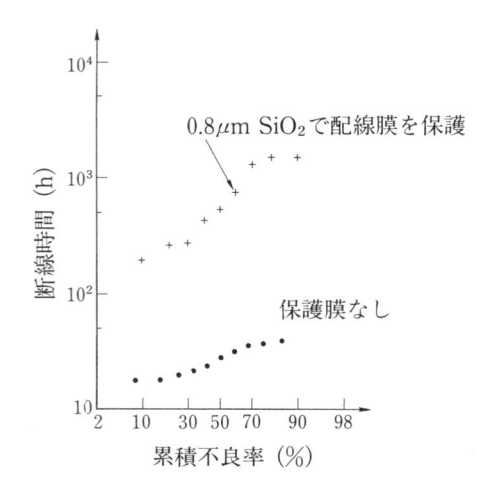

図7.8 $0.03～0.04\mu m$の厚さのAl膜の耐エレクトロマイグレーション性におよぼす保護膜の影響（温度：160°C，電流密度：3×10^6 A/cm²）．
[J. M. Poate, K. N. Tu and J. W. Mayer: "Thin Films" (John Wiley & Sons, 1978) より引用]

10倍ほどに向上し，スパッタにより0.8μmのSiO₂膜を被覆した30-40nmのAl膜の耐EM性も10倍以上向上する．後者の例を図7.8に示す．試験温度は160℃であり，電流密度は3×10^6 A/cm²である．絶縁膜被覆は表面拡散の抑制効果であると考えられるが，効果がほとんど認められない場合もあり，被覆の有効性には不明な点が多い．

7.3.3 結晶粒改善による耐EM性の向上

配線内の結晶粒径を大きくすると粒界の密度が減少し，原子の輸送経路の数が減る．これによって，EMを防ぐのは最も直接的な方法である．図7.9に基板温度をそれぞれ200℃，300℃と変化させて作製した平均粒径が2μmと8μmのAl配線のMTFを，試験温度を変化させて求めた結果を示す．粒径2μmの配線の活性化エネルギーE_aは0.51eVであるのに対し，8μmのAl配線のE_aは0.71eVであり，粒径粗大化の効果が認められる．大きな粒径を持つAl膜は，小さな粒径の膜に比較して(111)面の配向度が高く，これによって耐EM性が向上する．ただし，一部の結晶粒径が大きくとも耐EM性は向

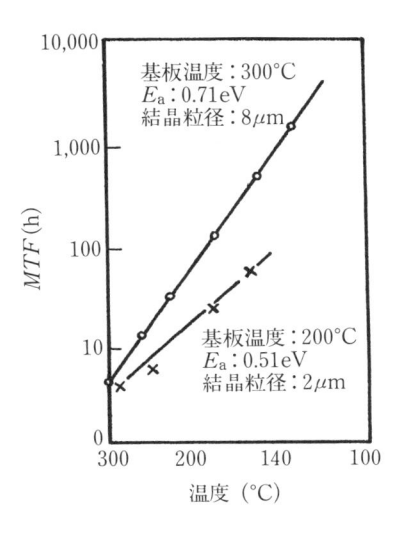

図7.9 ガラス被覆したAl膜の粒径とMTFとの関係．
[M. J. Attardo and R. Rosenberg : J. Appl. Phys., **41** (1970) 2381 より引用]

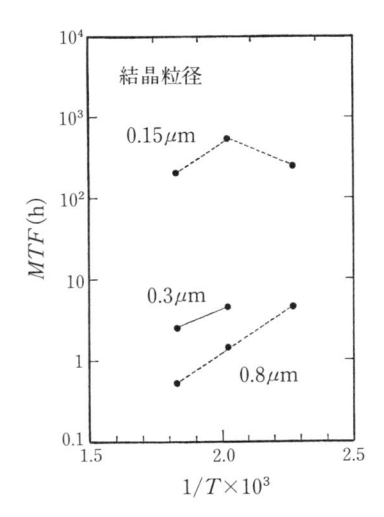

図 7.10 Al-2%Si 膜における MTF のアレニウスプロット（電流密度：2.1×10^6 A/cm²）．

[E. Nagasawa: Proc. 17 th Annual Reliability Phys. Symp. (1979) より引用]

上せず，配線全体にわたって粒径を大きくそろえることが重要である．この例を図 7.10 に示す．すなわち，粒径が 0.15 μm（Fine），0.3 μm（Medium），および 0.8 μm（Large）と異なる Al-2%Si 膜の MTF のアレニウスプロットである．粒径の大きいサンプルと小さいサンプルの活性化エネルギーは約 0.5 eV と変わらないが，粒径の大きいサンプルの方が MTF が短い．これは，粒径の大きいサンプルの粒径の不均一さが増大し，局部的に EM が集中するためである．

一方，配線幅を小さくすると，MTF も小さくなることが知られている．これは配線の微細化の大きな障害になると懸念されたが，配線幅が 0.8 μm 以下になると逆に MTF が増加する現象が見出された．この例を図 7.11 に示す．この図には，平均粒径も示した．MTF と粒径の変化に注目すると，粒径が配線幅と同じ大きさになるとそれまで配線幅の減少とともに短くなる傾向にあった MTF が逆に増加する．これは，幅が狭いと 1 個の結晶粒径が配線幅の全域を占有するようになり，竹の節のような形のバンブー構造になるためであ

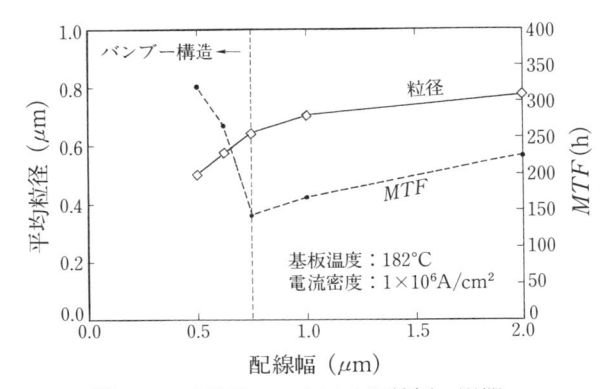

7.3 耐エレクトロマイグレーション性向上の方法　143

図 7.11　MTF におよぼす配線幅の影響.
[J. Cho and C. V. Thompson: Appl. Phys. Lett., **54** (1989) 2577 より引用]

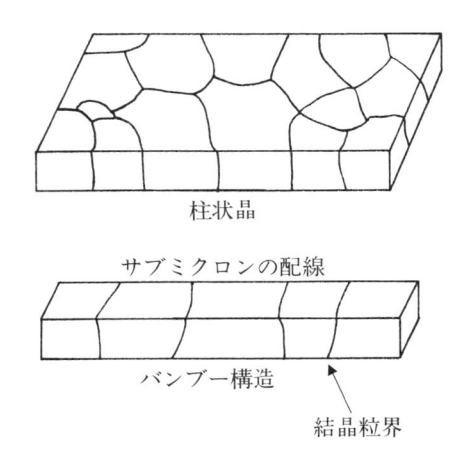

図 7.12　配線膜の構造.

る．
　図7.12にバンブー構造と柱状晶の配線構造を示す．また，図7.13(a)に柱状晶，(b)にバンブー構造の透過電子顕微鏡像を示す．
　MTF におよぼす結晶配向性の影響について述べる．表7.1は種々の方法により形成した Al-0.5 mass%Cu 膜の配向性，粒径およびこれらの標準偏差を

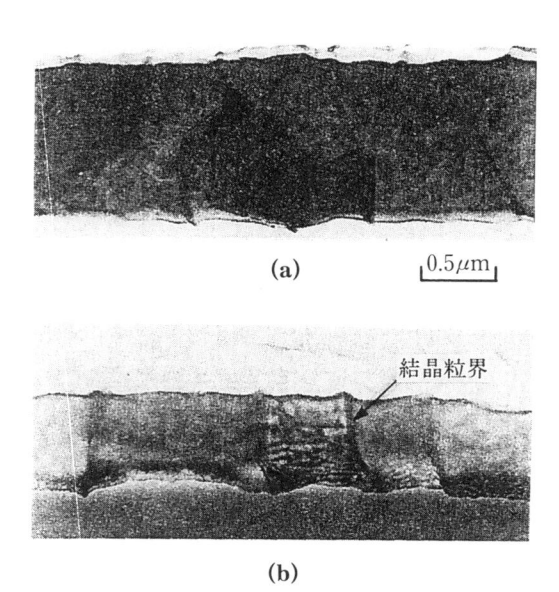

図 7.13 配線の透過電子顕微鏡写真.
(a)柱状晶,(b)バンブー構造.
[S. Vaidya, T. T. Sheng and A. K. Sinha : Appl. Phys. Lett., **36** (1980) 465 より引用]

求め,MTF を調べた結果を示す.本表の I_{111}/I_{200} は,(111)面と(200)面の回折ピークの強度比を示し,σ は粒径および MTF の分布(log-normal distribution)を示す.MTF は粒径が大きく,そのばらつきが少なく,しかも I_{111}/I_{200} が大きいほど長い傾向を示す.これらを整理したものが図 7.14 で,MTF は $(s/\sigma^2)\log(I_{111}/I_{200})^3$ に比例する.すなわち,結晶粒径 (s) と(111)面配向度が増し,粒径分布の標準偏差 (σ) が減ると MTF が向上する.

7.3.4 合金化による耐 EM 性の向上

Al に第 2 元素を添加することにより,耐 EM 性はかなり向上する.表 7.2 に Al,Au および Cu 中に第 2 元素を添加したときの MTF を示す.本表は,一定の条件下で求めたデータではないため,おおよその傾向しか分からない

7.3 耐エレクトロマイグレーション性向上の方法　145

表 7.1 Al-0.5 mass%Cu 合金膜の MTF と結晶性との関係（EBG：電子ビーム蒸着，SG：スパッタガン内蔵のマグネトロンスパッタ膜，HIS：高周波加熱蒸着膜）．

	MTF ($\times 10^5$h)	σ	s (μm)	σ	log $(I_{111}/I_{200})^3$
EBG	10.5	0.5	4.5	0.8	10.8
SG (330°C)	3.2	0.5	1.3	0.2	0.7
SG (cold)	1.8	0.4	1.8	0.9	6.3
IHS (4700Å min^{-1})	1.3	0.5	0.7	0.9	7.2
IHS (4200Å min^{-1})	0.5	0.6	0.8	0.8	2.7
IHS (1500Å min^{-1})	0.8	0.4	0.9	0.7	1.9
IHS (300Å min^{-1})	0.5	0.3	1.8	0.7	0.5

配線幅 2 μm，温度 80°C，電流密度 10^5 A/cm²．
σ：MTF および粒径の分布，s：平均粒径．
［S. Vaidya and A. K. Sinha：Thin Solid Films, 75 (1981) 253 より引用］

が，第 2 元素添加により Al，Au および Cu 配線の MTF はかなり向上する．

（1） Al-Si 合金膜

Si は Al スパイクを防止するために添加されているが，Al 配線の MTF も向上させる．図 7.15 に Al および Al-Si 配線における MTF を温度の逆数に対してプロット（アレニウスプロット）した結果を示す．活性化エネルギーが Si 添加により低くなることからも分かるように，低温度領域での Si 添加は有効ではない．しかし，180°C 程度の高温領域では，Al-1.8 mass%Si 配線膜の MTF は Al 膜の約 14 倍も高い．これは，粒界に Si が析出し，粒界拡散が抑制され，表面拡散が支配的になることを示している．

（2） Al-Cu および Al-Cu-Si 合金膜

Al に Cu を 4 mass% 程度添加することにより MTF は純 Al の約 70 倍程度増加する．これを図 7.16 に示す．また，図 7.17 に Al-Cu 合金膜の断線するまでの時間におよぼす Cu 添加量の影響を示す．断線時間は Cu 添加量ととも

表7.2 Al,AuおよびCu配線の断線時間（電流密度：2×10^6 A/cm²）.

	合金 (mass%)	MTF (h)
Al at 175°C		
Al		30-45
	Si 1.8	100-200
	Cu 4	2500
	Cu 4, Si 1.7	4000
	Ni 1	3000
	Cr	8300
	Mg 2	1000
	Cu 4, Mg 2	10000
	Cu 4, Ni 2, Mg 1.5	32000
	Au 2	55
	Ag 2	45
Au at 300°C		
	Ta	4000
	Ni-Fe	800
	Mo	100
	W+Ti	25
Cu at 300°C		180
	Al 1	300
	Al 10	6000
	Be 1.7	20000

［J. M. Poate, K. N. Tu and J. W. Mayer："Thin Films"（John Wiley & Sons, 1978）より引用］

に増加する．このようなCuの効果は，結晶粒界での原子の移動がCuの添加により抑制されるためである．これには，Cuの存在でθ相（CuAl₂）が粒界に析出して粒界拡散を抑制する説およびAlに固溶した粒界近傍のCuが空孔を捕捉する説等がある．ただし，未だ十分に解明されてはいない．図7.18にAl-Cu-1.7 mass%Si合金配線のMTFと，活性化エネルギーにおよぼすCu添加量の影響を示す．4〜8 mass%のCuを添加することにより，MTFおよび活性化エネルギーは最大になる．ただし，実際に使用されているのは0.5 mass%Cuおよび0.5 mass%Cu-1 mass%SiをAlに添加した合金膜である．

7.3 耐エレクトロマイグレーション性向上の方法

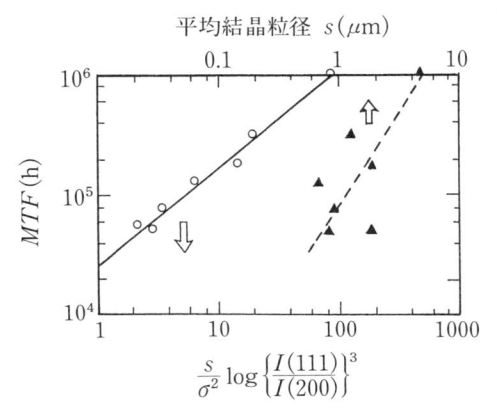

図 7.14 MTF と平均粒径および $s/\sigma^2 \cdot \log\{I_{111}/I_{200}\}^2$ の関係（σ は粒径分布の標準偏差）．
[S. Vaidya : Proc. 18 th Intl. Reliability Phys. Symp.（1980）より引用]

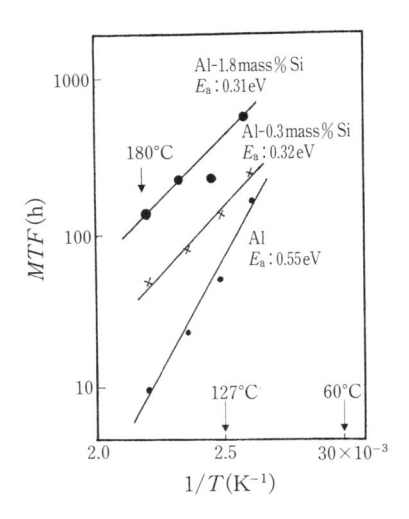

図 7.15 Al および Al–Si 膜におけるエレクトロマイグレーションのアレニウスプロット（膜の厚さ：0.5 μm，配線幅：15 μm，電流密度：2×10^6 A/cm^2）．
[G. J. van Gurp : Appl. Phys. Lett., **19**（1971）476 より引用]

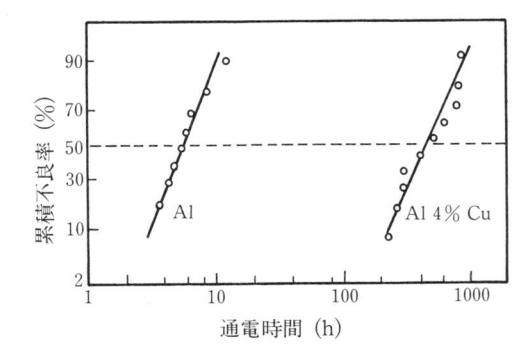

図7.16 Al膜の断線時間におよぼすCu添加の効果（電流密度4×10^6 A/cm^2，温度175°C）．
[I. Ames, F. M. d' Heurle and R. Horstman : IBM J. Res. Dev., **14** (1970) 461 より引用]

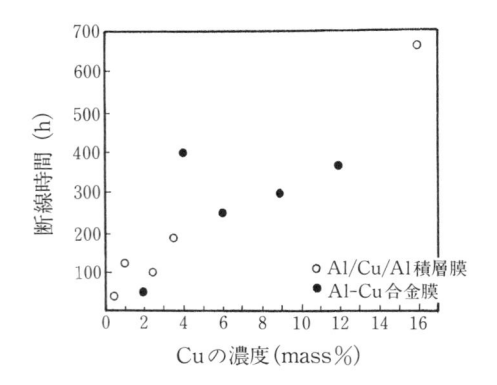

図7.17 Al-Cu膜の断線時間におよぼすCu添加量の影響（蒸着後480°Cで熱処理，温度：175°C，電流密度：4×10^6 A/cm^2）．
[豊蔵信夫：原　徹，鈴木道夫，柏木正弘，前田和夫編"超LSIプロセスデータハンドブック"（サイエンスフォーラム，1982) p.363 より引用]

図7.17にも示してあるように，この程度のCu添加でも添加しない場合に比べて耐EM性は5〜6倍程度向上する．Cu添加量を大きくしないのは，Cuが増加するにつれてAl合金配線のドライエッチング後の耐食性が著しく劣化す

7.3 耐エレクトロマイグレーション性向上の方法　149

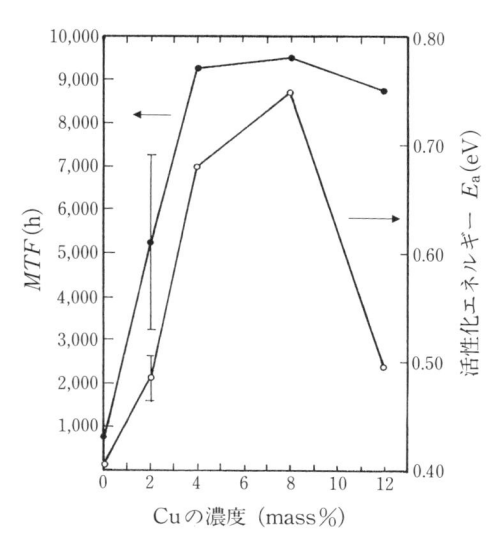

図 7.18 Al-Cu-1.7 mass%Si 合金膜における MTF および活性化エネルギーにおよぼす Cu 添加の影響．
[A. J. Learn : J. Electronics Materials, **3** (1971) 531 より引用]

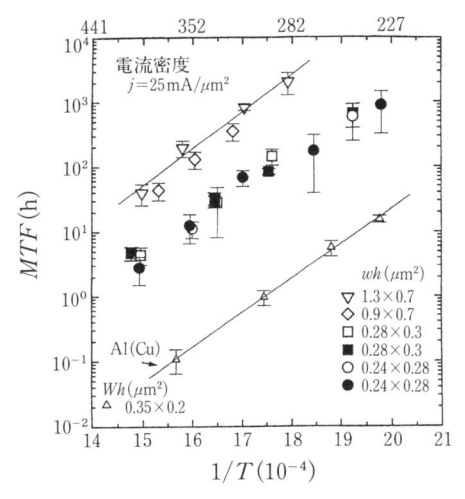

図 7.19 Al-Cu 合金膜と Cu ダマシン配線における MTF のアレニウスプロット．
[C. K. Hu (1999)による]

(3) Cu ダマシン配線

表7.2で示したように，Cu配線はAl配線に比べて抵抗が低く，しかも耐エレクトロマイグレーション性も高いことが期待される．このため，超微細LSI用の配線材料としてすでに実用化されている．図7.19にAl-Cu合金膜とCuダマシン配線のMTFを温度の逆数に対してプロット（アレニウスプロット）した結果を示す．配線寸法が同一条件での比較ではないが，Cuダマシン配線のMTFはAl-Cu合金膜の数10倍大きい．

7.4 ストレスマイグレーション
7.4.1 ストレスマイグレーションの概要

ストレスマイグレーション（SM）は，通電しなくとも150～200°Cに放置するだけで，配線にかかる引張応力により，配線にボイドが発生する現象をいう．時間の経過とともにボイドは成長し，配線の断線が生ずる．SMは最初，64 kDRAMのPECVD-SiNで保護された幅2.5～3.5 μmのAl-Si配線で見つかった．SMの寿命τは経験的に次式に従う．

$$\tau = (配線幅)^m \times (厚さ)^n \tag{7.6}$$

mとnは実験的に求められる定数で，通常2～8の値をとる[6,7]．SMにおよぼすAl-Si配線へのCu添加の影響が検討され，0.1 mass%Cuの添加により不良をかなり低減できる．

7.4.2 ストレスマイグレーションのメカニズム

一般的に，Al配線におけるボイドの発生と成長は周囲の保護膜により閉じ込められた環境下における配線の応力緩和の結果起こると考えられている．保護膜のないAl配線にはボイドの発生は見られない．ボイド発生の駆動力はAlと周囲の保護膜およびSi基板との間の熱膨張係数の差によって製造過程において生ずるAl配線膜に加わる引張応力である．Al膜にかかる応力$\sigma(T)$は経験的に次式で与えられる[8]．

7.4 ストレスマイグレーション

$$\sigma(T) = f_c E (\alpha_{Al} - \alpha_{Si})(T_d - T) \tag{7.7}$$

ここで，T_d は保護膜を形成した温度，T は室温，E は Al のヤング率，α_{Al} と α_{Si} はそれぞれ Al と Si の熱膨張係数，f_c は金属と絶縁膜材料の幾何学的形状とそれぞれの材料の弾性率に依存する束縛定数である．今，$f_c \fallingdotseq 1$，$E = 7 \times 10^{10}$ N/m²，$\alpha_{Al} = 23 \times 10^{-6}$/K，$\alpha_{Si} = 2.6 \times 10^{-6}$/K とすれば，$\sigma(RT)$ は $5 \sim 6 \times 10^8$ N/m² となり，Al の降伏応力と同等以上になる．Al 膜はこの応力下で変形しようとしても，周囲を保護膜で覆われているため変形できない．また縮小しようとしても周囲の保護と付着しているため，縮小できない．生じた応力は拡散クリープによって緩和され，これがボイド生成と成長を引き起こす．

SM のメカニズムの模式図を図 7.20 に示す．(a) は引張応力がバンブー粒界にかかった状態，(b) は Al 原子が粒界から移動して粒界の空孔濃度が増加するために，粒界近傍にボイドが形成される（ノッチ状ボイド）状況，(c) はボイドがさらに成長してスリット状になり，断線することを示す．スリット状のボイドの破断面は(111)面で構成されていることが多い．これを図 7.21 に示す．破断面が(111)面で，破断方向に〈111〉方向が向いている．

SM に対する一般的な拡散クリープ速度 $[R(T)]$ モデルは次式で与えられる[9]．

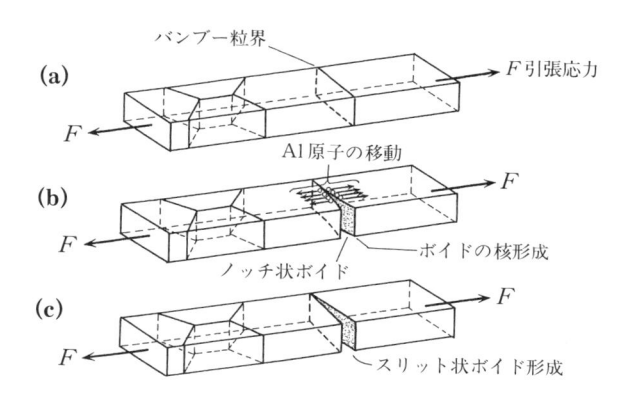

図 7.20 スリット状ボイド形成メカニズムの模式図．(a)，(b)，(c) は引張応力が加わってからスリット状ボイドが形成されるまでを時系列に描く．
[N. Owada : Proc. 2nd Intl. Multilevel Interconnect Conference (1985) より引用]

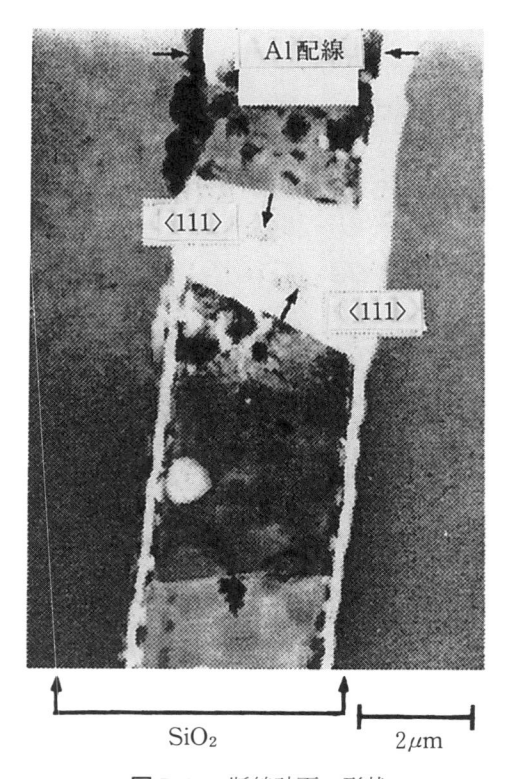

152   第7章　薄膜配線材料の信頼性物理

図 7.21 断線破面の形状.
[日野出憲治：日本金属学会報, **28** (1989) 40 より引用]

$$R(T) = C(T_0 - T)^n \exp\left(-\frac{E_a}{kT}\right) \tag{7.8}$$

ここで，$R(T)$ は，温度 T におけるクリープ速度，T_0 は配線を形成した温度，E_a は拡散の活性化エネルギーである．図 7.22 に Al 配線の SM による結晶粒界に沿ったスリット状断線部の走査電子顕微鏡像を示す．

7.4.3　SM 防止策

SM を防止するためには Al 配線の下に融点が高く，原子の移動が起こりに

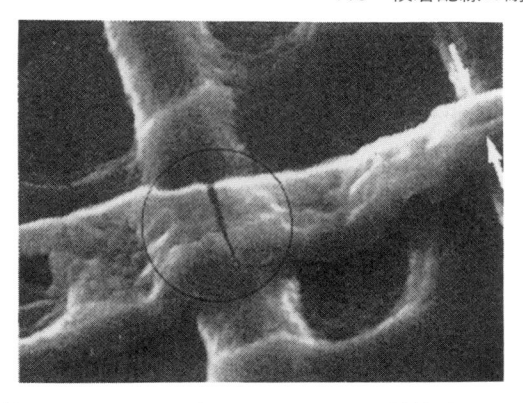

図 7.22 Al 配線のストレスマイグレーションによる断線（2.5 μm 幅の Al 配線）．
［日野出憲治：日本金属学会報，**28** (1989) 40 より引用］

くい TiN 等の高融点金属層を設けることが重要であり，実用化されている．なぜなら Al 配線にスリット状のボイドが形成されても電流が TiN をバイパスして流れるために Al 配線の信頼性を高めることができるからである．

7.5 積層配線の耐 EM 性
7.5.1 Al 合金/TiN 積層膜の耐 EM 性

前述のように，耐 SM 性を向上させるためには，Al 合金膜の下地として TiN 膜を設けた積層配線が有効である．しかし，積層配線を実用デバイスに適用するためには，これの耐 EM 性を明確にする必要がある．本節では，Al-1 mass%Si/TiN，Al-0.5 mass%Cu-1 mass%Si/TiN および Al-0.5 mass%Cu/TiN 積層膜の耐 EM 性について述べる．

一般に，積層配線の EM は Al 単層膜の場合と異なり，抵抗値が増加しても断線しない場合が多い．ここでは，MTF の代わりに，試験前の配線抵抗から抵抗値が 10%増加した状態を配線寿命と仮定して議論を進める．図 7.23 に耐 EM 性を評価した試料の構造を示す．TiN 膜は Ar と N_2 の混合比を 1：1 として反応性スパッタリングにより形成してある．TiN 膜は Ti：N 比が 55：45 で，Ti リッチであるため，比抵抗は 60 μΩcm である．この TiN 膜を大気中

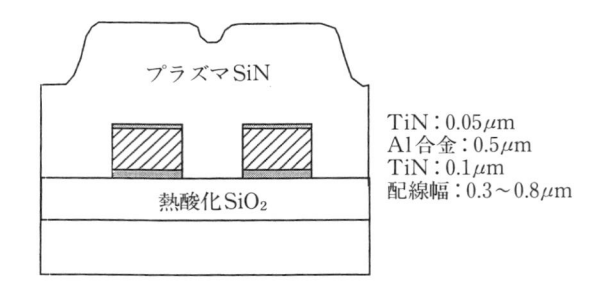

154　第7章　薄膜配線材料の信頼性物理

プラズマSiN
熱酸化SiO₂

TiN：0.05μm
Al合金：0.5μm
TiN：0.1μm
配線幅：0.3〜0.8μm

Al合金/TiN積層膜

図7.23　積層配線の構造．
［河渕　靖："北海道大学学位論文"（1997）より引用］

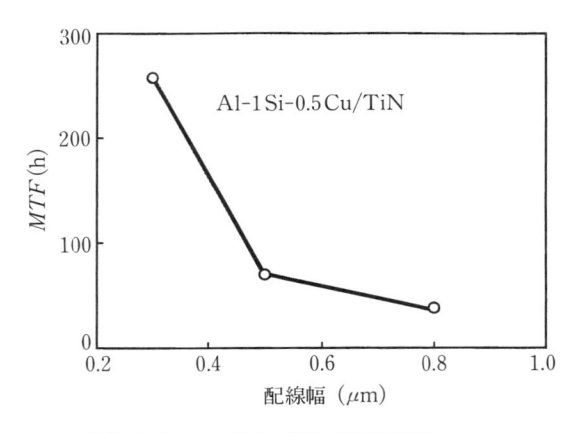

Al-1Si-0.5Cu/TiN

図7.24　Al-1 mass%Si-0.5 mass%Cu/TiN 積層配線のエレクトロマイグレーションによる MTF と配線幅との関係．
[Y. Koubuchi, S. Ishida, M. Sahara, Y. Tanigaki, K. Kato, J. Onuki and M. Suwa：J. Vac. Sci., **B10**(1)（1992）143 より引用］

に暴露した後，厚さ $0.5\,\mu m$ の Al 合金膜をスパッタリングにより形成し，その上に TiN 膜を形成して配線膜としてある．大気暴露し，TiN の表面を酸化することにより Al と TiN の相互拡散を防止できる．

　図7.24に Al-0.5 mass%Cu-1 mass%Si/TiN の MTF におよぼす Al 合金

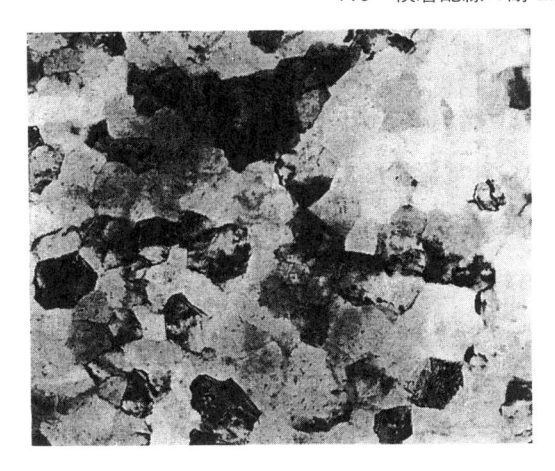

7.5 積層配線の耐EM性　155

0.5μm

図7.25 Al-0.5 mass%Cu-1 mass%Si/TiN 積層配線における Al 合金膜の透過電子顕微鏡像.
[Y. Koubuchi, S. Ishida, M. Sahara, Y. Tanigaki, K. Kato, J. Onuki and M. Suwa : J. Vac. Sci., **B10**(1) (1992) 143 より引用]

の配線幅の影響を示す. ここで, 試料は 450°C×0.5 h の熱処理を施した後, 周囲温度を 150°C, 電流密度を 5×10^6 A/cm^2 として耐EM性を評価した. 配線幅が 0.5 μm 以下になると MTF は急激に増加する. 図 7.25 には Al-0.5 mass%Cu-1 mass%Si/TiN 膜において, Si 基板と TiN 膜を除去した後の Al-0.5%Cu-1%Si 膜の透過電子顕微鏡像を示す. 平均粒径は約 0.5 μm であり, 粒径のばらつきは小さい. すなわち, 積層配線構造においても Al 単層配線の場合と同様 MTF は配線幅に影響を受け, 配線幅が粒径よりも小さいバンブー構造になると大幅に改善される. 一方, Al 配線と Si 基板とのコンタクト部に TiN 膜が積層された場合, これらの間の相互拡散を抑制することが知られている. したがって, 積層配線では, 単層配線のように Si を添加する必要がない.

図 7.26 に 450°C で 0.5 h 熱処理した Al-1 mass%Si/TiN, Al-1 mass%Si-0.5 mass%Cu/TiN および Al-0.5 mass%Cu/TiN 配線の抵抗変化に及ぼす

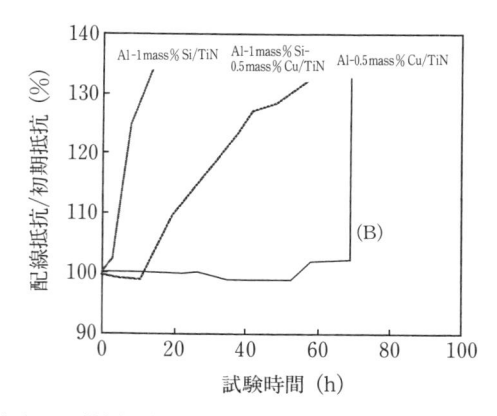

図7.26 Al合金/TiN積層配線のエレクトロマイグレーションによる抵抗の変化．(B)は断線モードの不良．
[Y. Koubuchi, S. Ishida, M. Sahara, Y. Tanigaki, T. Kato, J. Onuki and M. Suwa: J. Vac. Sci., **B10**(1) (1992) 143 より引用]

EMの試験時間の影響を示す．評価試料の周囲温度は150°C，電流密度は5×10^6 A/cm^2 である．Al-1 mass%Si/TiN, Al-1 mass%Si-0.5 mass%Cu/TiN では通電により配線抵抗が増加し続ける．一方，Al-0.5 mass%Cu/TiN 配線では70hまで，抵抗の変化があまりなく，その後，断線に近づくと急激な抵抗上昇が認められる．すなわち，Al単層配線と同じ断線モードを示す．

図7.27はAl-1 mass%Si/TiN, Al-mass%Si-0.5 mass%Cu/TiN および Al-0.5 mass%Cu/TiN配線膜を450°Cと500°Cで0.5h熱処理した後，Al合金膜の表面からTiNへ向けてSIMS (Secondary Ion Mass Spectrometer)により，Ti, SiおよびAlを分析した結果である．450°Cで熱処理した場合（a），Al-0.5 mass%Cu/TiN積層膜のAlとTiNとの界面は明確に分離されている．これに対し，Al-1 mass%Si/TiN, Al-1 mass%Si-0.5 mass%Cu/TiN積層膜では，Al基地中へTiが拡散するとともに，Al基地とTiNとの界面にSiが偏析する．すなわち，Al, Ti, Siの合金層が形成されている．一方，500°Cで熱処理したAl-1 mass%Si/TiN, Al-1 mass%Si-0.5 mass%Cu/TiN試料の各元素のプロファイルは450°Cの場合とほとんど変化がない．しかし，Al-0.5 mass%Cu/TiN積層膜の場合，Al中のTiの濃度がかなり高くな

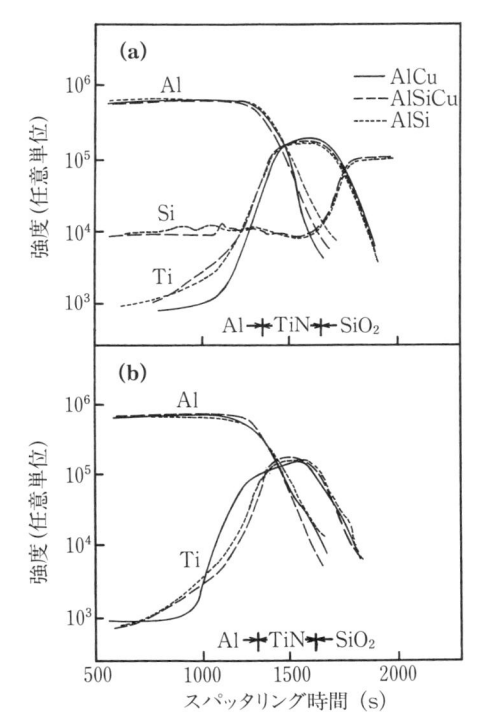

図 7.27 Al 合金/TiN 積層膜の SIMS による深さ方向の分析結果.
(a) 450°C×0.5 h, (b) 500°C×0.5 h.
[Y. Koubuchi, S. Ishida, M. Sahara, Y. Tanigaki, T. Kato, J. Onuki and M. Suwa : J. Vac. Sci., **B10**(1) (1992) 143 より引用]

っている.すなわち,Al と TiN とが界面を通して反応し,Ti が Al 中に多量に拡散したことを示している.

図 7.28 は 400°C および 500°C で熱処理した Al-0.5 mass%Cu/TiN 積層膜の X 線回折結果である.400°C で熱処理した試料では化合物が検出されないのに対し,500°C では $TiAl_3$ が形成されている.以上の結果に基づいた EM による不良モードの概念図を図 7.29 に示す.(a) では Al-Si および Al-Si-Cu 合金膜と TiN との間に Ti-Al-Si からなる合金層が形成され,密着性が低下する.このため,Al-Si および Al-Si-Cu 合金膜の原子が移動しやすくなり,ボイド

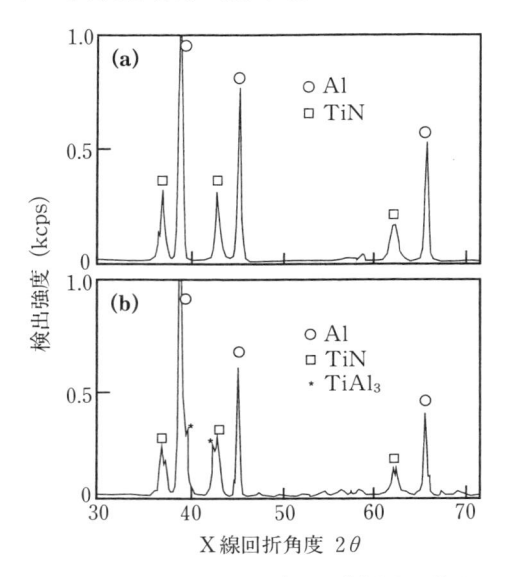

158　第7章　薄膜配線材料の信頼性物理

図7.28 Al-0.5 mass%Cu/TiN 積層膜の薄膜X線回折.
(a) 400°C×1 h, (b) 500°C×1 h.
[Y. Koubuchi, S. Ishida, M. Sahara, Y. Tanigaki, T. Kato, J. Onuki and M. Suwa : J. Vac. Sci., **B10**(1) (1992) 143 より引用]

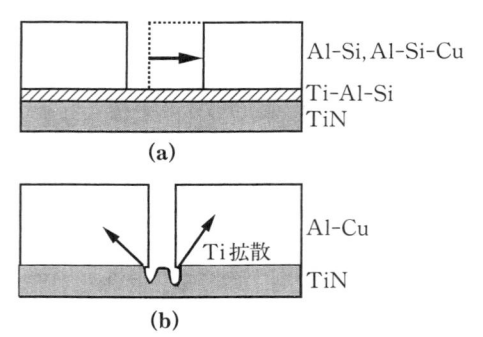

図7.29 Al合金/TiN 積層配線のエレクトロマイグレーションによる不良モード概念図.
(a) Al-1 mass%Si と Al-1 mass%Si-0.5 mass%Cu のマイグレーション.
(b) Al-0.5 mass%Cu が移動した後の TiN 膜の断線.
[Y. Koubuchi, S. Ishida, M. Sahara, Y. Tanigaki, T. Kato, J. Onuki and M. Suwa : J. Vac. Sci., **B10**(1) (1992) 143 より引用]

が形成されやすくなって配線抵抗が上昇する．(b)では，Al-CuとTiNとの界面には合金層は形成されず，密着性が低下しない．また，ボイドが形成されにくい．しかし，一定時間通電した後，Al合金中にボイドが発生すると，電流がTiNに集中して，抵抗の高いTiNの自己発熱により局所的にさらに高温度になる．これによって，Al合金とTiNとの反応が促進されてTiNがより薄くなり，最終的にTiNの断線が起こる．

7.6 Al配線におけるSiの析出

Siを添加したAl合金配線では，SiとAlとのオーミックコンタクトをとるため，450°Cに0.5h程度の熱処理を施すが，この後，200°C程度の温度に長時間保持すると，Siが配線中に析出する場合がある．配線幅が大きい場合には，あまり問題にならないが，配線幅が1μm程度になると，析出したSiが配線を横切るようになり，配線抵抗を増加させる場合がある．幅1〜1.2μm，厚さ

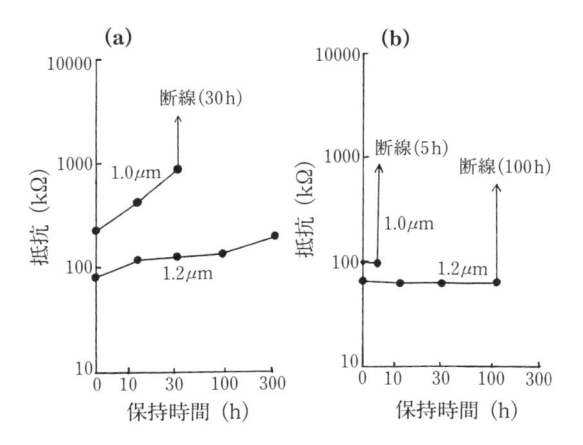

図7.30 Cu配線膜の200°Cにおける保持時間による抵抗変化．
(a) Al-1.5 mass%Si-3 mass%Cu, 450°C×0.5 h．
(b) Al-0.7 mass%Si-3 mass%Cu, 450°C×0.5 h．

[M. Suwa, S. Fukada, J. Onuki and K. Yamada : J. Vac. Sci. Technol., **B9**(3), May/Jun (1991) 1487 より引用]

の Al-0.7 mass%Si-3.0 mass%Cu および Al-1.5 mass%Si-3.0 mass%Cu 合金配線膜を 450℃に 0.5 h 保持した後，200℃に保持したときの配線抵抗の保持時間による変化を図 7.30 に示す．Si 添加量の少ない Al-0.7 mass%Si-3.0 mass%Cu 配線（b）では，保持時間による抵抗変化はなく，断線する．一方，Si 添加量の多い Al-1.5 mass%Si-3.0 mass%Cu 配線（a）では，200℃保持により Si が析出し，抵抗が増大した後，断線する．1 μm 配線の抵抗の増化率は 1.2 μm 配線よりも大きい．

7.7 配線材料の腐食

Al 配線の腐食も LSI の信頼性に大きな影響をおよぼす．その一つは，ドライエッチング（RIE）後の腐食である．これは，Al 配線の側壁に塩素を含む

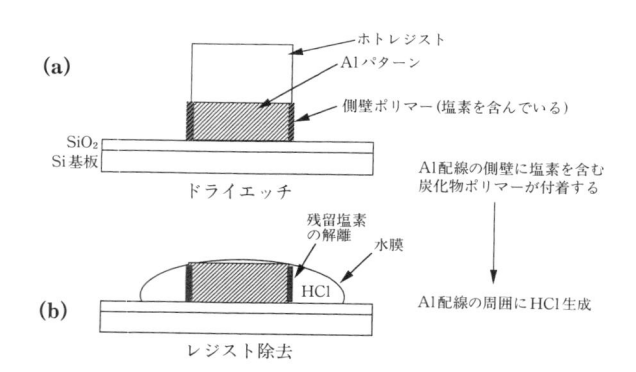

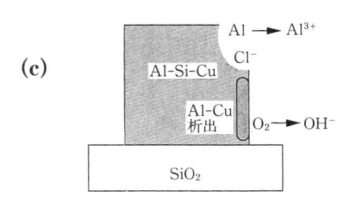

図 7.31　Al 配線のドライエッチング後の腐食モデル．
［河渕　靖："北海道大学学位論文"（1997）より引用］

炭化物ポリマーが付着し，大気中に取り出されたときに，水分を吸収して発生した Cl^- イオンが Al 表面の酸化膜を溶かして，配線を腐食させるものである．他は，樹脂と金属との密着性が低い場合で，パッケージング後，水分がリードフレームと樹脂，ワイヤと樹脂との界面を通ってパッケージ内部に侵入し，ワイヤボンディングパッド（Au 線のボンディング用 Al 電極膜）表面に達して，樹脂中から溶け出した Cl^- イオンが Al 電極を腐食させる現象である．

7.7.1 レジン封止 LSI の配線の腐食

図 7.31 はドライエッチング後の配線の断面である．(a)は，配線側壁に Cl を含むポリマーが形成された状態を，(b)はレジスト除去後に大気中の水分を吸湿し，水膜中に Cl^- イオンが溶け出している状態を，(c)は Cl^- イオンが Al 膜表面の酸化膜を破壊し，Al が局部的な陽極反応および陰極反応により電子の授受が行われ，溶け出すことをそれぞれ示している．この過程を以下に示す[10,14]．

$$Al \longrightarrow Al^{3+} + 3e^- \quad \text{（陽極反応）} \quad (7.9)$$

$$O_2 + 2H_2O + 4e^- \longrightarrow 4OH^- \quad \text{（陰極反応）} \quad (7.10)$$

溶け出した Al は，

$$Al^{3+} + 3(OH)^- \longrightarrow Al(OH)_3 \quad (7.11)$$

の反応により，腐食した Al 配線に付着したり，あるいは水分中に Al^{3+}，OH^- として入る．これらのプロセスを繰り返して腐食が進行すると考えられている．

7.7.2 パッケージング後における Al パッドの腐食

図 7.32(a)は，プラスチックパッケージにおいて，リードフレームと樹脂との界面から水分が浸入し，次にワイヤと樹脂との界面に沿って水が進行して，ボンディングパッド上に達する様子を示している．ボンディングパッドには，SiN 等の表面保護膜がなく，しかも，水分中には樹脂から溶け出した Cl^- イオンがある．このため，酸化膜を破壊して孔を開け，前述した局部陽極反応および陰極反応により Al が溶解し，図 7.32(b)のように腐食が発生する．特

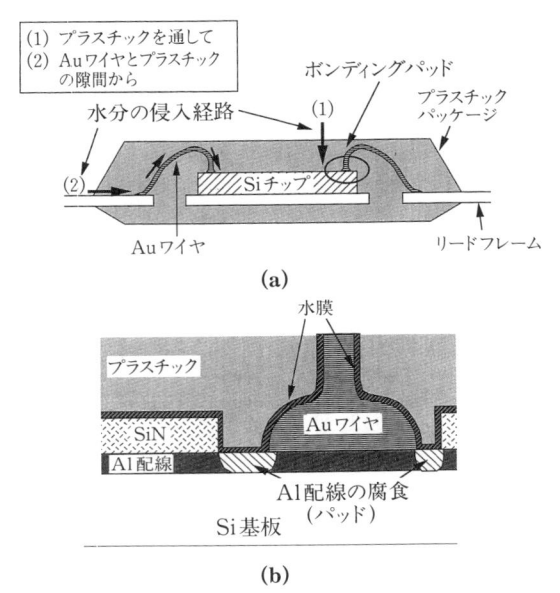

図 7.32 ボンディングパッド部の Al 配線腐食モデル．
（a）プラスチックパッケージ断面図，（b）ボンディングパッド拡大図．
[河渕　靖："北海道大学学位論文"（1997）より引用]

に，Al-Cu 合金膜の場合，θ 相（Al_2Cu）が粒界に析出し，粒界近傍に Cu の欠乏領域が発生する．水分と Cl^- イオンの存在下において，Cu 欠乏領域はアノード反応により優先的に腐食する，すなわち，粒界腐食が生ずる．LSI では，高集積化とともに，チップサイズが大型化し，逆にプラスチックパッケージは小形，薄形化する．このため，リードフレームおよび Au ワイヤと樹脂との密着性が低い場合には，腐食が起こりやすくなる．

7.7.3　Al 配線材料の高耐食化

Al よりも貴な金属，例えば，Ni，Ti，Zr，Pt，Pd 等を Al 中に分散させると耐食性が向上する．これは，安定で強固な表面酸化膜が形成されるためである．例えば，図 7.33 には，Al-1 mass%Si 合金膜と Al-1 mass%Si-0.3 mass%Pd 合金膜の耐食性をプレッシャクッカー試験（PCT，121°C，2 気圧

7.7 配線材料の腐食　163

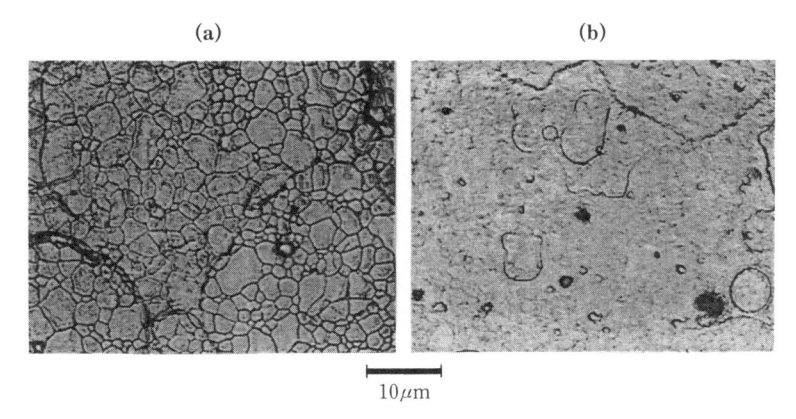

(a)　　　　　　　　　**(b)**

10μm

図 7.33　プレッシャクッカーテスト（PCT）後の Al 電極膜の腐食形態．
（a）Al-1 mass%Si 合金膜，（b）Al-1 mass%Si-0.3 mass%Pd 合金膜．
[Y. Koubuchi and J. Onuki : IEEE Trans. Electron Devices, **37** (1990) 1259 より引用]

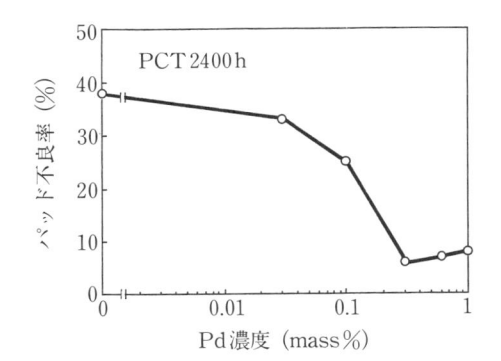

図 7.34　Al-1 mass%Si-Pd 合金膜の Pd 濃度とパッド累積不良率との関係（PCT 試験時間：2400 h）．
[河渕　靖："北海道大学学位論文"（1997）より引用]

の飽和水蒸気中で放置）を 100 時間行った後，調べた結果を示す．Al-1 mass%Si 合金膜では全面で粒界腐食が発生しているのに対し，Al-1 mass%Si-0.3 mass%Pd 合金膜では，部分的に腐食が発生しているものの程度は軽

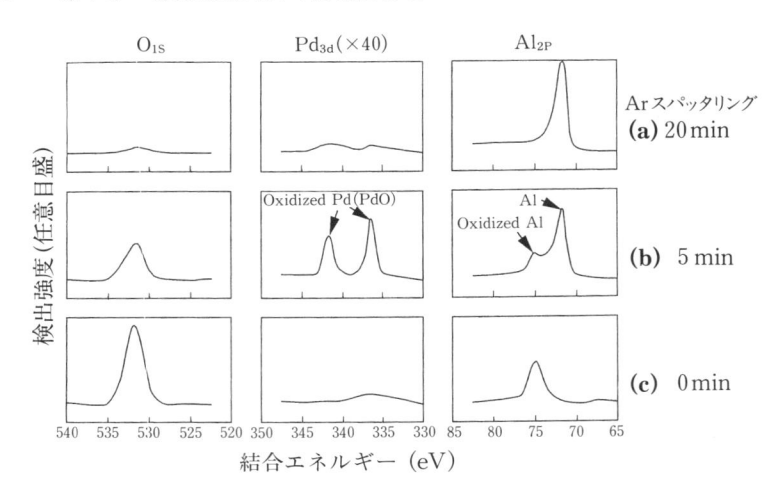

図 7.35 Al-1 mass%Si-0.3 mass%Pd 合金膜表面の Pd, O, Al の X 線光電子分光スペクトル（Ar スパッタエッチング（a）20 分間, （b）5 分間, （c）0 分間, Pd_{3d} ピークは O_{1s}, Al_{2p} に比べ約 40 倍にスケールを拡大してある）.
[Y. Koubuchi, S. Moribe, Y. Tanigaki, T. Kato, M. Inagaki and J. Onuki : J. Electrochem. Soc., **139**（1992）2032 より引用]

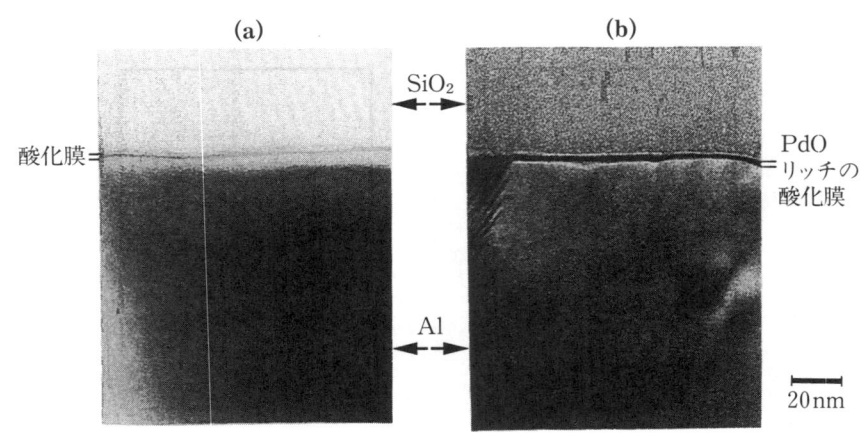

図 7.36 Al 合金膜の表面酸化膜の透過電子顕微鏡像.
（a）Al-1 mass%Si 合金膜, （b）Al-1 mass%Si-0.3 mass%Pd 合金膜.
[Y. Koubuchi, S. Moribe, Y. Tanigaki, T. Kato, M. Inagaki and J. Onuki : J. Electrochem. Soc., **139**（1992）2032 より引用]

く，金属光沢は失われていない．図7.34はレジン封止LSIのパッド腐食がAl-1 mass%Si合金膜中へのPd添加量によりどのように変化するかを2400 hのPCTにより調べた結果である．0.3 mass%以上のPdを添加することによりパッド不良率が著しく低減する．このようにPd添加により高い耐食性が得られるメカニズムとしては，図7.35, 7.36に示すようにAlの酸化物の中にPdOが生成するためと考えられる．

Al-Cu合金膜では，ドライエッチング後においてAlが腐食しやすいことを

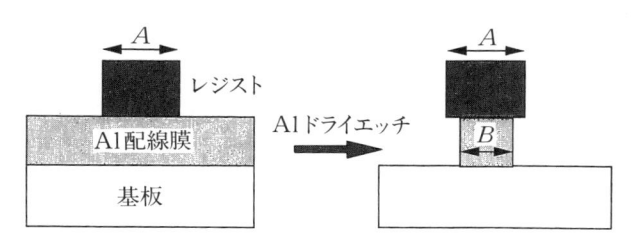

図7.37 Al配線のドライエッチングによる寸法変化（寸法変化量 $=A-B$）．
　　　［河渕　靖："北海道大学学位論文"（1997）より引用］

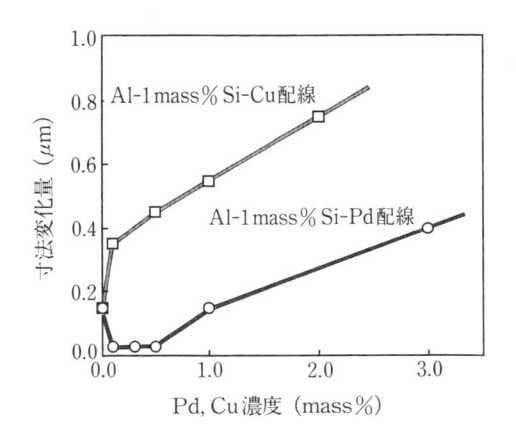

図7.38 ドライエッチングによる寸法変化量とAl-1 mass%Si-Pd合金膜中のPd濃度およびAl-1 mass%Si-Cu合金膜中のCu濃度との関係．
［Y. Koubuchi, J. Onuki, S. Fukada and M. Suwa : IEEE Trans. Electron Devices, **37**（1990）947より引用］

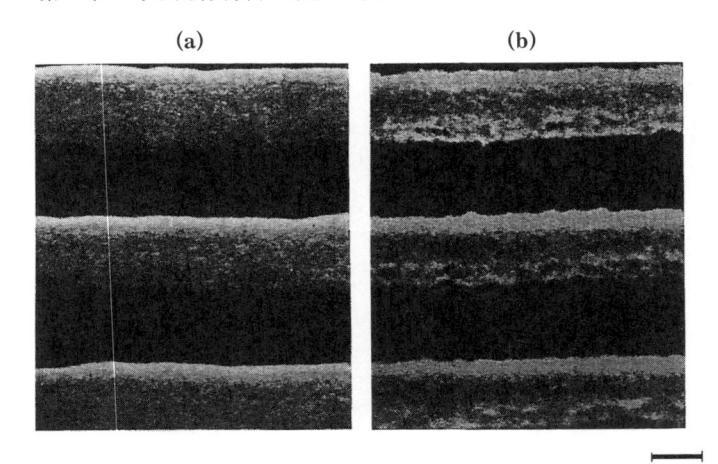

図7.39 ドライエッチング後の配線パターンの走査電子顕微鏡像．
（a）Al-1 mass%Si-0.3 mass%Pd，（b）Al-1 mass%Si-0.5 mass%Cu．
[Y. Koubuchi, J. Onuki, S. Fukada and M. Suwa : IEEE Trans. Electron Devices, **37** (1990) 947 より引用]

述べたが，Al-Pd合金膜にすればこれを防止することができる．これは，図7.37に示すドライエッチング時のレジストからの寸法減少量で評価される．この寸法変化量のPdおよびCu濃度依存性を図7.38に示す．Al-Pd合金膜ではAl-Cu合金膜に比べ，減少量がかなり少ない．図7.39にドライエッチング後のAl-1 mass%Si-0.5 mass%CuおよびAl-1 mass%Si-0.3 mass%Pd合金膜のパターンの形状を比較した結果を示す．Al-1 mass%Si-0.3 mass%Pd合金膜の側壁は平滑であるのに対し，Al-1 mass%Si-0.5 mass%Cu合金膜の側壁は凹凸が激しい．このようにPdは側壁のサイドエッチングを防ぐ．

7.8 配線の密着性

半導体デバイスでは，種々の下地の上に薄膜材料が形成されている．これらの薄膜積層構造において，例えばAl，Ti等の金属膜/SiあるいはAl膜/SiO_2との界面のように，両者が反応しやすい場合には剥がれにくいが，界面を構成

する材料同士が反応しにくいと剥離しやすくなり，デバイス不良が発生する場合がある．

LSI の微細化および高性能化に伴い，使用される薄膜材料の種類はますます増加し，厚さは数原子層から数 10 原子層まで薄くする必要が生じている．また，配線等薄膜の幅も 100 nm 以下になる時代を迎えようとしている．このため，デバイスの信頼性を確保するためには，密着性の高い異種薄膜材料を組み合わせて薄膜積層構造を形成する必要がある．しかし，デバイス特性を確保するためには，密着性が悪いあるいは密着性が不明の材料を積層して使用することが不可欠になる場合もある．したがって，材料界面の密着性を支配する因子を明確にし，これを使いこなす努力が必要である．

7.8.1 密着性評価法

従来から薄膜の密着性を評価するのにセロテープ，樹脂接着剤による剥離試験が行われ，これで剥がれない場合は問題なしとされてきた．しかし，微細 LSI においては，この密着性試験が適用できるのは薄膜材料の密着性が比較的低い場合である．密着性は高い場合には，上記試験に合格してもプロセス中に剥がれが発生する場合があり，注意が必要である．

現段階において，薄膜材料間の密着性を最も正確に評価できるのが引っかき（スクラッチ）試験である．引っかき試験は先端半径数 μm から数 10 μm のダイアモンドの針で膜の表面を引っかき，針にかける荷重と剥がれとの相関を調べ，剥がれが発生する最低の荷重を臨界荷重 L_c とし，その大小により密着性を調べる方法である．この方法では，臨界荷重 L_c は針の先端形状に依存して変化するが，同一形状の針を用いれば相対的な密着性の評価が可能な場合が多い．図 7.40 に引っかき試験の概観の模式図を示す．膜の表面をダイアモンドの針でジグザグに引っかきながら，じょじょに針の押付け荷重を増加させて膜を剥離させる．図 7.41 は，PVD により，SiO_2/Si 基板上に厚さ 50 nm の W を，さらにその上部に厚さ 200 nm の Cu 膜を設けた材料の引っかき試験後の SEM 像を示す．図の左側からジグザグに引っかき，矢印で剥離と表示してあるところから Cu 膜の剥がれが生じたことを示している．

図 7.42 に引っかき試験により求めた Cu 膜と SiO_2 膜および Al 膜と SiO_2

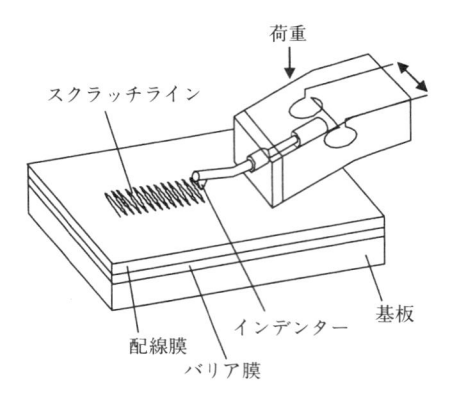

168   第7章　薄膜配線材料の信頼性物理

図 7.40　引っかき試験の外観の模式図.
［T. Iwasaki and M. Miura : J. Mater. Res., **16**（2001）1789 より引用］

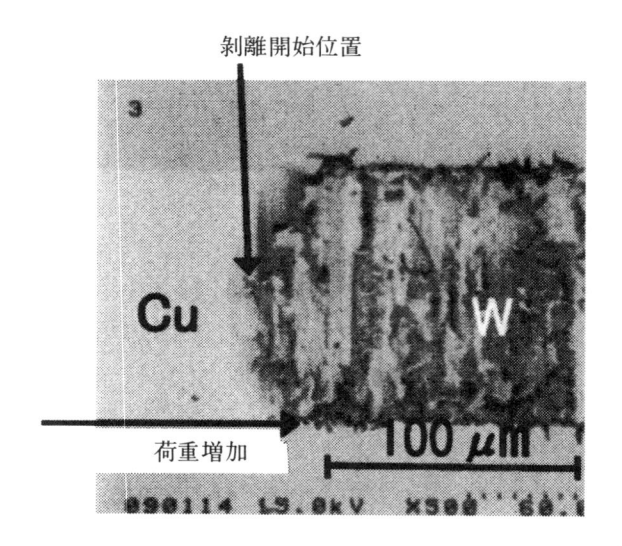

図 7.41　引っかき試験により Cu 膜を W 膜から剝離させた後の SEM 像.
［T. Iwasaki and M. Miura : J. Mater. Res., **16**（2001）1789 より引用］

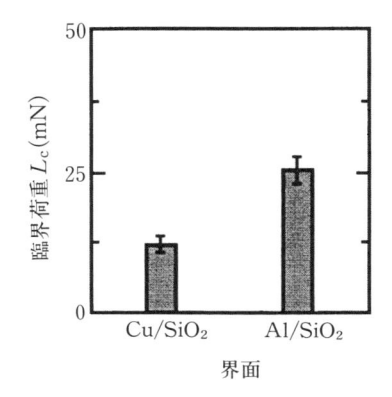

図 7.42 引っかき試験により求めた Cu/SiO_2, Al/SiO_2 界面を剥離させるための臨界荷重.
[T. Iwasaki and M. Miura : J. Mater. Res., **16** (2001) 1789 より引用]

膜との界面を剥離させるための臨界荷重 L_c を示す．SiO_2 膜との密着性に優れる Al 膜の方が，Cu 膜よりも L_c が高い．

7.8.2 密着性支配因子の調査

このように，引っかき試験により剥離の臨界荷重を求め，薄膜材料間の密着性の善し悪しを判断することができるが，密着性を支配している要因を明らかにすることはできない．支配因子が明確でなければプロセス中に万一膜剥がれが生じても対応することはできない．

CVD で作製した WSi_x/Poly-Si 薄膜は非常に高い密着性を有するが，この支配因子を引っかき試験と ESCA (Electron Spectroscopy for Chemical Analysis) を組み合わせて検討した例を以下に示す．

図 7.43 は先端半径 75 μm のダイアモンドの圧子で WSi_x/Poly-Si 膜の引っかき試験を行った後の WSi_x 膜表面の SEM 像を示す．引っかき傷の両側に WSi_x 膜の剥がれが観察される．この引っかき試験では，L_c は WSi_x 膜の剥がれが観察される前の段階で，WSi_x 膜にふくれが観察され始める荷重として定義した．

図 7.44 には，4 種類の組成の WSi_x 膜について，引っかき試験による L_c の

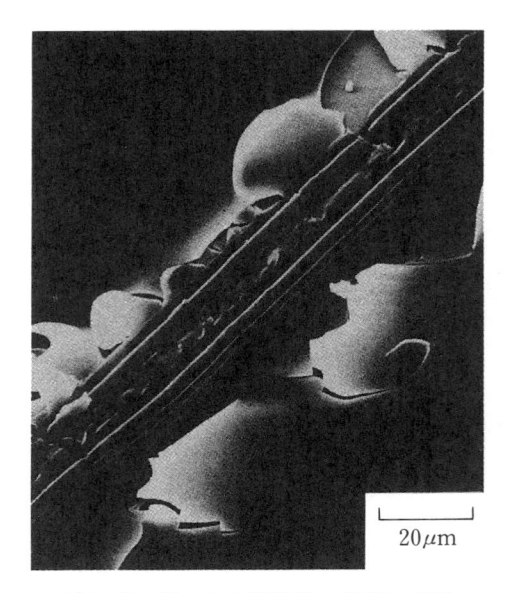

図 7.43 引っかき試験後の WSi$_x$ 表面.
［岩田誠一, 山本直樹, 原　信夫, 大川　章：日本金属学会誌, **52** (1992) 667 より引用］

値と，熱処理後の剝がれの有無を示す．黒丸が1点で厳密な議論はできないが，傾向として L_c の大きい方が剝がれが発生しにくい．また，x の値の大きい方が，密着性が高い．

　支配因子を明確にするためには，引っかき試験で，剝がれた面を ESCA で表面分析するのが有効である．剝がれた面を分析するためには，例えば図 7.45 で示すように，引っかき試験後，粘着テープを試料表面に貼り付けて，引き剝がす．これによって，ESCA で十分に分析できる大きさの WSi$_x$ の接着面および Poly-Si 表面を得ることが可能になる．図 7.46 には引っかき試験後の WSi$_x$/Poly-Si 界面の WSi$_x$ からの Si 2p 電子スペクトルを示す．WSi$_x$ の Si が酸化していない方が，密着性は高い．また図には示していないが，相手の Poly-Si 表面の酸化膜が薄い方が密着性は高いことも ESCA による分析で明らかになっている．

　Si の酸化が密着性を阻害する理由は以下のように推定されている．WSi$_x$ と

7.8 配線の密着性　171

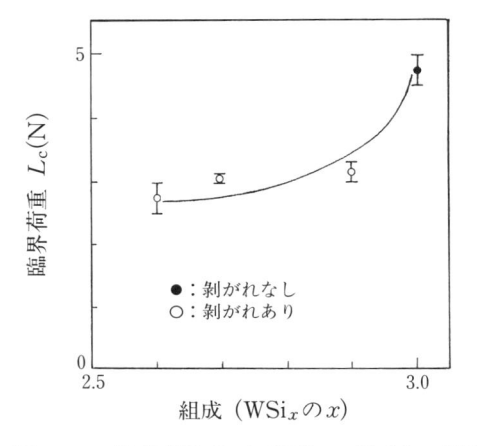

図 7.44　臨界荷重 L_c と WSi_x の組成との関係．
[岩田誠一，山本直樹，原　信夫，大川　章：日本金属学会誌，**52**（1992）667 より引用]

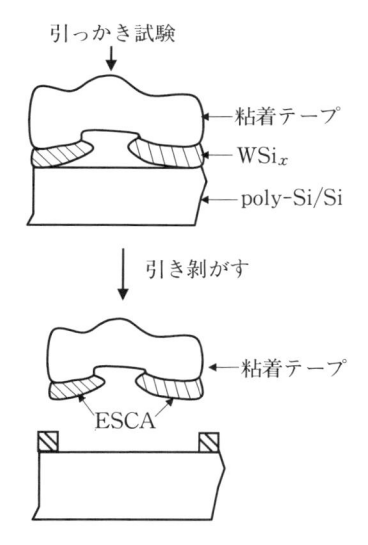

図 7.45　引っかき試験後の分析法（引っかき試験で剥離した部分を粘着テープで採取し，界面を ESCA で調べる）．
[岩田誠一，山本直樹，原　信夫，大川　章：日本金属学会誌，**52**（1992）667 より引用]

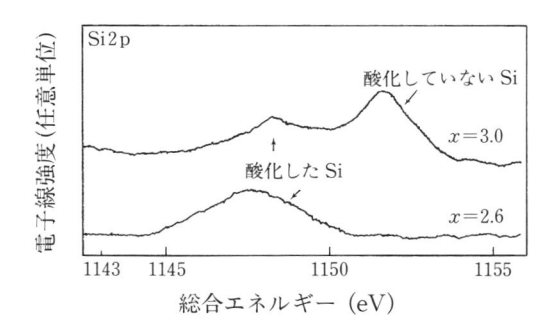

図 7.46 WSi$_x$/Poly-Si の WSi$_x$ 剝離面からの Si 2p スペクトル（引っかき試験後 ESCA で評価，荷重 6 N）．
［岩田誠一，山本直樹，原　信夫，大川　章：日本金属学会誌，**52**（1992）667 より引用］

Poly-Si の両方が酸化していると安定な SiO$_2$ になるため，WSi$_x$ と Poly-Si 界面の密着性を低下させる．

　以上は，薄膜同士の密着性を評価したものであるが，LSI 用の配線の幅は 100 nm 以下になる時代を迎えており，幅の極めて狭い薄膜の密着性をどのように評価すべきかの研究が今後必要となろう．

　なお，異種材料間の剝離強度を予測し，密着性のよい材料の組み合わせを予測する分子動力学計算技術についての研究が行われ，引っかき試験結果とよく対応することが報告されている[11]．

参考文献

1) C. Y. Chang and S. M. Sze : "ULSI Technology"（McGraw-Hill, 1996）.
2) S. M. Sze : "VLSI Technology"（McGraw-Hill, 1988）.
3) 須黒恭一：丹呉浩侑編 "半導体プロセス技術"（培風館, 1998）.
4) J. M. Poate, K. N. Tu and J. W. Mayer : "Thin Films"（John Wiley & Sons, 1978）.
5) 豊蔵信夫：原　徹, 鈴木道夫, 柏木正弘, 前田和夫編 "超 LSI プロセスデータハ

ンドブック"(サイエンスフォーラム, 1982).
6) S. Mayumi, T. Umenoto, M. Shishino, H. Nanatsue, S. Ueda and M. Inoue : 25th Reliability Physics Symp. (1987) 15.
7) K. Hinode, N. Wada, T. Nishida and K. Mukai : J. Vac. Sci. Technol., **85** (1987) 518.
8) A. Tezaki, T. Mineta and H. Egawa : 28th Reliability Physics Symp. (1990) 221.
9) J. W. McPherson and C. F. Dunn : J. Vac. Sci. Technol., **B5** (1987) 1321.
10) 河渕 靖 : "北海道大学学位論文"(1997).
11) T. Iwasaki and H. Miura : Molecular dynamics analysis of adhesion strength of interfaces between thin films. J. Mater. Research, **16** (2001) 1789-1794.
12) J. C. Anderson : Thin Solid Films, **12** (1972) 1-15.
13) 岩田誠一, 山本直樹, 原 信夫, 大川 章 : 日本金属学会誌, **52** (1986) 667-684.
14) 日立製作所半導体事業部編 : "表面実装形パッケージの実装技術とその信頼性向上"(応用技術出版, 1988).

第8章
実装技術および材料

8.1 概　　要

　電子デバイスの実装は，信号の伝達，電源の供給，冷却のための放熱，そして半導体を構成する部品の機械的・化学的・電磁的な保護の4種類の役割を果たしており，大別して半導体チップ等の電子回路部品の実装とシステム実装に分けられる．半導体実装は半導体チップをパッケージの中に組み込んでデバイスとして機能を発揮させると同時に環境からデバイスを保護し，振動，衝撃などによる破損を含めてデバイスの特性変化を防止する役割を有する．半導体実装には，パッケージ設計，ウエハダイシング，マウント（はんだあるいは高分子の接着剤によるチップボンディング），ワイヤボンディング，封入，仕上げ等の技術がある．

　一方，システム実装は，実装した半導体等の電子回路部品を基板等に装着する技術である．これには，基板に開けた貫通孔にパッケージの外部リード線を挿入してはんだで固定するスルーホールマウント法，基板表面上に外部リード線をつけて，はんだで固定するサーフェスマウント法がある．

　図8.1に実装の全体図を示す．半導体チップの表面にはポリイミド系の樹脂が保護膜として使用され，α線の遮蔽，応力集中の緩和などの役割を有する（a）．半導体チップはエポキシ系接着剤あるいははんだによりリードフレームに接着された後，ワイヤボンディングし，次にエポキシ樹脂でモールドして外部から保護する（b）．リードフレームは，はんだ付けにより配線基板に接続さ

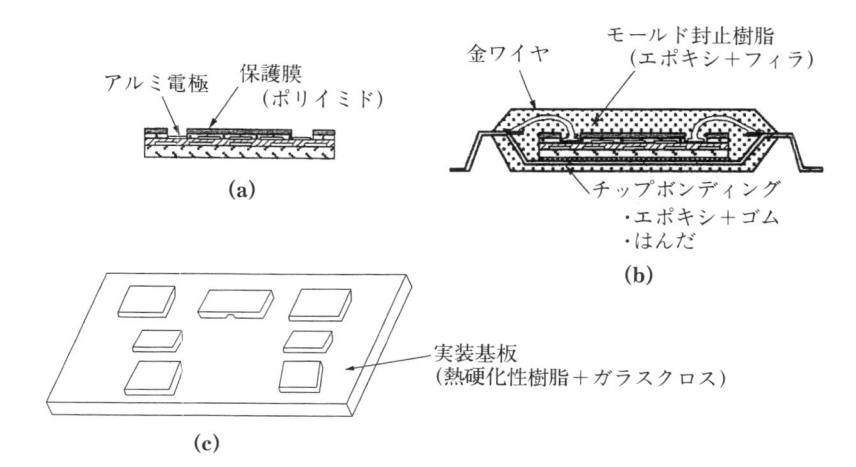

図 8.1 実装の全体図.
（a）半導体チップ，（b）パッケージ，（c）配線基板.
[大貫　仁，高橋昭雄：デバイス実装材料，佐久間健人，相澤龍彦，北田正弘編"マテリアルの事典"（朝倉書店，2000）より引用]

れ，実装が完了する（c）．一例として図 8.2 にプラスチックパッケージの組み立て工程を示す．完成したウエハはダイシングでチップに分離され，ダイボンディングによりリードフレームに接続された後，ワイヤボンディング工程，エポキシレジン封止工程，リードフレームの切断工程，マーキング工程を経て完成する．最後に検査工程を経て出荷される．

　エレクトロニクス製品の多機能化，小形化に応えるため，LSI の高集積化，高速化とともに，半導体の実装方法も，デュアルインラインパッケージ（DIP：Dual In-line Package），クワッドフラットパッケージ（QFP：Quad Flat Package），テープキャリアパッケージ（TCP：Tape Carrier Package），ボールグリッドアレイ（BGA：Ball Grid Array）の順に発展し，これに伴って多ピン化と薄形化が進んで，チップスケールパッケージあるいはチップサイズパッケージ（CSP：Chip Scale Package or Chip Size Package）の時代を迎えている．図 8.3 に代表的なパッケージの種類を示す．これらはピン挿入パッケージ（Through Hole Package）と面実装パッケージ（Surface

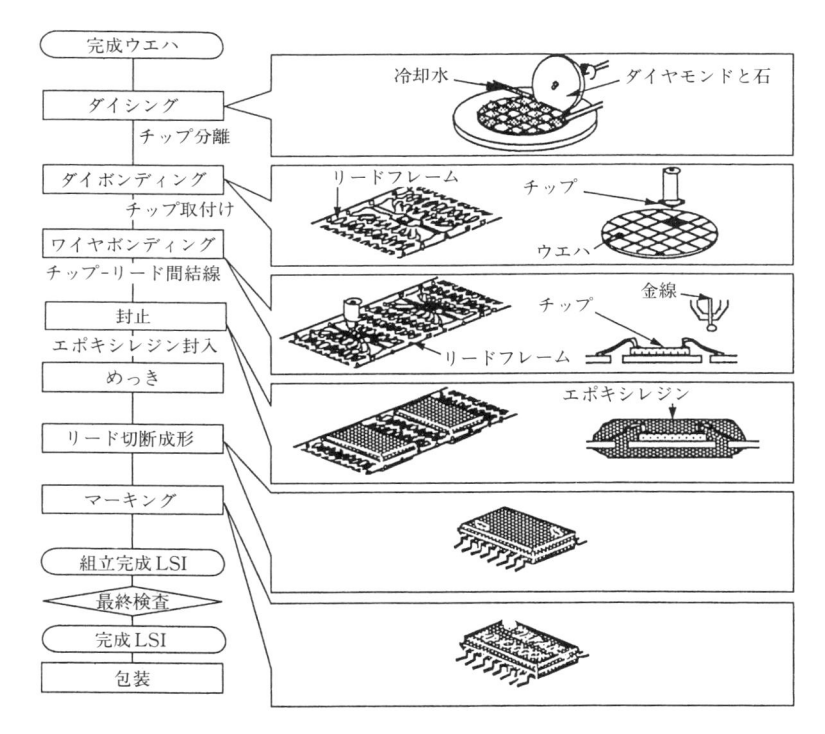

図 8.2 プラスチックパッケージの製造プロセス．
[西　邦彦：第62回マイクロ接合委員会資料（2000）より引用]

Mounted Package）に大別できる．ピン挿入パッケージはプリント基板に強固に接続することができるが，その反面基板の微細な穴あけ工程が入るため，プリント基板のデザインが制約されたり，多ピン化に不適であるという欠点がある．一方，面実装パッケージは多ピン化，高密度実装に対応できるため，論理素子，MPU 等に適用されている．現在のパッケージの 50% 以上が面実装型パッケージである．

　本章では，実装技術の発展を支えているチップボンディング技術，ワイヤボンディング技術，フリップチップおよび TAB 等のワイヤレスボンディング技術，パッケージング技術について述べる．

178   第8章　実装技術および材料

図	名称	図	名称
	デュアルインライン パッケージ (DIP)		スモールアウト ラインパッケージ (SOP)
	スリムデュアルイン ラインパッケージ (Slim DIP)		クワッドフラット パッケージ (QFP)
	シングルインライン パッケージ (SIP)		リードレスチップ キャリア (LCC)
	ジグザグインライン パッケージ (ZIP)		ボールグリッド アレイ (BGA)
			テープオートメイ テッドボンディング (TAB)
	ピングリッドアレイ (PGA)		チップスケール パッケージ (CSP)
ピン挿入パッケージ		面実装パッケージ	

図8.3　代表的なプラスチックパッケージの種類.
[R. R. Tummla:"Microelectronics Packaging Handbook"(Chapman & Hall, 1997)より一部引用]

8.2 チップボンディング技術

LSI チップの裏面をセラミックス，多層セラミックス，多層プリントおよびリードフレーム等の基板に機械的に接続することをチップボンディングという．チップボンディングの役割としては，
(1) 次の配線プロセスであるワイヤボンディングの準備，
(2) チップから基板への熱放散，
(3) チップ裏面と基板との電気的接続
等があげられる．

ボンディング用の材料は，シリコンチップとパッケージング材料との熱膨張係数の差に基づいて生じる熱応力，熱放散性，電気的性能，信頼性およびコストのトレードオフを考慮して決定する．接続材料としては，はんだおよびエポキシ系熱硬化性樹脂とがある．

8.2.1 はんだ

図8.4にチップボンディング部の構造を示す．また，表の8.1には代表的なはんだの種類と固相および液相温度を示す．基板材料としてはいずれも低熱膨張係数のセラミック（90～99.5%Al_2O_3，熱膨張係数a：$6.7～7.1×10^{-6}$/K）あるいは42合金（Fe-42 mass%Ni，熱膨張係数a：$4.14×10^{-6}$/K）が使用される．はんだのぬれを促進するため，図で示すようにメタライゼーションが施される．代表的なメタライゼーションとして，チップ側はCr/Ni/Au（Ag），

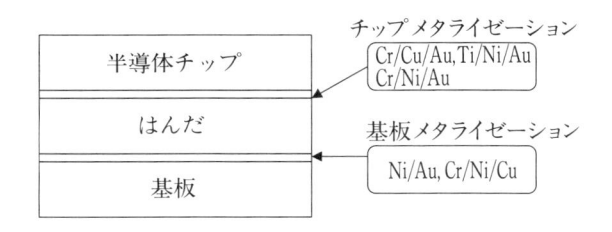

図8.4 チップボンドの構造．
[C. Y. Chang and S. M. Sze: "ULSI Technology"（McGraw-Hill, 1996)より引用]

表 8.1 はんだの組成と融点.

組成 (mass%)	温度 (°C)	
	液相	固相
80%Au, 20%Sn	280	280
92.5%Pb, 2.5%Ag, 5%In	300	—
97.5%Pb, 1.5%Ag, 1%Sn	309	309
95%Pb, 5%Sn	314	310
88%Au, 12%Ge	356	356
98%Au, 2%Si	800	370

[C. Y. Chang and S. M. Sze: "ULSI Technology"（McGraw-Hill, 1996）より引用]

Ti/Ni/Au（Ag）積層膜等が，基板側は Ni/Au 積層膜が用いられる場合が多い．Cr および Ti は Si との密着性を向上させるため，Au（Ag）ははんだとのぬれ性を向上させるため使用される．はんだと接触するのは主に Ni である．

(a)

(b)

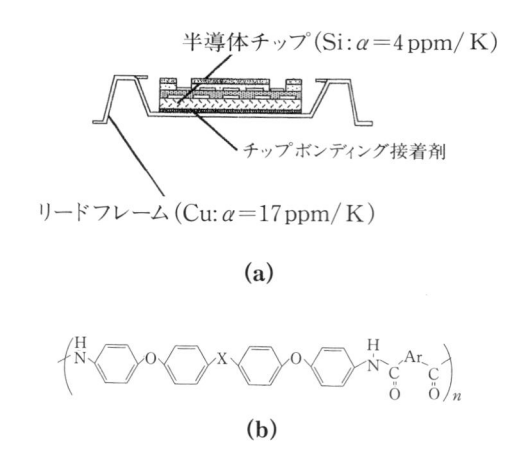

図 8.5 Cu 系リードフレームへのチップボンディング接着剤の実装状況(a)とこれに使用される耐熱性可塑性材料の化学構造(b)．
高耐熱性接着フィルム（ガラス転移温度：230°C，熱分解温度：400°C）．
[大貫 仁，高橋昭雄：デバイス実装材料，佐久間健人，相澤龍彦，北田正弘編"マテリアルの事典"（朝倉書店，2000）より引用]

8.2.2 エポキシ系接着剤

図8.5にCu系リードフレームに半導体チップをボンディングした状態の模式図(a)およびチップ接着剤の化学構造(b)を示す．図中に示すように，シリコンとCu系リードフレームとの熱膨張係数の差は13×10^{-6}/Kもある．これによって生ずる熱応力を緩和するため，(b)に示す化学構造のヤング率が小さい，ゴム成分を添加したエポキシ系の硬化樹脂が使用される．一方，チップとリードフレームとの間の抵抗の低減，熱伝導性の向上のためにフレーク状のAgを混入した熱硬化性樹脂（導電性接着剤）も使用されている．図8.6には熱伝導率と電気伝導率におよぼすAg添加量の影響を示す．Agを60%程度添加することにより熱伝導率，抵抗率ともに数10 W/m・K，数10 μΩcmと金属なみの値を示す．これらは，はんだの項で述べたようなメタライゼーションを施さなくとも接着できる．また，チップとの接着性は優れ，チップダメージを与えることもなく，低コストで自動化にも適している．硬化温度は125～175°Cである．

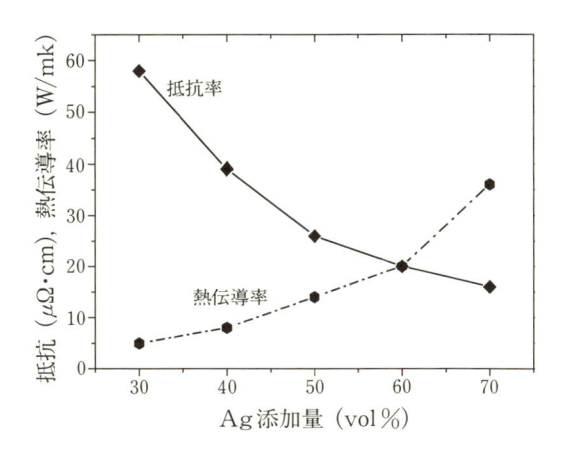

図8.6 熱伝導率，抵抗および接着強度におよぼすAg添加量の影響．
[武田　修：第59回マイクロ接合委員会資料（1999）より引用]

8.3 ワイヤボンディング技術

　ワイヤボンディングは，基板上にボンディングされた半導体チップ上のアルミ電極（パッド）と基板上の導体端子とを接続する技術である．ワイヤボンディング技術は，半導体パッケージの約98％に適用されており，実装技術において極めて重要な位置を占めている．ワイヤボンディング技術は，コントロールドコラップスボンディング（CCB：Controlled Collapse Bonding）技術やテープキャリアボンディング（TAB：Tape Automated Bonding）に比べて次のような利点がある．
- （1）　柔軟性がある，すなわち，材料やツールの変更なしにプログラムを変えるだけであらゆるボンディングに対応できる．
- （2）　直接半導体チップの電極上に接続できるため，比較的低価格である．
- （3）　ワイヤボンディング技術は熟成した技術であるため，プロセス信頼性が極めて高い．

　しかし，マイクロプロセッサユニット（MPU：Micro Processor Unit）をはじめとする高速，高集積半導体デバイス（パッド面積が小さく，高密度に配置されている）に対応するためには，ワイヤボンディング技術の一層の狭ピッチ化が求められている．

8.3.1　ワイヤボンディング技術の種類

（1）　Auワイヤを用いた超音波併用熱圧着技術

　樹脂封止型パッケージのほとんどにAuワイヤを用いた超音波併用熱圧着技術（ボールウェッジボンディング）が採用されている．通常は，直径25〜30μmのAuワイヤが用いられる．Auワイヤは表面酸化を起こさず，ガス吸着性も低く，しかも，極めて延性に富んでいるためワイヤボンディングに適している．図8.7にAuワイヤを用いた超音波併用熱圧着技術のプロセスを示す．（a）はAuボールが半導体基板上のAl電極（パッド）上に位置したとき，（b）はキャピラリーが下がり，Auボールをパッドに押し当て，ボールに超音波と熱を印加して変形させ接合させている状態，（c）はボンディング後に，キ

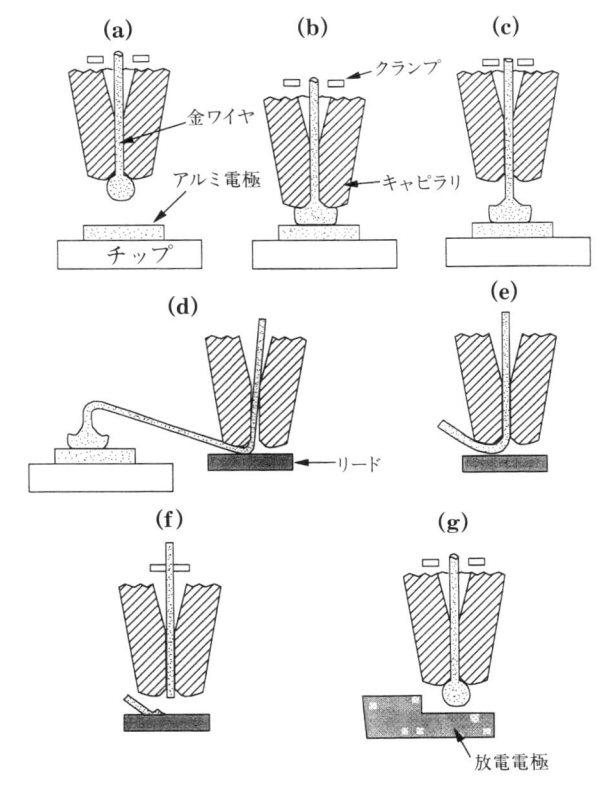

図 8.7 Au ワイヤを用いた超音波併用熱圧着方式のボンディングプロセス．
[C. Y. Chang and S. M. Sze : "ULSI Technology"（McGraw-Hill, 1996）より引用]

ャピラリーがワイヤループの高さまで上昇した状態，(d)はキャピラリーが基板導体側に移動してループを形成した状態，(e)はキャピラリーがワイヤを端子に押し付け，超音波を印加して変形させ，ウェッジの形の接合部を形成した状態，(f)はワイヤクランプを閉じながら，キャピラリーが上昇してワイヤを切断した状態，(g)は放電により新しいボールがワイヤ先端に形成され，次のボンディングの準備ができた状態を示している．

図 8.8 に直径 25 μm の Au ワイヤを用いて行ったボールボンディング部(a)およびウェッジボンディング部(b)の SEM 像を示す．本方式のボール/

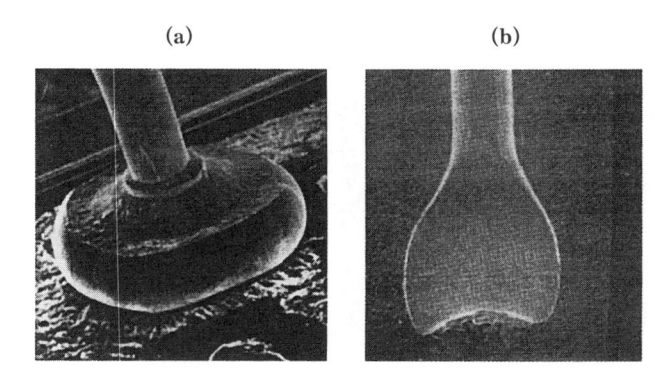

184   第8章 実装技術および材料

(a)   (b)

図8.8 直径25 μmAu ワイヤを用いて行ったボールボンディング部(a)およびウェッジボンディング部(b)の走査電子顕微鏡（SEM）像．
[R. R. Tummla: "Microelectronics Packaging Handbook" (Chapman & Hall, 1997)より引用]

ウェッジボンディングの特徴は，ボールボンディング部周囲のどの方向にも次のウェッジボンディングが可能なことにある．これは，キャピラリーチップの幾何学形状が対称的なためである．Au ワイヤを用いたボール/ウェッジボンディング技術は高い接続信頼性を有するため，ULSI のパッケージング，特に，プラスチックパッケージングに広く用いられている．最新の自動ボンダーでは，1秒間に6ワイヤ以上の速度でボール/ウェッジボンディングができる．

（2）　超音波ボンディング技術

図8.9に超音波ボンディングプロセスを示す．超音波と荷重をウェッジ（ツール）によりワイヤに印加して接合するため，ウェッジボンディングともいう．ワイヤ材料は主として Al と Al-Si 合金である．Au ワイヤが使用される場合もある．本図において，(a)はウェッジ（ツール）が降下する場合であり，クランプはワイヤを固定するため閉じている．(b)は荷重と超音波印加により，第1ボンディングが行われている状態を，(c)，(d)はクランプが開き，ウェッジが上昇して，第2ボンディングする場所への水平移動を，(e)はクランプが閉じて第2ボンディングが行われている状態を，(f)はクランプが

8.3 ワイヤボンディング技術　185

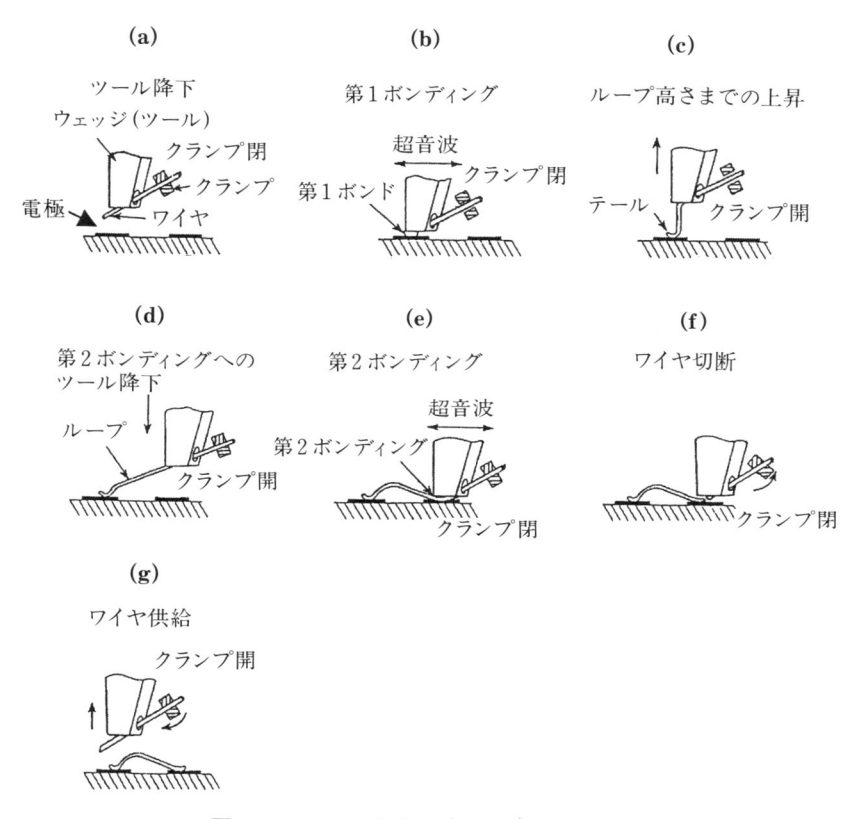

(a) ツール降下
ウェッジ(ツール)
クランプ閉
電極　クランプ
ワイヤ

(b) 第1ボンディング
超音波
第1ボンド　クランプ閉

(c) ループ高さまでの上昇
テール　クランプ開

(d) 第2ボンディングへの
ツール降下
ループ
クランプ開

(e) 第2ボンディング
超音波
第2ボンディング
クランプ閉

(f) ワイヤ切断
クランプ閉

(g) ワイヤ供給
クランプ開

図8.9　ウェッジボンディングの1サイクル．
[R. R. Tummla: "Microelectronics Packaging Handbook" (Chapman & Hall, 1997) より引用]

ワイヤを引っ張り切断した状態を，(g)はツールが上昇し，クランプが開き，次のボンディングのためワイヤをフィードホールを通して押し出している状態を示している．

　超音波ボンディングの場合，パッドとウェッジとの向きを揃えるために半導体基板を回転させる必要があり，ボンディング速度はボール/ウェッジボンディングよりも遅くなる．印加する超音波の周波数は $60 \sim 120 \, \mathrm{kHz}$ である．超音波はワイヤの変形を助け，Al膜，ワイヤ表面の酸化膜を破壊する役割を果

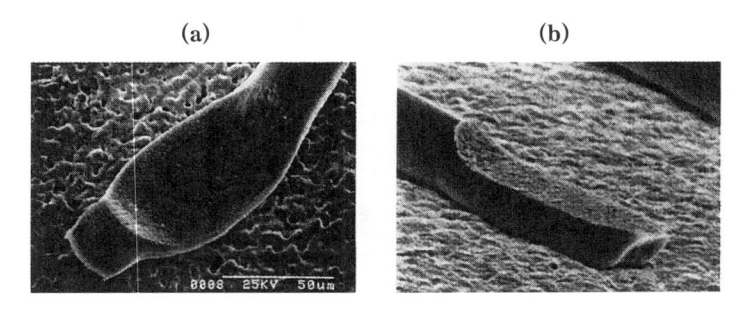

図 8.10 Al ワイヤを用いたウェッジボンディング．
(a)テールを有する第1ボンド，(b)第2ボンド．
[R. R. Tummla："Microelectronics Packaging Handbook"（Chapman & Hall, 1997)より引用]

たしている．Al ワイヤの超音波ボンディングの一例を図8.10に示す．(a)が第1ボンディング部，(b)が第2ボンディング部のSEM像である．

(3) ボンディング部の評価技術

高品質で，信頼性の高いボンディング技術を確立するためには，ボンディング温度，荷重，超音波出力等のプロセス因子を制御しなければいけない．このためのボンディング部評価技術としては二つの方法がある．一つはワイヤプル試験であり，他は，せん断試験である．

ワイヤプル試験は，ボールとウェッジボンドの両方を評価するのに使用されている．フックをワイヤの中央部に掛けて上に引張り，破断させる．この試験における破断モードを図8.11に示す．1はワイヤ破断，2はボール上でのワイヤ破断，3はボールボンドの破断，4はウェッジボンドのヒール部の破断，5はウェッジボンド界面での破断をそれぞれ示す．

せん断試験は，図8.12に示すようにボールに横方向の力を加えて破断させてボールボンドの品質を調べる方法である．この方法では，接合部に生じた化合物の種類，量によりせん断強度は大きく変化するので，例えば，Au-Alの金属間化合物生成状況を調べることができる．

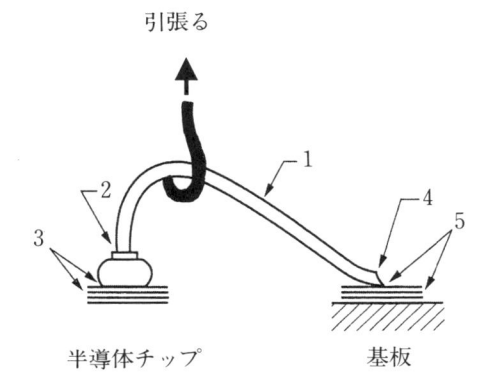

図 8.11 ワイヤボンディング部のワイヤプル試験による破断モード.
1:ワイヤ破断,2:ボール上でのワイヤ破断,3:接合面あるいはチップ内破断,4:ワイヤヒール破断,5:ウェッジボンディング部あるいはメタライズ層での破断.
[C. Y. Chang and S. M. Sze: "ULSI Technology" (McGraw-Hill, 1996)を参考にした]

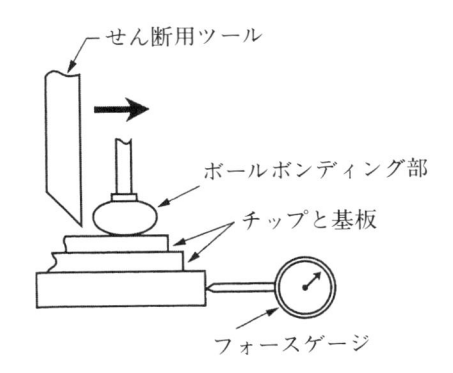

図 8.12 せん断試験の模式図.
[C. Y. Chang and S. M. Sze: "ULSI Technology" (McGraw-Hill, 1996)より引用]

8.3.2　ワイヤボンディングのメカニズムと接合部の信頼性

（1）　Au ワイヤあるいは Cu ワイヤボールボンディング

　Au ワイヤのボール/ウェッジボンディングは Au-Al の金属間化合物を界面に形成することによりボンディングが進行する．したがって，超音波に加えて，半導体基板を加熱する必要がある．この場合，Au-Al の金属間化合物を形成するのに必要な熱エネルギーに相当する温度が必要であり，150～200°C 程度がよい．超音波を印加することにより Au ワイヤの降伏応力が低下し，この効果でワイヤの塑性流動が促進され，Al パッド表面の脆弱な酸化膜が破壊され清浄な金属表面が生成して，化合物が形成される．図 8.13（a）は，ワイヤが変形してすべり線が発生しているが，まだ Al パッド上の酸化膜が破壊されておらず，ボンディングが起こっていない状態を示す．（b）はさらに変形が進んで Au 表面に生じたすべり線の段差部で，酸化膜が破壊され，清浄面が生成した状態である．これによって Au および Al 原子の相互拡散が起こり，金属間化合物が生成する．Cu ワイヤでも同様に金属間化合物が生成してボンディングが進行するが，Cu ボールは Au ボールよりも硬いため，基板温度を 300°C 以上に加熱する必要がある．

　図 8.14（a）（b）に Au および Cu ボールボンディング部の光学顕微鏡像を示す．接合強度は金属間化合物の生成で向上するが，長時間の高温放置（100～250°C）等により化合物が厚く成長すると，接合部の信頼性が低下す

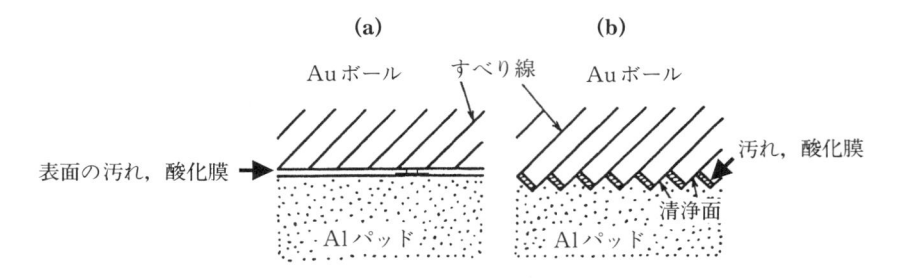

図 8.13　Au ボールのすべり面が清浄界面を生成するメカニズム．
（a）接合前，（b）接合後．
［石坂彰利，岩田誠一，山本博司：日本金属学会誌，**41**（1977）1154 より引用］

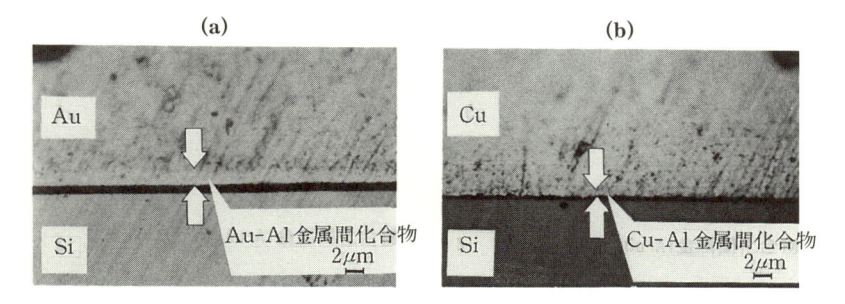

図 8.14 AuおよびCuボールボンディング部の断面の光学顕微鏡像．
(a) Al-Au金属間化合物が生成し，Alは消費されている．
(b) Al-Cu金属間化合物が生成し，Alは消費されている．
[J. Onuki, M. Koizumi and I. Araki : IEEE Trans. CHMT, CHMT-12 (1987) 550 より引用]

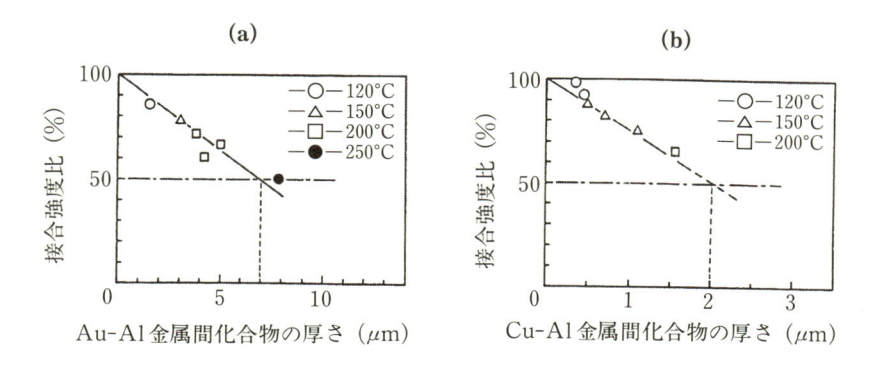

図 8.15 接合強度比（時効前/時効後）と金属間化合物の厚さとの関係．
[J. Onuki, M. Koizumi and I. Araki : IEEE Trans. CHMT, CHMT-12 (1987) 550 より引用]

る．図8.15(a)は，Auボールボンディング部のせん断試験により求めた接合強度がAu-Alの金属間化合物の厚さとともに低下することを，(b)は，Cuボールボンディング部のせん断試験により求めた接合強度がCu-Al金属間化合物の厚さとともに低下することを示している．Cuボールボンディングの破断面をX線回折により調べた結果を図8.16(a)(b)に示す．(a)は，

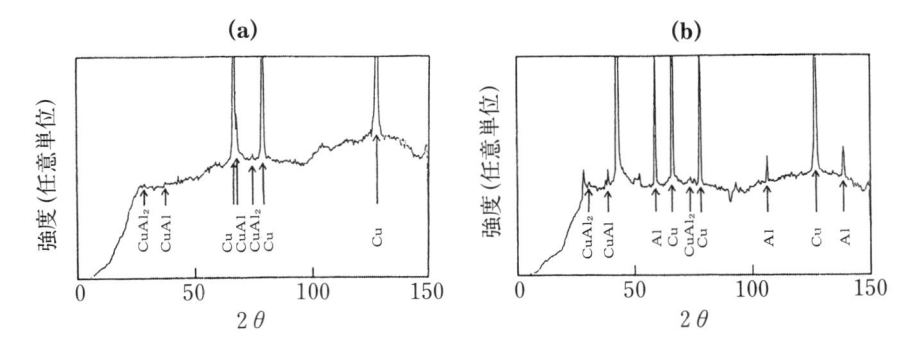

図 8.16 Cu ボール側破断面（a）と，Al パッド側破断面（b）の X 線回折結果（150℃で 2000 h 時効後）．
[J. Onuki, M. Koizumi and I. Araki: IEEE Trans. CHMT, CHMT-12 (1987) 550 より引用]

Cu ボール部，(b) は Al パッド側の X 線回折結果であるが，両方に CuAl, $CuAl_2$ が検出される．すなわち，破断が化合物内部で起こっていることを示している．

Au ボールボンディングの場合，加熱温度時間により種々の化合物，例えばパープルプレイグの名で知られる化合物 $AuAl_2$ が生じると劣化しやすくなる．また，Au リッチな Au_5Al_2 が生じると，Au との界面にカーケンダルボイドが生じ，劣化しやすいことも報告されている．化合物が成長すると，金属間化合物が見掛け上脆弱になり，カーケンダル効果によってボイドが導入され，ボールボンディング部が劣化する．

接合部の信頼性は Au-Al の金属間化合物の種類および厚さにより変化するが，Au-Al，Cu-Al の初期の拡散は次式に従う．

$$X^2 = Dt \tag{8.1}$$

$$D = D_0 \exp(-E_a/kT) \tag{8.2}$$

ここで，X は化合物の厚さ，D は拡散係数，t は保持時間，D_0 は振動項，E_a は活性化エネルギー，k はボルツマン定数（8.62×10^{-5} eV/K）である．Au-Al の E_a は 1.0 eV 程度，Cu-Al のそれは 1.26 eV 程度である．

（2） Alワイヤの超音波ボンディングのメカニズム

　超音波 Al ボンディングのメカニズムについては，Winchel[2]らの報告がある．彼らは，Si 上への超音波 Al ウェッジボンディングを行い，(a)ワイヤボンディング部の周辺で接合が起こること，(b)超音波印加時間とともに接合部はワイヤ内部に広がっていくこと，(c)接合部の面積は超音波の出力とともに増加する傾向のあることを見出した．これに基づき，彼らはウェッジボンディングのメカニズムを以下のように解釈した．すなわち，ボンダーの一定荷重よりワイヤにかかる垂直方向の応力 σ により，接合時間の増加とともにワイヤが変形し，接触面積が大きくなる．このためワイヤにかかる単位面積当たりの垂直応力（以後 σ_Y と表記）は低くなる．また，σ_Y は変形の少ないワイヤの中央部では高く，変形の大きい周辺部では低くなる．これを模式的に図 8.17(a)(b)に示す．ここで(a)は時間（$t_1 \rightarrow t_2$）とともに垂直応力 σ_Y が低くなることを，(b)はそれぞれ時間 t_1 および t_2 における中央部の垂直応力 σ_{Y1} および σ_{Y2} が周辺部のそれよりも大きいことをそれぞれ示している．次に，超音波を印加した場合，超音波エネルギーにより水平方向の応力 σ_X が生じる．これが σ_Y より大きくなるワイヤの場所では，ワイヤが波状に振動して Al 膜との界面での清浄化作用が起こり，接合が進むと考えた．

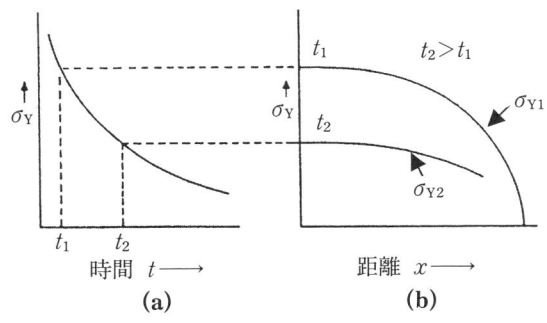

図 8.17　ウェッジボンディング中のワイヤ中心における垂直応力 σ_Y の時間変化 (a)と，σ_Y の中心からの距離による変化(b)．
　σ_{Y1}：t_1 における垂直応力（単位面積当たり），σ_{Y2}：t_2 における垂直応力（単位面積当たり）．
[V. H. Winchel and H. M. Berg：IEEE Trans. CHMT, CHMT-1 (1978) 211 より引用]

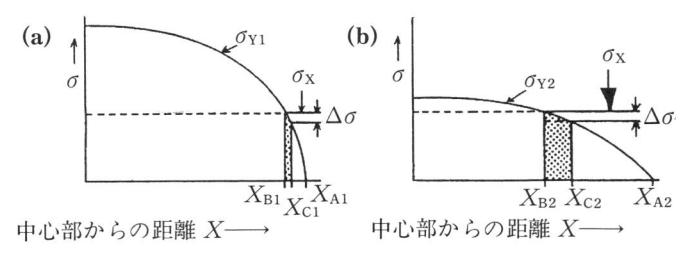

図 8.18 周辺部の接合が優先的に生ずるメカニズム.
σ_{Y1}：t_1における垂直応力, σ_{Y2}：t_2における垂直応力, σ_X：水平応力.
[V. H. Winchel and H. M. Berg : IEEE Trans. CHMT, CHMT-1 (1978) 211 より引用]

これを模式的に示したのが図 8.18(a)(b)である.（a）において X_{B1} から X_{C1} までは接合の生じた領域, X_{C1} から X_{A1} までは $\Delta\sigma = (\sigma_X - \sigma_Y)$ が高くなりすぎて接合が破壊された領域を示している.したがって,（b）に示すように,接合時間とともに接合の生ずる領域はワイヤ内部へ進行し,接合面積も増加すると考えられる.さらに,荷重が増加した場合には σ_Y が増加するのに対し,超音波出力が一定なら σ_X も一定であり,σ_X が σ_Y よりも大きい領域は周辺部に限定されるため,中央部の未接合領域が増加する.一方,超音波出力が増大すると σ_X が増加するため, σ_X が σ_Y よりも大きい領域が広がり接合部は増加する.

以上述べたような荷重と超音波出力の他に,接合強度はワイヤ（ボール）の硬さ, Al パッドの表面清浄度にも大きく依存する.図 8.19 に Al ワイヤの超音波ボンディングにおけるボールの硬さおよびひずみの定義を示す.ここで硬さは,ボールの高さ H_0 と超音波を印加せずにある一定荷重でキャピラリーによりボールを押しつぶした後におけるボール高さ H との差 $H_0 - H$ の逆数として定義した.すなわち,ボールが硬いほど $H_0 - H$ の逆数の値は大きくなる.ひずみは,超音波と荷重印加により接合した後の接合部の直径 D と接合前におけるボール直径 D_0 の 2 乗比の自然対数 $2\ln D/D_0$ [3] として定義した.図 8.20 はひずみとせん断強度の関係を示したものである.いずれのワイヤの場合も,超音波出力を増大させ,ボールのひずみを大きくすると接合のせん断強

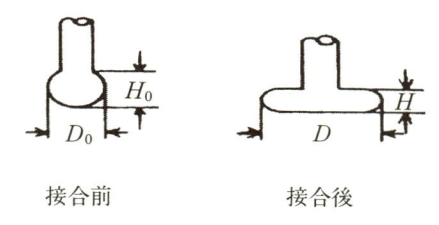

図 8.19 ボール硬さとひずみの定義.
硬さ：$1/H_0-H$，ひずみ：$2\ln D/D_0$.
[J. Onuki, M. Suwa, M. Koizumi and T. Iizuka : IEEE Trans. CHMT, CHMT-10 (1987) 242 より引用]

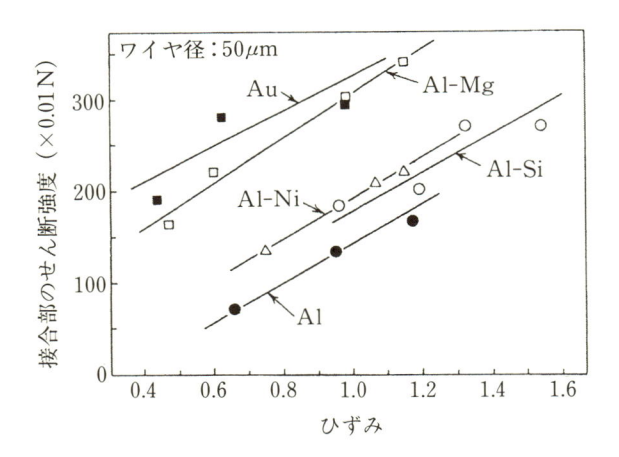

図 8.20 ひずみと接合部のせん断強度との関係.
[J. Onuki, M. Suwa, M. Koizumi and T. Iizuka : IEEE Trans. CHMT, CHMT-10 (1987) 242 より引用]

度は増加する．ただし，せん断強度はワイヤ材質により大幅に異なり，Al-Mg ワイヤで最も大きな接合強度が得られる．

図8.21 はひずみを一定（1.0）にしたときのボールの硬さと接合のせん断強度との関係を示している．ボールが硬いほど，せん断強度が高い．図8.22 は Al 電極膜（パッド）の表面清浄度 S[5] を ESCA (Electron Spectroscopy for Chemical Analysis) により求めた代表的な結果を示す．S は Al と O の結合

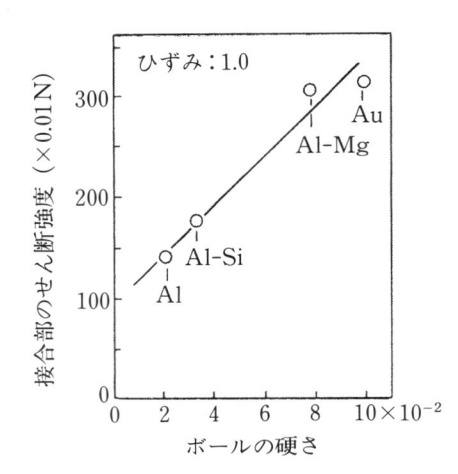

194　第8章　実装技術および材料

図 8.21　接合部のせん断強度におよぼすボールの硬さの影響．
[J. Onuki, M. Suwa, M. Koizumi and T. Iizuka : IEEE Trans. CHMT, CHMT-10 (1987) 242 より引用]

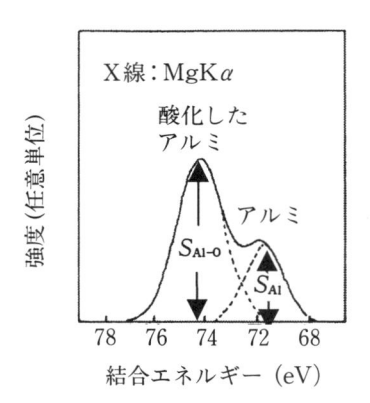

図 8.22　アルミパッド上の代表的な Al 2p スペクトル．
　　　　　清浄度 $S : S_{Al}/S_{Al-O}$．
[J. Onuki, M. Suwa, M. Koizumi and T. Iizuka : IEEE Trans. CHMT, CHMT-10 (1987) 242 より引用]

エネルギーにおけるピーク強度 $S_{Al\text{-}o}$ と Al の結合エネルギーでのピーク強度 S_{Al} の比 $S_{Al}/S_{Al\text{-}o}$ で示す．図 8.23 は ESCA で測定した表面清浄度 S と接合の

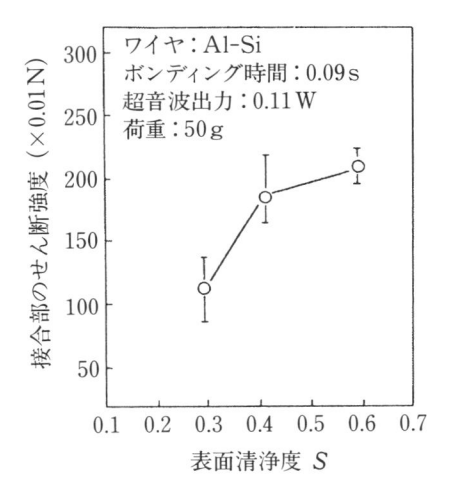

図 8.23 接合部のせん断強度におよぼすパッドの表面清浄度の影響．
[J. Onuki, M. Suwa, M. Koizumi and T. Iizuka : IEEE Trans. CHMT, CHMT-10（1987）242 より引用]

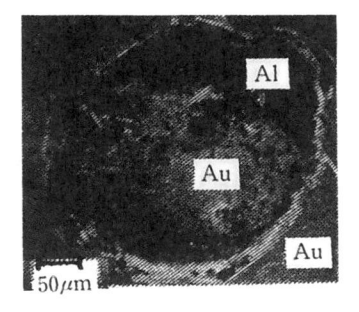

図 8.24 せん断試験後のパッド表面の SEM 像（Au と表示してある場所：未接合部，Al と表示してある場所：接合部）．
　ワイヤ：Al-Si，Au 膜の厚さ：0.05 μm，超音波出力：0.05 W，荷重：90 g．
[J. Onuki, M. Suwa, M. Koizumi and T. Iizuka : IEEE Trans. CHMT, CHMT-10（1987）242 より引用]

せん断強度との関係を示す．表面清浄度が高いほど，接合のせん断強度は高くなることを示している．これらの結果は，ワイヤあるいはボールが硬くなるほど，Alパッド上の酸化膜が破壊されやすくなり，接合強度が向上することを示している．もちろん，表面清浄度 S が大きいほど酸化膜は薄く[5]，破壊しやすい．

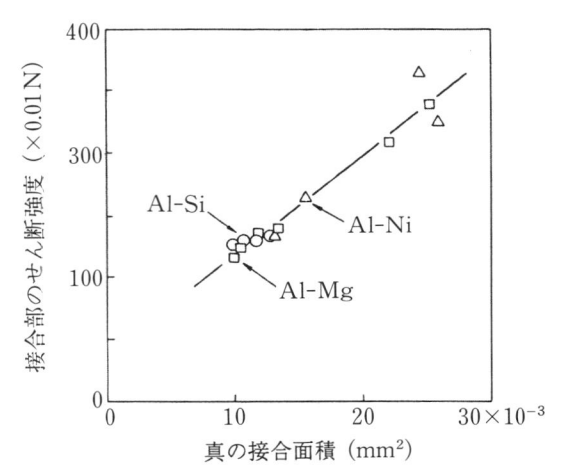

図 8.25 接合部のせん断強度におよぼす真の接合面積の影響．
[J. Onuki, M. Suwa, M. Koizumi and T. Iizuka: IEEE Trans. CHMT, CHMT-10 (1987) 242 より引用]

以上の議論から，接合強度はワイヤ/パッド間の真の接合面積により決まる．真の接合面積を求める方法であるが，これはAlパッド上に 0.05 μm 程度のAu膜を蒸着し，Alボールボンディング後，せん断試験を行ってAlボールボンディング部を破断させ，パッド側をSEMで観察することにより求まる．例えば，図 8.24 に示すように，周辺部のAlと表示してある領域が接合によりAu膜が除去された場所，すなわち接合部であり，中央部のAuと表示してある領域が，Au膜が除去されなかった場所，すなわち未接合部である．真の接合部の面積は上記接合部（Alと表示してある領域）の面積に等しい．図 8.25 にせん断強度と真の接合面積との関係を示す．ワイヤ（ボール）が硬いAl-Mgでも真の接合面積が小さいと接合のせん断強度は小さく，材質と無関係に

接合強度は真の接合面積により決まる[4]．

8.3.3 ワイヤボンディング技術の課題

　今後，パッケージの小形化，多ピン化，ファインピッチ化は引きつづき進展する．2003年度版日本実装技術ロードマップ[6]によれば2002年，パッドピッチは50 μmであるが，2004年には40 μm，2006年には35 μm，2010年には20 μm程度になると予測されている．これに対応し，現在，パッドピッチ30〜50 μm程度のAl電極へのワイヤボンディング技術の実用化検討が行われている．このためには，（a）接合に用いる超音波の高周波化，（b）Auワイヤに比べ機械的強度が高く，耐ワイヤ流れ性に優れ，しかも極細線化が可能なワイヤ材料の開発，（c）小形で安定なAuボール形成のための放電条件，および（d）接合位置の精度向上等の確立が重要である．現在検討されているAuワイヤはPdを1 mass％未満添加した材料あるいはCaをppm程度添加した直径15〜20 μmのワイヤである[7]．ファインピッチボールおよびウェッジボンディングの一例を図8.26に示す．（a）は主として上記（b）（d）の改善により達成されたピッチ70 μmのボールボンディング部[8]，（b）はピッチ60 μmのウェッジボンディング部のSEM写真を示している[8]．

　ワイヤの長さはファインピッチ化とともに長くなる傾向にある．これは，高速化に対しては逆の向きであり，インピーダンスの増大を引き起こし，対応で

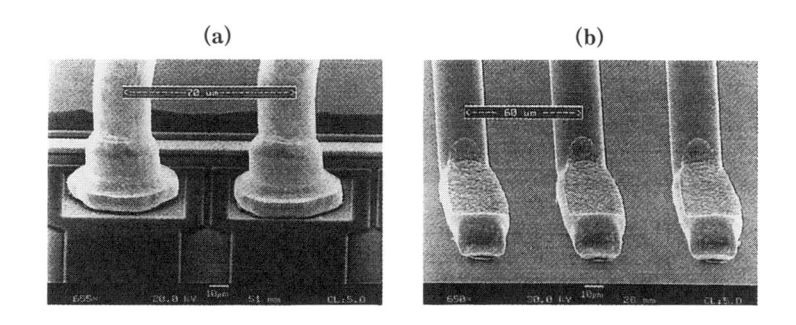

図8.26　ファインピッチボール（a）およびウェッジボンディング（b）．
[R. R. Tummla : "Microelectronics Packaging Handbook"（Chapman & Hall, 1997）より引用]

きるクロック周波数を下げることになる．現在，ワイヤボンディングが対応できるデバイスのクロック周波数は 800 MHz 程度であり，さらに高速デバイスに対応するための短ワイヤ接合技術の開発が待たれる．現在検討されている中で半導体基板間を接続できる最も短いワイヤは 1 mm 程度であり，MOST (Micro Spring on Silicon Technology) と呼ばれている[9]．

最近は ULSI に Cu 配線が適用されている．この場合，電極は Cu パッドになる．Cu 電極は Al パッドに比べ酸化しやすく，厚い酸化膜が形成され加熱条件によってはその種類も異なる（CuO，Cu_2O）．したがって物理的性質も異なるため，ボンディング条件の最適化が Al パッドに比べ難しい．現在検討されているプロセスとしては，(a) Cu パッドへの Cu ワイヤによるウェッジボンディング，(b) Cu パッドへの Au 合金ワイヤによるボールボンディング，(c) Cu パッドへの Cu ワイヤによるボールボンディングである．(a) では，常温でボンディングできるため，Cu パッドの酸化を防止できる．しかし，ウェッジボンディングであるため，半導体チップを超音波が印加される方向に回転させる必要があり，接合速度が落ちる．(b) では，Cu パッド/Au ボールの界面に生成する Cu-Au 合金層の長期信頼性が不明確である．(c) では，Cu ボールが硬く，Cu パッド下の Si チップ損傷の問題が不明確である．今後，実用化のためには，これらの技術について，長期信頼性まで含めた詳細な検討が必要である．

8.4 ワイヤレスボンディング技術

ワイヤレスボンディング（Wireless bonding）技術は Au ワイヤなどを使わないで接合を作る方法である．ワイヤボンディング技術に比較すると，自動化等の点で遅れているが，ボンディング強度が高く，高密度実装に適しているなど優れた特徴があるため，電子回路装置の小形化，高密度化，高速化において重要な技術である．ワイヤレスボンディング技術の中で実用化されている方法には，コントロールドコラプスボンディング（Controlled Collapse Bonding；CCB）またはフリップチップボンディング（Flip Chip Bonding）ともいう，テープキャリアボンディング（Tape Carrier Bonding）あるいはテー

8.4 ワイヤレスボンディング技術　199

表 8.2　高密度接続法の比較.

	ワイヤボンディング	テープオートメイテッドボンディング (TAB)	コントロールドコラップスボンディング (CCB)
接続構造			
最小ピッチ*	50 μm	40 μm	180 μm
接続可能領域*	外周のみ	外周のみ	全面
実装密度*	低	中	高

*　2002～2004 年度のデータ
［電子情報技術産業協会：2003 年度版日本実装技術ロードマップより一部引用］

オートメイテッドボンディング（Tape Automated Bonding；TAB ともいう）技術がある．表 8.2 はボンディングの技術的特徴を比較したものである．CCB 技術はチップ全面で接続可能なため，最も高密度実装に適している．TAB はワイヤボンディング技術と同様に接続領域がチップ外周部に限定されるため，CCB よりも実装密度は低いが，薄く実装するのに適している．ただし，LSI の高集積化，高性能化および接合技術の発展とともに，最小電極（ボンディングパッド）径，最小ピッチは小さくなり，端子数は増大する．

8.4.1　コントロールドコラップスボンディング（CCB）技術

　CCB は，LSI チップの能動面（フェース）を下にした，いわゆるフェースダウンボンディングで，ワイヤボンディングや TAB などのフェースアップボンディングとはこの点で大きく異なる．フェースダウンボンディングは端子を素子の全面から取り出すことが可能で，入力端子数が増加する傾向にある ULSI，特に MPU（Microprocessor Unit），SOC（System On a Chip，システム LSI）などの高密度実装には最も有利であるが，その反面，ボンディング後に接続した状態を見ることができないため，接続部の検査が難しい．CCB プロセスの一例を図 8.27 に示す．また，CCB 部の模式図と断面の SEM 像を図 8.28 に示す．

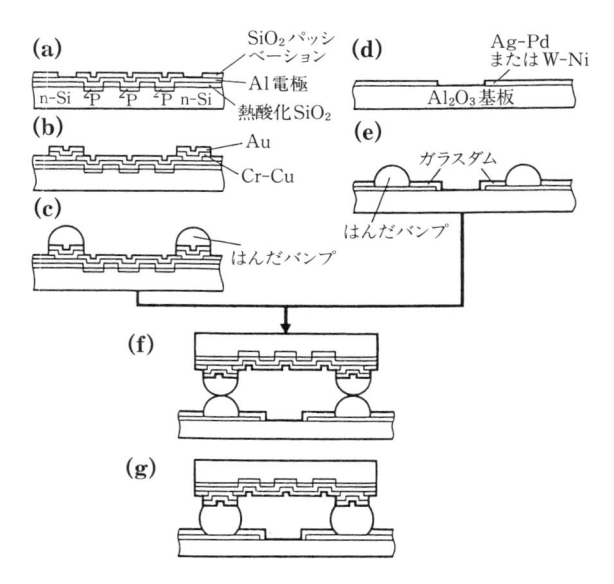

図 8.27 コントロールドコラップスボンディング（CCB）の手順．
（a）SiO$_2$，pn 接合，配線形成，（b）ボンディング用電極形成，（c）はんだバンプ形成，（d）配線形成，（e）ガラスダム，はんだバンプ形成，（f）位置合せ，（g）リフローボンディング．
［佐藤了平，大島宗夫，廣田和夫，石　一郎：日本金属学会会報，**23**（1984）1004 より引用］

（1） メタライゼーションとバンプ形成

　CCB では，はんだの接続を確実に行うためのメタライゼーションとバンプ形成が重要な技術である．CCB 接続に必要なチップおよび基板のメタライゼーションの構成とプロセスの例を表 8.3 に示す．これらは大別して蒸着およびスパッタ法による薄膜と印刷による厚膜とに分けられる．いずれもはんだの十分なぬれ強度を確保するために複雑なメタライズ構成となっている．図 8.27 にも示したように，バンプは，平坦な LSI の電極（パッド）および基板のメタライゼーション上に形成される，CCB や TAB により外部との電気的接続を取るために設けられた突起状の接続端子である．バンプには Au バンプとはんだバンプとがある．Au バンプは，めっきにより形成されるストレー

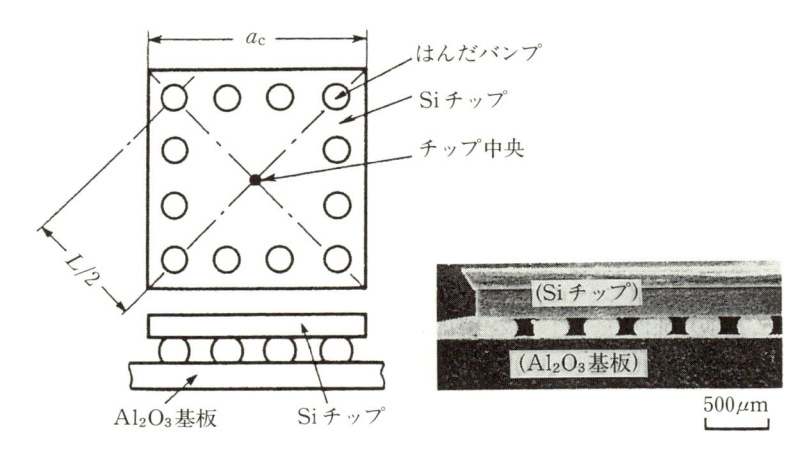

図 8.28 コントロールドコラップスボンディング部の模式図と断面の SEM 像．
　　　L：チップの対角線上におけるはんだ接続部の最大の長さ．
[佐藤了平，大島宗夫，廣田和夫，石　一郎：日本金属学会会報，**23**（1984）1004 より引用]

表 8.3 CCB 接続用メタライズとプロセス．

		メタライズ構成	プロセス
半導体素子 (Si チップ)		Al/Ti/Cu/Au Al/Cr/Cr-Cu/Cu/Au	蒸着，スパッタ 蒸着
アルミナ回路基板	乾式法	Ag-10〜20%Pd 合金 Ag-0.1〜0.5%Pt 合金	ペースト印刷・焼成
	湿式法	W/Ni/Au	ペースト印刷・焼成/めっき
ガラスエポキシ回路基板		Cu/Au	積層/めっき
ガラス回路基板		Cr/Cr-Cu/Cu/Au	蒸着，スパッタ

[溶接学会編："溶接・接合便覧"（丸善，2003）508 より引用]

形とマッシュルーム形およびワイヤボンディングにより形成されるスタッドバンプとがある．はんだバンプは，めっきにより形成されるボールバンプが主流

表8.4 代表的なバンプとフリップチップ接続技術.

方式		構成	バンプ	搭載基板	長所	短所
・はんだの溶融 ・Au/Au金属接合	①高融点はんだ	(図)	高温はんだ 5 Sn-Pb (Sn-3.5Ag)	Si基板,セラミック基板,有機基板	・接合信頼性高い ・はんだ量の制御容易	・LSIの電極にバリアメタル必要等プロセス複雑(バンプ形成も含めて)
	②Auバンプと低融点はんだと封止樹脂	(図)	Auスタッドバンプ	セラミック基板,有機基板	・バンプ形成容易	・はんだ量のばらつき大
	③Auバンプと封止樹脂(基板電極の最表層にAu必須)	(図)	Auバンプ	セラミック基板,有機基板	・洗浄工程不要 ・狭ピッチ接続可能	・接合時大きな荷重必要 ・封止材必須
	④無電解Niバンプとディップはんだ(マイクロバンプ)	(図)	NiバンプAuめっき仕上げ	Si基板(LSI),ガラス基板	・狭ピッチ接続可能	・プロセス複雑 ・搭載基板に制限大
・機械的接続	⑤Auバンプと導電性接着剤と封止樹脂	(図)	Auスタッドバンプ	セラミック基板,有機基板	・バンプ形成容易 ・洗浄工程不要 ・信頼性高い	・封止材必須 ・搭載基板に制限大
	⑥Auバンプと異方性導電性シート(接着剤)	(図)	Auバンプ	有機基板,ガラス基板	・洗浄工程不要 ・狭ピッチ接続可能	・耐湿性に課題大 ・設備コスト大

[野津 誠:ウエハバンプ形成技術,"2000 半導体テクノロジー大全"(電子ジャーナル,2000)より一部引用]

である．

（2） 代表的CCBシステム

表8.4に代表的なバンプ構造およびCCB技術を示す．大別して，1)はんだの溶融および金属/金属接合による方式，2)導電性接着剤（微細なAg粉を混入したペースト）および異方性導電フィルム（Anisotropic Conductive Film, ACF）を使用し，機械的に接続する方式に分けられる．それぞれ長所と短所があるため，目的に応じて使用される．高密度実装に対応して狭パッドピッチ化の有力候補が表8.4に示すマイクロバンプである．

（3） 接続部の信頼性

CCBではすべての熱応力を微細なはんだで受ける．Siチップと回路基板との間には熱膨張係数差（Δa）があるため，Siチップの発熱や環境温度変化（ΔT）により，CCB接続部に繰り返し熱応力が発生し，はんだが疲労破壊する．この応力は図8.29に示す熱的せん断変位量（Δl）に依存する．ここで，（Δl）は次式で与えられる[10,11]．

$$\Delta l = \Delta a \cdot \Delta T \cdot L/2 \qquad (8.3)$$

Lは図8.28で示したようにチップ対角線上におけるはんだ接続部の最大の長

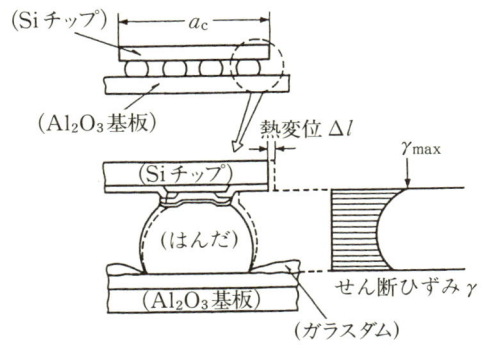

図8.29 微細はんだ接続部の構造と熱せん断変位．
［佐藤了平，大島宗夫，廣田和夫，石 一郎：日本金属学会会報，**23**（1984）1004 より引用］

さである．入出力端子数の増加や，チップサイズや発熱量が増大すると，(Δl) が大きくなるのではんだの疲労寿命にとって重要な問題である．

疲労寿命を向上させるためには，（a）はんだ材料の機械的性質を把握すること，（b）材料構成に基づく接続形状の最適化を行うこと等が重要である．表8.5にはこれまで検討された主なはんだの機械的性質を示す．はんだ組成により溶融温度および機械的性質が大幅に異なることが分かる．

表8.5 主なはんだの溶融温度と機械的性質．

はんだ組成 (mass%)	溶融温度 (℃)		引張強さ (MPa)	破断伸び (%)
	液相線	固相線		
Au-20 Sn	553	553	284	—
Pb-5 Sn	314	310	30.4	26
Pb-50 Sn	216	183	42.1	40
Sn-37 Pb	183	183	45.9	56.0
Sn-3.5 Ag	221	221	38.6	41.1
Sn-3.5 Ag-0.7 Cu	217	217	46.2	39.0
Sn-58 Bi	139	139	69.6	34.7
Sn-3.5 Ag-2 Bi	196	190	59.0	28.0
Sn-8 Zn-3 Bi	196	190	77.2	17.7
Sn-0.7 Cu	228	227	33.0	47.3

[I. Shoji, T. Yoshida, T. Takahasi and S. Hioki：J. Mater. Sci., **15**（2004）219 より引用]
[竹本　正による]

次に，接続構造の最適化について述べる．はんだの疲労破壊は，デバイスの使用中における温度変化で，チップと回路基板間の相対変位が繰り返し発生することによって起こる．このような低サイクル疲労の疲労寿命 N_f は，図8.30に示す疲労の応力-ひずみ履歴曲線の塑性ひずみ振幅（$\Delta \varepsilon_p$）に依存するとしたCoffin-Manson の実験式によく合う．

$$N_f = K(\Delta \varepsilon_p)^{-n} \tag{8.4}$$

ここに，K，n は定数である．

さらに，周波数（f），最高温度（T_{max}）の影響を考慮すると N_f は次式となる．

$$N_f = Cf^m(\Delta \varepsilon_p)^{-n} \exp(E_a/kT_{max}) \tag{8.5}$$

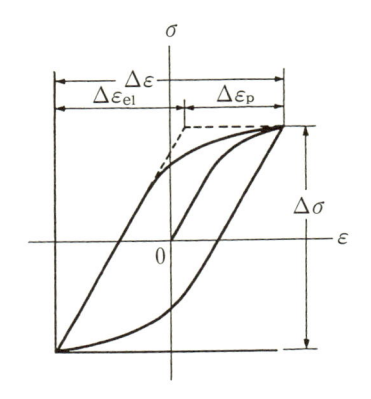

図 8.30 疲労における応力 (σ)-ひずみ (ε) 履歴曲線.
$\Delta\varepsilon$：全ひずみ振幅，$\Delta\varepsilon_{el}$：弾性ひずみ振幅，$\Delta\varepsilon_p$：塑性ひずみ振幅.
[佐藤了平，大島宗夫，廣田和夫，石　一郎：日本金属学会会報，**23**（1984）1004 より引用]

ここで，C, m, n は定数，E_a は活性化エネルギー，k はボルツマン定数である．通常，$m \fallingdotseq 1/3$ である．また，Pb-5 mass%Sn はんだの場合，E_a は 0.123 eV と報告されている[10,11]．

CCB はんだ接合部においては，応力-ひずみ状態が多軸である塑性変形を伴う．したがって，上記式において，塑性ひずみ振幅 ($\Delta\varepsilon_p$) として Huber-Mises の降伏条件に相当する相当ひずみ (ε_e) を採用するのがよい[10,11]．これは，$\Delta\varepsilon_e$ が多軸下での材料の塑性変形の程度を表すものであり，はんだの疲労破壊が，き裂先端部における降伏の後，ある限界の塑性変形量に達した後に起こると考えられるためである．図 8.31 に有限要素法で求めた球体接続形状（a）および鼓接続形状（b）の相当ひずみ分布を示す．これらの分布において，最大の相当ひずみ $(\varepsilon_e)_{max}$ が塑性ひずみ振幅 $\Delta\varepsilon_p$ となる．図 8.32 には実微細はんだ接合部の破壊を球体接続形状および鼓接続形状について調べた結果を示した．いずれも最大相当ひずみ $(\varepsilon_e)_{max}$ の近傍で破壊が生じており，$\Delta\varepsilon_p$ として $(\varepsilon_e)_{max}$ を採用することが妥当である．図 8.33 には相当ひずみ振幅と疲労寿命との関係を示す．はんだの形状およびチップサイズにより，相当ひずみ振幅は大きく変化し，これに伴い疲労寿命も大幅に変化する．疲労寿命と相当ひず

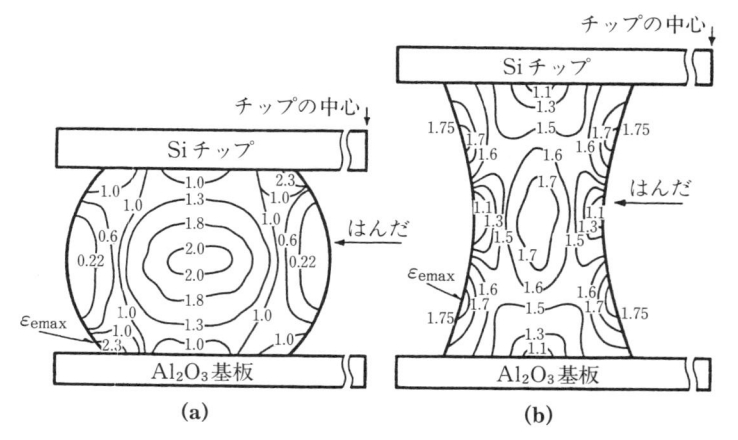

図 8.31 有限要素法で解析した相当ひずみ線図．
（a）球帯接続形状，（b）鼓接続形状．
[佐藤了平，大島宗夫，廣田和夫，石　一郎：日本金属学会会報，**23**（1984）1004 より引用]

み振幅との間には直線関係が認められ，傾きから n は 1.2 である．

なお，表 8.4 で示したように，CCB を金バンプと Ag 系導電性接着剤，異方性導電フィルム（ACF）で行うという検討が精力的に行われている．この場合の問題点は金属/樹脂界面の接続メカニズムが十分に解明されていないため，界面の信頼性に乏しい点にある．今後，接続メカニズムが解明され，高信頼性の接続プロセスが開発されれば CCB として極めて有効である．

8.4.2　テープオートメイテッドボンディング（TAB）技術

TAB（Tape Automated Bonding）は，ワイヤボンディングのワイヤを，幅数 10 μm の微細パターンに加工された，厚さ約 25 μm 程度の薄い Cu リードに代えて半導体チップ上の電極端子と接続したものである．全端子を一括でボンディングでき，パッケージの薄型化，多ピン化に対応できる技術である．代表的な TAB である転写バンプ方式のインナーリードボンディングの原理を図 8.34（a）に示す．この技術は，転写用のバンプ，厚さ 75 μm 程度のポリイミドテープのフィルムキャリア，半導体チップからなる．Cu のリードには，

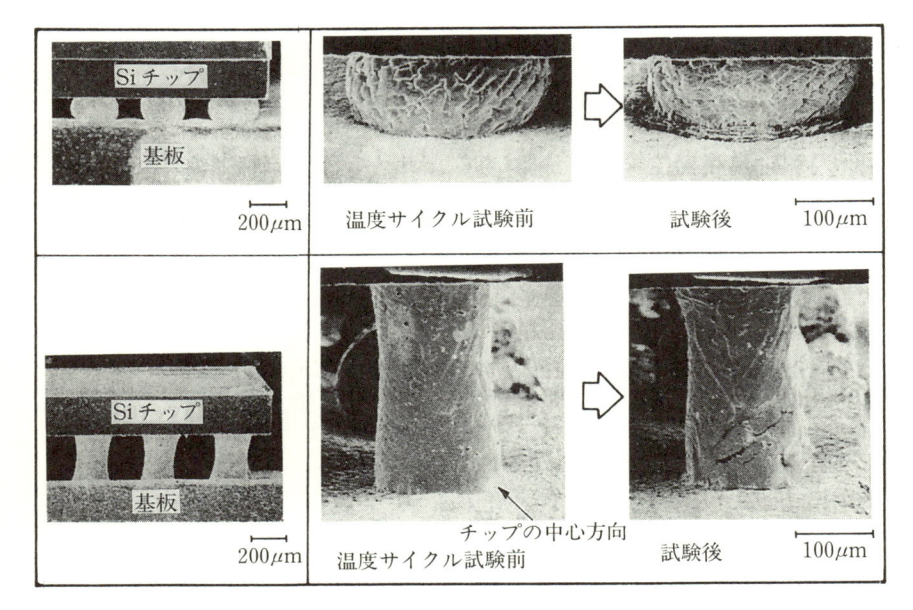

図 8.32 微細はんだ接続部の形状と熱疲労破壊.
[佐藤了平, 大島宗夫, 廣田和夫, 石 一郎:日本金属学会会報, **23** (1984) 1004 より引用]

Sn あるいは Au めっきが施されている. ボンディングプロセスは, ((a)-1) リードとバンプとの位置合わせ, 加圧および加熱によるリードへのバンプの転写, ((a)-2) リード上のバンプと半導体チップ上の Al 電極との位置合わせ, 加圧, 加熱によるバンプと Al 電極との接合の順でインナーリードボンディング (Inner Lead Bonding; ILB) が完了する. 図 8.34(b) に接合部の模式図を示す. この方式は, Au ワイヤのボールボンディングと同じ機構で一括接合でき, バリアメタルが不要であり, 安価である.

その他, 図 8.35 で示すように半導体チップの Al 電極上にバリアメタルを形成し, その上部に Au, はんだ等のバンプを形成してリードにボンディングする方式もある. この場合の Au バンプの形成プロセスを図 8.36 に示す. バリアメタルの形成およびめっきによる Au バンプの形成からなる. バリアメタルはバンプと Al 電極との反応を防止するために設けるので, Cr/Cu/Au, Ti/

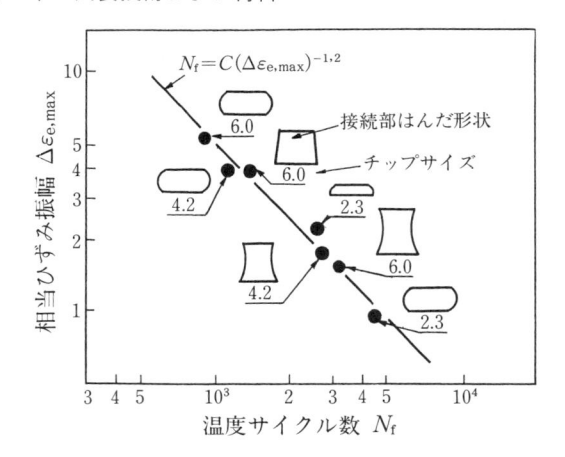

図 8.33 相当ひずみ振幅による疲労寿命予測.
温度変動：$-55°C \sim 150°C$，1サイクル：3.6 ks.
［竹本　正，佐藤了平："高信頼度マイクロソルダリング技術"（工業調査会，1990）より引用］

Ni/Au 等の層構成が使われる．図8.37 に 110 μm 間隔で ILB した半導体チップの SEM 像を示す．

次に，リードを基板に実装するのが，アウターリードボンディング（Outer Lead Bonding；OLB）である．OLB の接続方式は図8.38（a）（b）で示すように，半導体チップ能動面を上にして接合するフェースアップ方式と（c）に示すように，半導体チップ能動面を下にして接続するフェースダウン方式とがある．（c）のフェースダウン方式は実装面積が小さく，高密度実装に適している．

なお，TAB は絶縁テープにリードパターンを形成してある．これには，Cu 箔を接着剤でポリイミド絶縁テープに貼り付けた3層テープが最もよく使用されている．

8.4.3　封止（パッケージング）技術

半導体の最終工程は封止工程である．封止目的は，外部環境からの振動，温度および湿度から，長期間にわたって半導体素子を保護することにある．封止

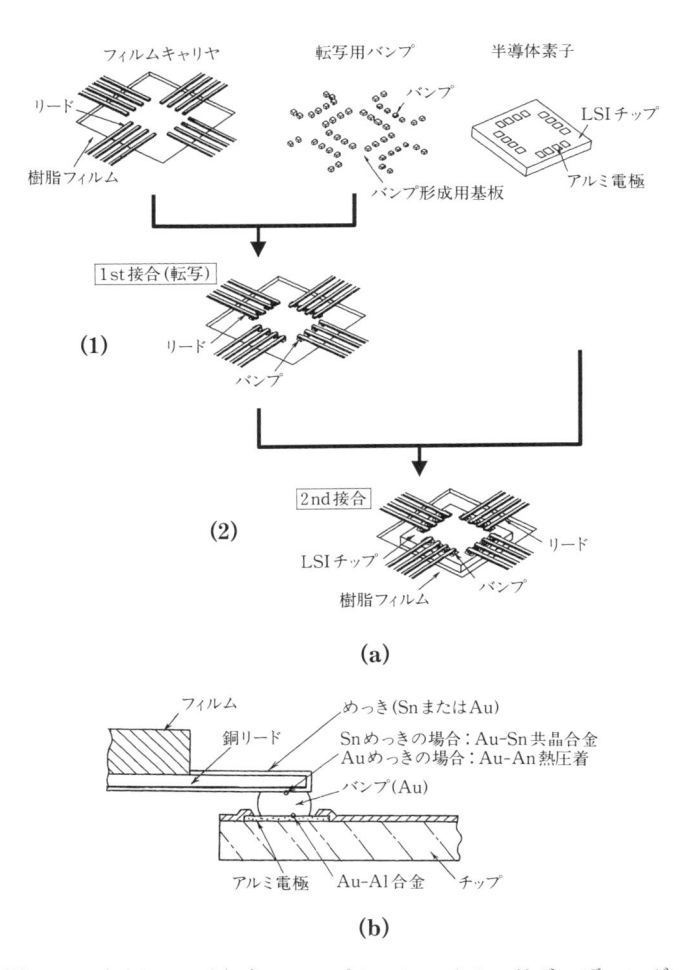

8.4 ワイヤレスボンディング技術　209

図 8.34 転写バンプ方式のテープオートメイテッドボンディング．(a) 転写バンプを用いたインナーリードボンディングの原理，(b) ボンディング部の断面．

[畑田賢造："TAB 技術"（工業調査会，1990）より引用]

210　第8章　実装技術および材料

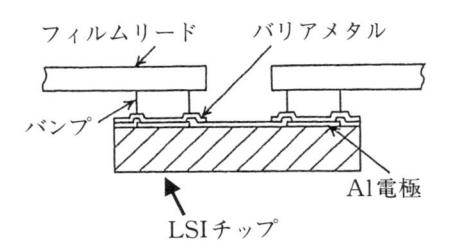

図 8.35　バンプの構造.
[C. Y. Chang and S. M. Sze："ULSI Technology"（McGraw-Hill, 1996）より引用]

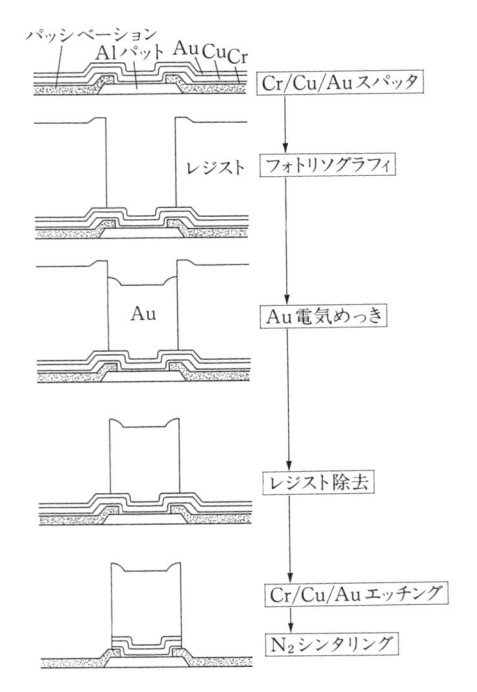

図 8.36　テープオートメイテッドボンディングにおける Au バンプ形成プロセスの例.
[C. Y. Chang and S. M. Sze："ULSI Technology"（McGraw-Hill, 1996）より引用]

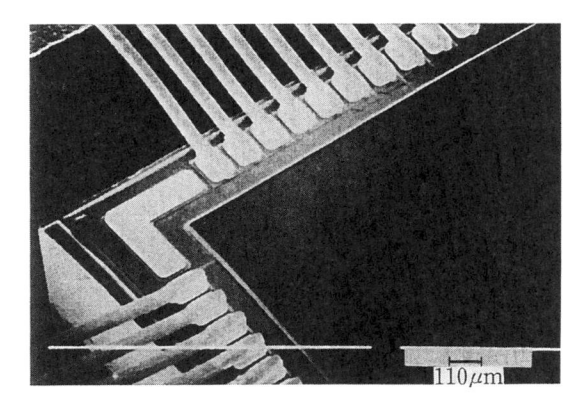

8.4 ワイヤレスボンディング技術　211

図 8.37　インナーリードボンディングしたチップの SEM 像.
[C. Y. Chang and S. M. Sze : "ULSI Technology" (McGraw-Hill, 1996)より引用]

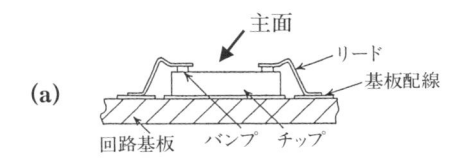

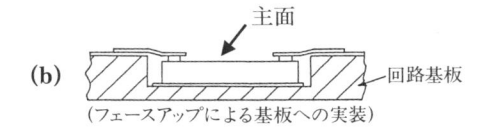

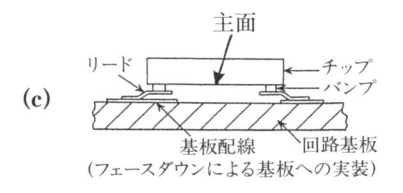

図 8.38　アウターリードボンディングのプロセス.
[溶接学会編:"溶接・接合便覧"(丸善, 2003) より引用]

の概念を図8.39に示す．外部からの物理・化学的影響を如何にして遮断するかが，封止の技術的内容であるが，使用環境の拡大，パッケージの小形化などにより，外部からの影響を完全に遮断することが難しくなりつつある．特に，樹脂封止の場合，その性能のほとんどが封止材料によって決まるため，材料に対する要求はますます高くなっている．

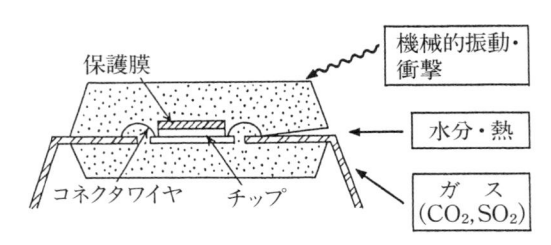

図8.39 樹脂封止の概念図．
［溶接学会編："溶接・接合便覧"（丸善，2003）より引用］

（1）封止構造

封止構造には，大きく分けて樹脂封止構造と気密封止構造とがある．これらの例を図8.40に示す．気密封止法は，半導体チップをN_2などの不活性な気体で取り囲み，キャップで封止する方法である．接合は，(a)で示すAu-Snはんだを使用するはんだ封止法，(b)で示すシーム溶接法および(c)で示す低融点ガラスを用いるセラミック封止法がある．これらは，高い信頼性を有するが，コスト，生産性に問題がある．一方，(d)で示す樹脂封止法は，半導体チップをモールド樹脂で包み込む方法である．

最近では，パッケージの小形，高密度化に対し，ボールグリッドアレイ（BGA），チップスケールパッケージ（CSP）に対応した樹脂封止法が開発されている．図8.41(a)にBGA，(b)にCSPの例を示す．BGAは，例えば高分子基板をベースにしたパッケージ裏面に外部端子として格子状のはんだバンプを接続する表面実装型パッケージである．回路基板へのインダクタンスが小さく，はんだ付け性，熱放散性にも優れていて，半導体デバイスの高密度化，低コスト化，高速化に対応できる．また，200〜700の多ピン化にも対応でき

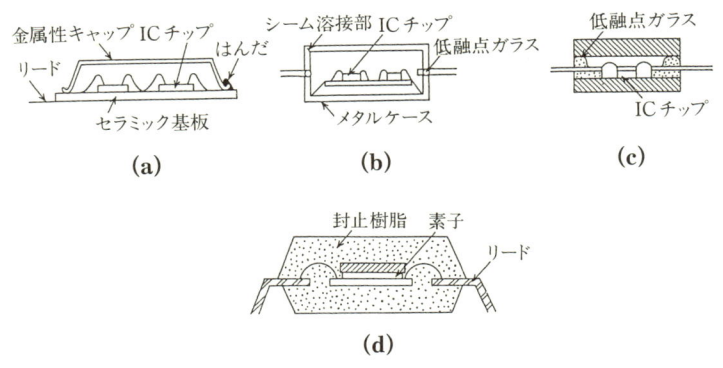

図 8.40 各種封止構造.
(a)はんだ封止法, (b)溶接封止法, (c)セラミック封止法, (d)樹脂封止法.
[溶接学会編:"溶接・接合便覧"(丸善, 2003)より引用]

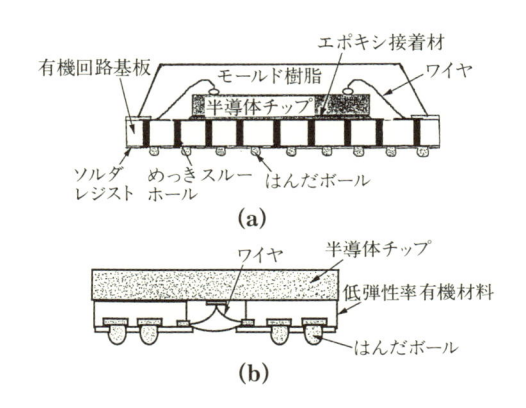

図 8.41 新構造パッケージの例.
(a)BGA (ball grid array), (b)CSP (chip scale package).
[大貫 仁, 高橋昭雄:デバイス実装材料, 佐久間健人, 相澤龍彦, 北田正弘編
"マテリアルの事典"(朝倉書店, 2000)より引用]

る.本図では,半導体チップと回路基板との接続にワイヤボンディングを用いる例を示しているが,テープオートメイテッドボンディング(TAB),コントロールドコラップスボンディング(CCB)により接続することもでき,その

場合はさらに実装密度は向上する．チップスケールパッケージ（CSP）は文字どおり半導体チップとほぼ同じ大きさの小形パッケージである．小形化のために，はんだバンプの大きさの低減が課題であるが，回路基板と半導体チップとの熱応力を緩和するため，低弾性の高分子材料が使用され，接続部の信頼性を向上させている．

（2） モールディング技術

樹脂封止法には，ポッティング法とトランスファーモールド法があるが，後者の方が，大量生産ができ，低コストであるため，現在，主流となっている．トランスファーモールド法の成形プロセスを図8.42に示す．半導体チップを搭載したリードフレームを加熱した金型のキャビティに設置(a)後，封止材料をプランジャで加圧して各キャビティに流し込み(b)，樹脂を硬化させて半導体チップを封止する(c)．その後，離型(d)，リード切断と成形(e)によりモールディングが完了する．封止材料に要求される性質は，成形性，耐湿性，機械的強度および難燃性などである．エポキシとフェノールとを反応させた熱硬

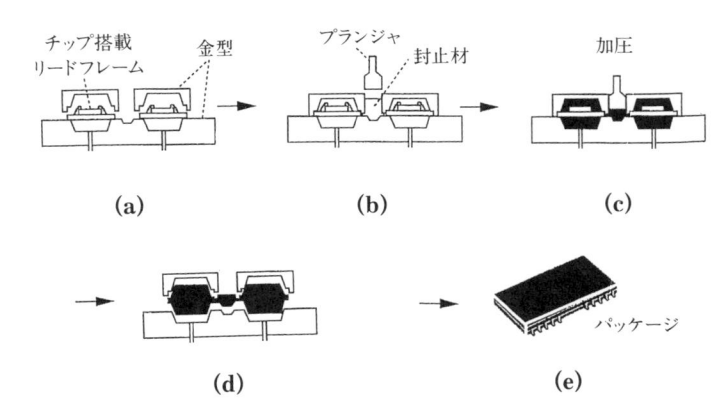

図 8.42 トランスファーモールド法による成形プロセス．
（a）サンプルのセット，（b）型締め，材料投入，（c）移送，加熱硬化，（d）離型，（e）リード切断，成形．
［大貫　仁，高橋昭雄：デバイス実装材料，佐久間健人，相澤龍彦，北田正弘編"マテリアルの事典"（朝倉書店，2000）より引用］

化性樹脂が代表的な材料である．半導体チップの熱膨張係数は $4\times10^{-6}/K$ であり，樹脂との熱膨張の差によって生じる熱応力を緩和するため，樹脂の熱膨張係数を $10\sim17\times10^{-6}/K$ 程度に低減することと低弾性率化が望まれている．

8.4.4 鉛フリーはんだと接続部の信頼性物理

（1） はんだの種類と特徴

Pb-Sn 系はんだは，家電品やエレクトロニクス製品の実装用接合材料として扱いやすさ，低価格等の点から広く用いられてきた．しかし，はんだ中に含まれる Pb は人体に有害であり，大量に廃棄されているエレクトロニクス製品から，Pb が土の中に溶け出し，環境汚染を引き起こす可能性がある．このため，Pb をはんだから取り除く検討が精力的に行われている．Pb を含まないはんだを Pb フリーはんだと呼び，その種類，長所および短所を表 8.6 に，組成と融点を図 8.43 に示す．Pb フリーはんだに必要とされる特性は，Pb 系はんだに近い融点および強度を有し，良好なぬれ性を示すことである．現在開発されているはんだは Sn をベースにした材料である．Sn-Ag および Sn-Ag-Cu 系はんだは耐熱疲労度および接合強度が高く，ぬれ性も良好であるが，融点が高く，しかも高価格である．また，Sn-Zn 系はんだは，高い接合強度，Pb はん

表 8.6 Pb フリーはんだの種類とその特徴．

ベース金属	第2元素	添加元素	長所	短所
Sn	Bi		・融点が低い	・溶融温度が広い ・硬くて脆い ・接合強度，熱疲労強度が低い
	Ag, Cu	Bi, In, Cu	・耐熱疲労性が高い ・接合温度が高い ・溶融温度領域が狭い ・クリープ強度が高い	・融点が高い ・コストが高い（Sn-Ag）
	Zn	Bi, In	・Sn-Pb はんだに近い融点 ・溶融温度域が狭い ・比較的安価 ・接合強度が高い	・ぬれ性が悪い ・電食，ドロス発生

［手島光一による］

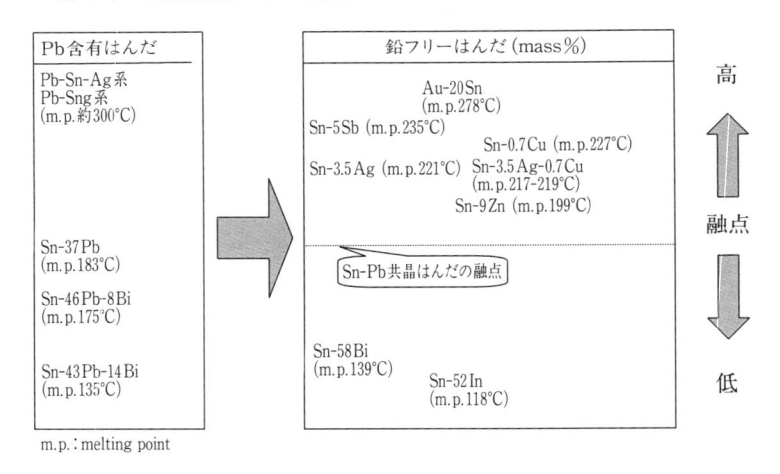

図 8.43 鉛フリーはんだの組成と融点.
[長南安紀："茨城大学学位論文"（2003）より引用]

だに近い融点を有する等の長所があるが，相手材によってはぬれ性が悪い場合がある．今後，エレクトロニクス製品の小形化に伴い，はんだ接合部も微細化していくことが考えられるので，相手材まで含めた微細接合部の信頼性まで加味してはんだ材料を検討すべきである．

（2） はんだ接合部の信頼性物理

半導体を実装した製品では，基板（絶縁およびプリント）の表面処理にNiめっきが施されている場合が多い．Niめっきは低コストであり，耐食性にも優れている．Niのめっき法には電解および無電解めっき法がある．前者は基板が導電体であることが必須条件であり，プリント基板の微細スルーホール等の複雑な形状では，電流分布が変動するため使用することが難しい．後者は電流分布の影響を受けないため，微細で複雑な形状のめっきにも適している．このため，プリント基板等の実装製品に多く用いられている．無電解めっきでは，次亜りん酸ナトリウム等のPを含むが還元剤が使用されるため，Ni-Pめっき膜には 2〜15 mass%P が含まれる．

8.4 ワイヤレスボンディング技術

(a) Sn-Ag 系 Pb フリーはんだと Ni-P めっき膜との接合部の信頼性物理

Sn 系 Pb フリーはんだと Ni-P めっき膜の接合部界面には接合前の Ni-P めっき膜の 2 倍程度 P を含む P 濃縮層が生成し，接合部の信頼性を低下させる場合がある．

図 8.44 には，Sn-3.5 mass%Ag はんだと Ni-2 mass%P めっき膜とを重ね，窒素中において 240°C に 1 min 加熱保持した後の接合部断面の SEM 像 (a) ならびに Ni(b)，Sn(c)，および P(d) の EPMA (Electron Probe X-ray Micro Analyzer) による分析結果を示す．ただし，Ni-P めっき膜上には酸化防止およびはんだとのぬれ性向上のため，Au を 100 nm めっきしてある．以後，これを Au/Ni-P という形で表すことにする．はんだと Ni-2 mass%P めっきとの反応により界面近傍に Ni-Sn の化合物 ((a)(b)(c))，および P

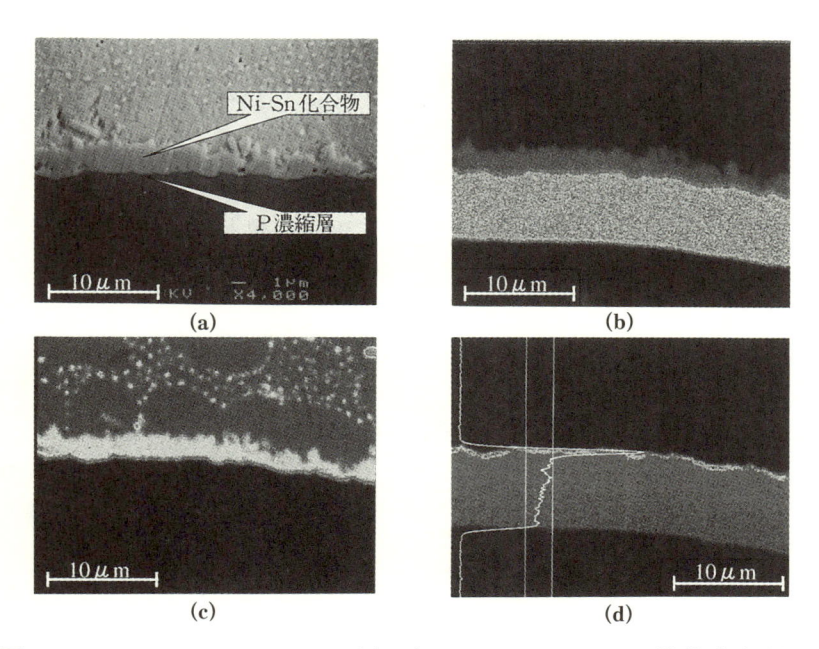

図 8.44 Sn-3.5 mass%Ag はんだ/Au/Ni-2 mass%P めっき膜接合部界面の SEM 像(a)，Ni-Kα(b)，Sn-Kα(c)，および P 濃度の深さ方向の分布(d).
[Y. Chonan, T. Komiyama, J. Onuki, R. Urao, T. Kimura and T. Nagano: Mater. Trans., **43** (2002) 1840 より引用]

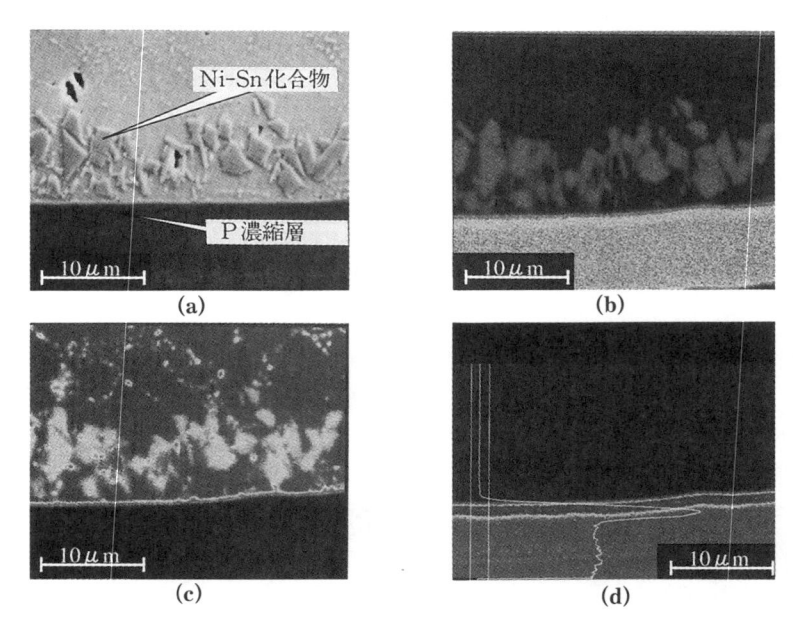

図 8.45 Sn-3.5 mass%Ag/Au/Ni-8 mass%P 接合界面の SEM 像(a)，Ni-Kα (b)，Sn-Kα(b)，P 濃度の深さ方向の分布(d)．
[Y. Chonan, T. Komiyama, J. Onuki, R. Urao, T. Kimura and T. Nagano : Mater. Trans., **43**(2002) 1840 より引用]

濃度が Ni めっき膜の 2 倍程度高い，P 濃縮層(d)が認められる．

図 8.45 は，Sn-3 mass%Ag はんだと Ni-8 mass%P めっき膜とを同一条件で接合した試料の接合部断面の走査電子顕微鏡像(a)ならびに Ni(b)，Sn(c)，および P(d)の EPMA 分析結果である．Ni-8 mass%P めっき膜の場合には，Ni-Sn 化合物ははんだ中に分散しており((a)(b)(c))，P 濃縮層は Ni-2 mass%P の場合に比べ，かなり厚いのが特徴である．P 濃縮層の生成メカニズムとしては，Ni-Sn 化合物中に，P がほとんど含まれないことから，Ni-P めっき膜中の Ni だけがはんだ中に拡散し，Ni-P めっき膜中の P が濃縮されるためと考えられている．このように，Ni 中の P 濃度により，P 濃縮層の厚さが異なる．

P 濃縮層の厚さがはんだ材質ならびに Ni 中の P 濃度によりどのように変化

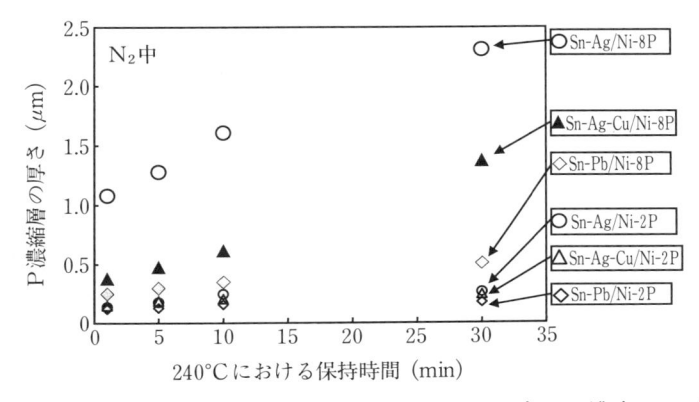

図8.46 P濃縮層の厚さにおよぼすはんだ材質，Niめっき中のP濃度および保持時間の影響.
[Y. Chonan, T. Komiyama, J. Onuki, R. Urao, T. Kimura and T. Nagano: Mater. Trans., **43** (2002) 1840 より引用]

するかを調べた結果を図8.46に示す．ここで，横軸は240°Cにおける保持時間である．Ni-2 mass%Pめっき膜との組み合わせでは，Sn-50 mass%Pb，Sn-3.5 mass%Ag-0.7 mass%Cu，Ni-3.5 mass%Agはんだの順にP濃縮層は厚くなる．Ni-8 mass%Pとの組み合わせでは，はんだ材料によるP濃縮層の厚さの差がかなり大きくなる．

接合強度を評価するため，図8.47(a)に示すような接合プロセスを設置した．直径0.76 mmのはんだボールと直径0.5 mmのAu/Ni-Pめっきパッドとを240°Cに1, 5, 10, 30 min加熱保持し接合後，その接合強度を測定した結果を図8.47(b)に示す．いずれのはんだの場合も，P濃度が高くなるにつれて接合強度は低下する．低下の度合いは，はんだ材質に大きく依存する．Sn-50 mass%Pbはんだの場合が最も劣化の度合いが小さく，Ni-3.5 mass%Agはんだの場合が最も大きい．この強度変化をP濃縮層の厚さに対してプロットした結果が図8.48である．本図において，縦軸は，（はんだとAu/Ni-Pめっき膜との接合部の強度）/（はんだとAu/Ni膜の強度）で示している．すなわち，各はんだ接合部の強度が，P濃縮層が生成しない場合に比べどの程度低下するかを示している．強度比は，はんだ材質とほぼ無関係に，P濃縮層の

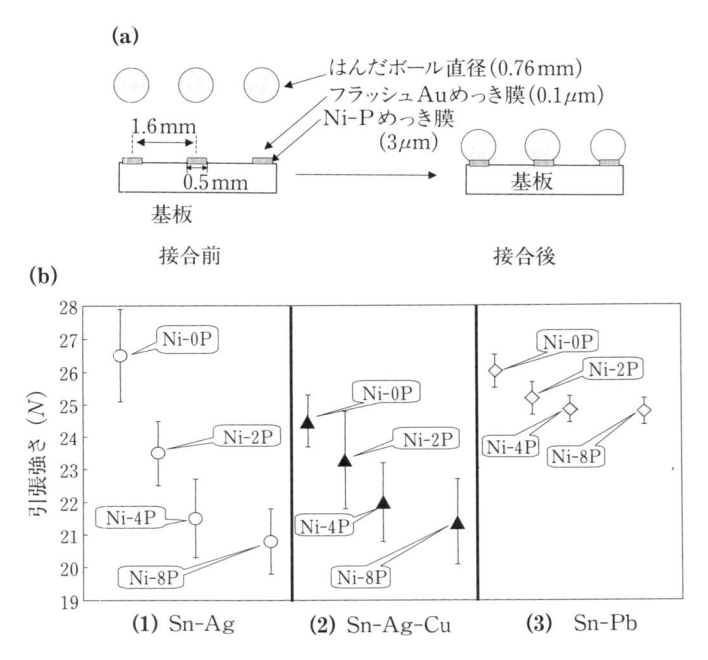

図 8.47 （a）強度評価用はんだ接合プロセス．
（b）接合部の引張強さにおよぼすはんだ材質および Ni-P めっき膜中の P 濃度の影響．
（1）Sn-Ag，（2）Sn-Ag-Cu，（3）Sn-Pb．
[Y. Chonan, T. Komiyama, J. Onuki, R. Urao, T. Kimura and T. Nagano: Mater. Trans., **43**（2002）1840 より引用]

厚さとともに低下する．P 濃縮層が厚くなると接合強度が低下するのは，P 濃縮層が Ni-P-Sn と Ni-P 層の 2 層からなり，これらの界面近傍にボイドが発生するためである．ボイドの量は Ni 中の P 濃度の高い方が多く，これが原因である．一例として，Sn-3.5 mass％Ag/Au/Ni-2 mass％P および Sn-3.5 mass％Ag/Au/Ni-8 mass％P 接合界面の断面透過電子顕微鏡像を図 8.49（a）および（b）にそれぞれ示す．

（**b**）　Sn-Zn はんだと Ni-P めっき膜との接合部の信頼性物理

Zn を 9％程度添加した Sn はんだを使用することにより，接合部界面には，

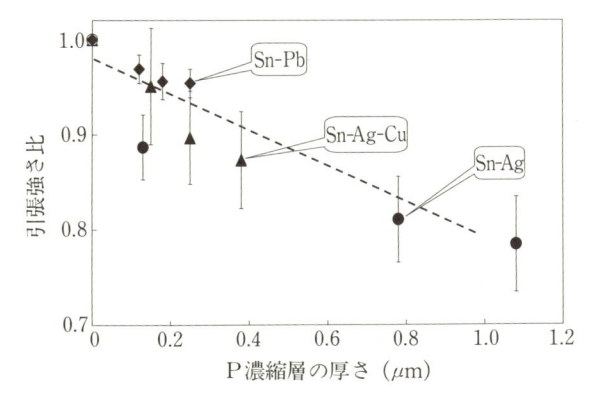

図 8.48 接合部の強度比におよぼす P 濃縮層の厚さの影響.
引張強さ比：各はんだと Au/Ni-P めっき膜との接合部の強度/各はんだと Au/Ni 膜めっき膜の強度，ただし強度比はそれぞれ同一はんだ材で比較してある．
[Y. Chonan, T. Komiyama, J. Onuki, R. Urao, T. Kimura and T. Nagano : Mater. Trans., **43** (2002) 1840 より引用]

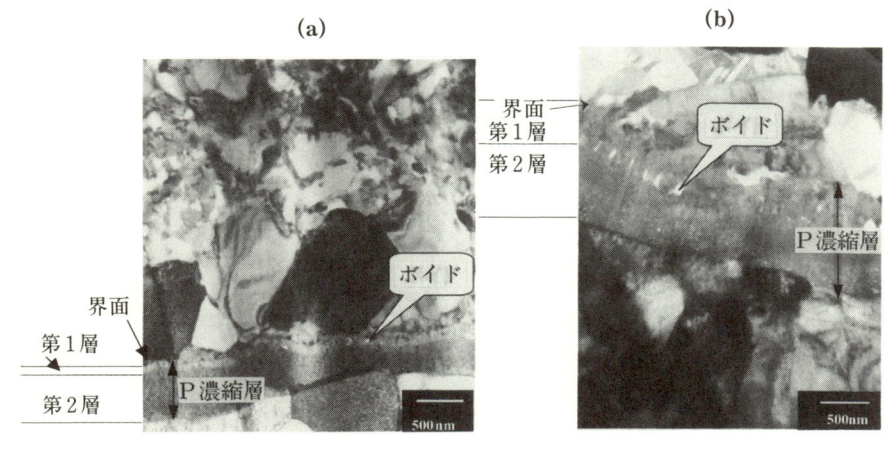

図 8.49 Sn-3.5 mass%Ag/Au/Ni-P 接合界面の透過電子顕微鏡像．
（a）Sn-3.5 mass%Ag/Au/Ni-2 mass%P（1層：Ni-Sn-P の合金層，2層：Ni-P の合金層）．（b）Sn-3.5 mass%Ag/Au/Ni-8 mass%P（1層：Ni-Sn-P の合金層，2層：Ni-P の合金層）．
[T. Komiyama, Y. Chonan, J. Onuki and T. Onta : Mater. Trans., **43** (2002) 227 より引用]

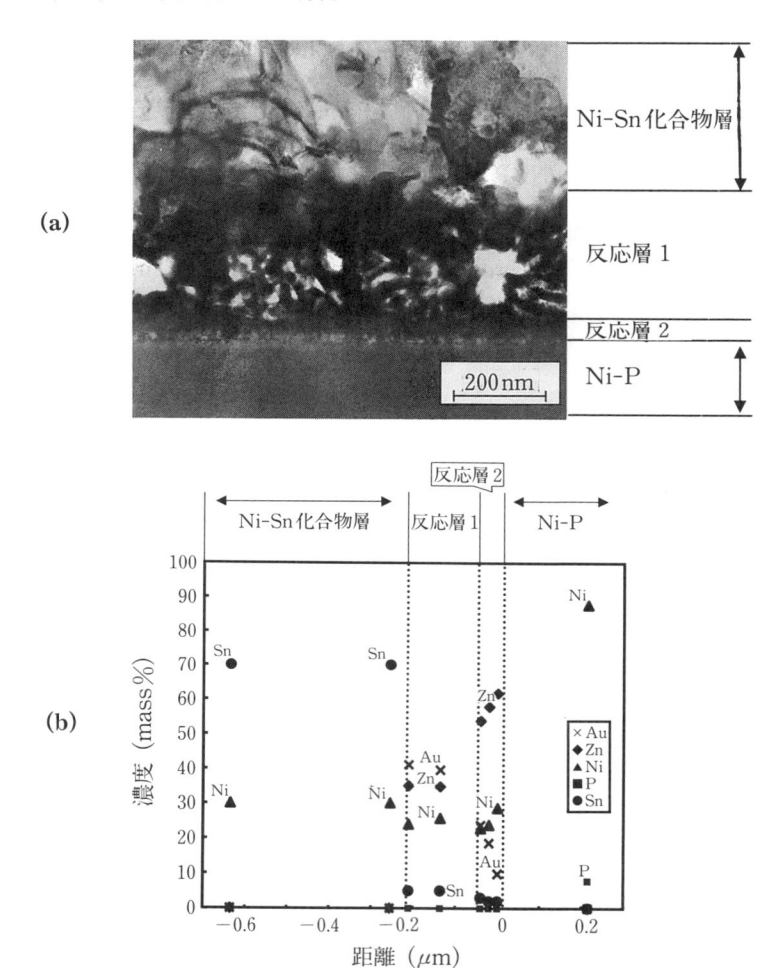

図 8.50　(a) Sn-9 mass%Zn/Au/Ni-8 mass%P 接合界面の透過電子顕微鏡像.
　　　　(b) Sn-9 mass%Zn/Au/Ni-8 mass%P 界面の EDX 分析.
[Y. Chonan, T. Komiyama, J. Onuki, R. Urao, T. Kimura and T. Nagano：Mater. Trans., **43** (2002) 1887 より引用]

P濃縮層は生成しなくなり，接合強度は劣化しなくなる．図8.50(a)は240°Cに5分間加熱して接合したSn-9 mass%Znはんだ と Au/Ni-8 mass%Pめっき膜の接合界面の透過電子顕微鏡像で，これに対応する接合界面近傍のEDX（Energy Dispersive X-ray Analyzer）分析結果を図8.50(b)に示す．界面は Ni-Sn 化合物層（Ni_3Sn_4），Au，Zn および Ni から成る層（反応層1），ならびに Ni と Zn から成る層（反応層2）の三つの層から構成されている．このように，P濃縮層は形成されていない．これは，Zn が Au および Ni と反応して，Au-Zn および Ni-Zn の金属間化合物を形成するため，Ni-P めっき膜中の Ni のはんだ中への優先拡散が抑制されるためと考えられる．Sn-Zn/Au/Ni-P 接合部のせん断強度に及ぼす Ni-P めっき膜中の P 濃度の影響を図8.51に示す．比較のため，Sn-50 mass%Pb はんだおよび Sn-3 mass%Ag はんだの結果についても示した．Sn-Zn はんだのせん断強度のばらつきは大きいものの，接合強度は最も高く，接合強度の P 濃度依存性も最も少ない．

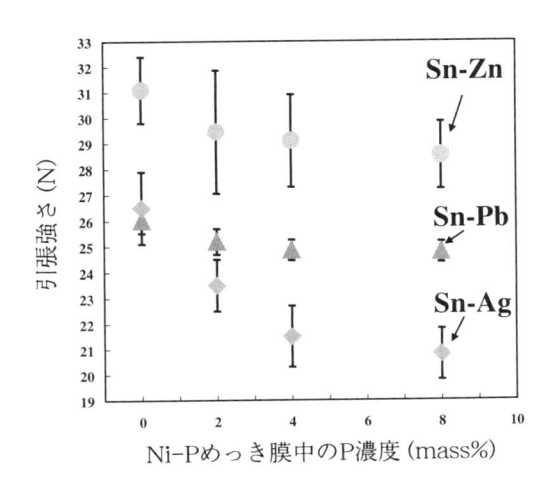

図 8.51 Au/Ni-P めっき膜と Sn-Zn，Sn-Pb，Sn-Ag はんだ接合部の引張強さにおよぼす Ni-P めっき膜中の P 濃度の影響．
[Y. Chonan, T. Komiyama, J. Onuki, R. Urao, T. Kimura and T. Nagano: Mater. Trans., **43** (2002) 1889 より引用]

参考文献

1) 佐久間健人,相澤龍彦,北田正弘編:"マテリアルの事典"(朝倉書店, 2000).
2) W. H. Winchel and H. M. Berg: IEEE Trans. on CHMT, CHMT-1 (1978) 211.
3) 岩田誠一,石坂彰利,山本博司:日本金属学会誌, **41**(1977)1161.
4) J. Onuki, M. Suwa, M. Koizumi and T. Iizuka: IEEE Trans. on CHMT, CHMT-10 (1987) 242.
5) A. Ishizaka, S. Iwata and K. Kamigaki: Surface Sci., **84**(1979) 355.
6) 2003年度版日本実装技術ロードマップ,電子情報技術産業協会 (2003年5月) 179.
7) 守田俊章:私信.
8) R. R. Tummala: "Microelectronics Packaging Handbook" (Chapman and Hall, 1997) p. II-201.
9) 伊藤大介:ウエハレベルパッケージング技術,第62回マイクロ接合委員会資料 (MJ-370-2000) p. 37.
10) 佐藤了平, 大島宗夫, 廣田和夫, 石 一郎:まてりあ, **12** (1984) 1004.
11) 竹本 正, 佐藤了平:"高信頼度マイクロソルダリング技術" (工業調査会, 1990).

第9章
パワー半導体デバイスの実装技術および信頼性物理

　パワー半導体は，ULSI等に比べれば地味な存在であるが，家電機器，電力機器，産業機器および交通車両等のインバータシステムのスイッチング素子として使用され，現代社会を支える極めて重要なデバイスである．特に，機器の駆動源となるモータの制御においては，インバータによって電圧，電流が適切に供給でき，回転速度と駆動トルクを自由に制御できる．このインバータシステムはパワー半導体の大容量化と高周波化等によって小形化，高応答化，高出力化，高信頼化が図られる．インバータシステムの構成を図9.1に示す．このシステムは交流をコンバータで直流に変換し，この直流を高周波スイッチング素子でモータ駆動に必要な所定の周波数の交流に変換するインバータで構成される．図9.2に各種パワー半導体の種類および技術のトレンドならびに応用分

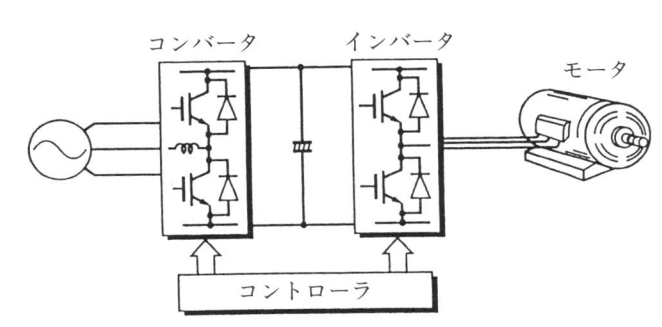

図9.1　インバータの構成．
コンバータで直流にした電源を使い，モータを任意の周波数の交流で駆動する．
[柳川　薫：日立評論，**77**(1995) 206 より引用]

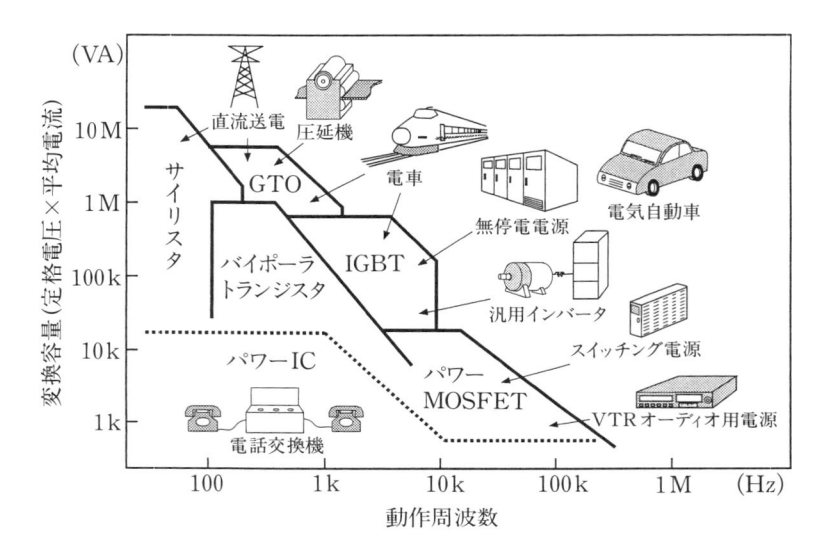

図 9.2 各種パワー半導体の種類および技術のトレンドならびに応用分野．

野を示す．パワー半導体は，電力のオン・オフを行うスイッチとして使用されるため，高速化，大電力化が望まれている．これらのパワー半導体においては，デバイスそのものよりも，実装技術の良し悪しによって特性が決まる場合が多い．信頼性も実装技術で支配されている．本章においては，電車および電気自動車のモータの速度制御用デバイスとして使用されるアイジービーティー（IGBT: Insulated Gate Bipolar Transistor）を例にして，その材料，物性等を述べる．

9.1 IGBTの断面素子構造

図9.3にIGBTの素子断面図と等価回路を示す．本図のようにIGBTはバイポーラトランジスタとMOSからなり，小さな制御電圧でオン/オフが可能なパワーMOSFETの高速スイッチ特性とバイポーラトランジスタの大電力特性を備えたパワー半導体デバイスである．これらはモジュール化されて電気

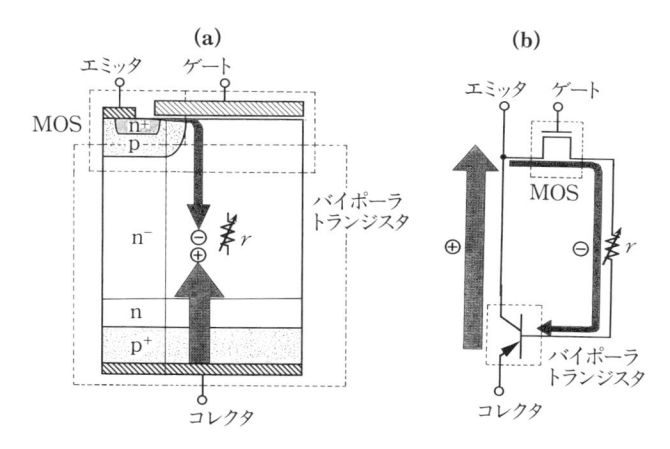

図 9.3 IGBT の素子断面（a）と等価回路（b）．
[日立製作所日立研究所の厚意による]

自動車，電車および産業機械のスイッチ・デバイスとして使用される．

9.2 IGBT のモジュール化技術

図 9.4 に示すように，IGBT モジュールは，大電流化を達成するために多くのチップ（約 50〜200 A，耐圧により異なる）が並列に実装されている．すなわち，チップの陽極（コレクタ）側をはんだ接合により共通電極に接続し，陰極電極（エミッタ）側は直径 200〜500 μm の太い Al ワイヤを超音波ボンディングしてもう一方の共通電極に接続する．また，AlN 絶縁基板ははんだ接合により放熱基板に接続される．

9.3 太線ワイヤボンディング技術

IGBT モジュール（図 9.4）は熱膨張係数の異なる材料の組み合わせからなる．チップのオン/オフに伴う温度変化により，ワイヤボンディング部には熱応力が発生する．この熱応力により，ワイヤボンディング部に剝がれが発生する．1 本でもワイヤが剝離すると，チップが壊れ，モジュールが動作しなくな

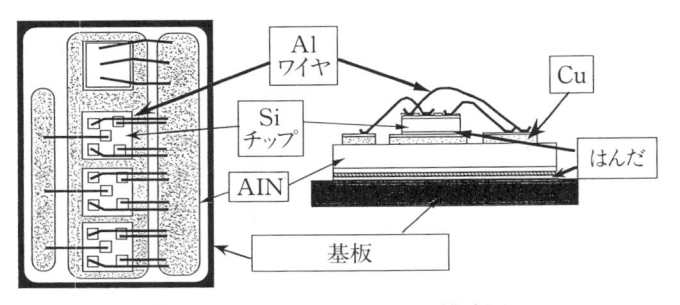

図 9.4 IGBT モジュールの模式図．
[J. Onuki, M. Koizumi and M. Suwa : IEEE Trans. Advanced Packaging, **23** (2000) 108 より引用]

り，電車等が停止するなどの事故につながる．一方，多くの IGBT チップを AlN 絶縁基板上に接続してから，ワイヤボンディングを行うため，1個のチップにボンディングダメージが発生すると他の全てのチップも無駄になり，モジュールのコストアップにつながる．モジュールの大容量化が進むとワイヤボンディングの数も増加するため，ボンディング時間が増加し，モジュールのコストアップにつながる．低コスト化のためには，ボンディング時間の短縮も重要な課題である．以上のように，高信頼性のワイヤボンディング技術の開発はモジュール自体を開発するのと同じように重要である．

9.3.1　ワイヤボンディングによるチップダメージ

IGBT モジュールの歩留りに最も影響するのがワイヤボンディング時に発生するチップのクラックである．クラックの有無は，図 9.4 に示したゲート電圧，コレクタ-エミッタ間電圧を測定することにより判定できる．前述したように，1個のチップに損傷が発生すると AlN 等の絶縁基板上に接合された IGBT チップがすべて使用できなくなる．通常直径 300〜500 μm の Al ワイヤを厚さ約 5 μm の Al-1 mass%Si 合金電極膜（パッド）に超音波ボンディングするが，電極膜の厚さがワイヤ径に比べかなり小さいため，ボンディングによるクラックが発生しやすい．図 9.5 にワイヤボンディングの模式図を示す．(a)がボンディング前，(b)がボンディング中である．Al ワイヤを抑えてい

9.3 太線ワイヤボンディング技術

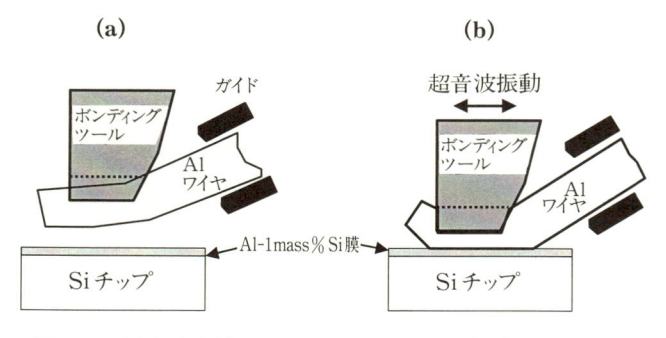

図 9.5 超音波太線 Al ワイヤボンディングの模式図．
(a) ボンディング前, (b) ボンディング中．
[J. Onuki and M. Koizumi : Mater. Trans. JIM, **37** (1996) 1319 より引用]

るツールに荷重を加え，超音波出力および超音波印加時間を変化させてワイヤおよび電極膜を変形させ，接合界面の酸化膜や汚れ等を除去して新生面を露出させ，接合する．直径 500 μm の Al ワイヤを接合した後の概観写真を図 9.6(a) および接合部の断面写真を図 9.6(b) に示す．

ボンディング強度は，一般的には，図 9.7 に示すワイヤの変形の度合い（ワイヤのつぶれ幅）に依存する．つぶれ幅は印加する超音波の周波数，ボンディング時の荷重，ワイヤ材質，ボンディング時の基板温度によっても変化する．接合が十分であれば，あまりワイヤがつぶれなくとも高い強度が得られる場合がある．また，図 9.8 には，Si と Al の間のりんガラス（PSG）に発生したボンディングダメージの一例を示す．この場合のパッドの構造は，Si/PSG/Al（あるいは Al-1 mass%Si 合金膜）となっていて，PSG にクラックが発生している．ワイヤボンディングダメージは，超音波出力および超音波印加時間の影響を強く受け，出力が大きく，印加時間が長いほど発生しやすい．しかし，一般的には，超音波出力および印加時間を増加させるほどボンディング強度は増加するので，強度およびダメージ発生防止を両立できるボンディング条件の選定が重要な課題である．図 9.9 は直径 500 μm の Al ワイヤを用いてボンディングしたときのダメージ発生率におよぼす超音波出力の影響である．Al より硬い Al-1 mass%Si 合金膜の場合，ダメージは超音波出力とともに増加す

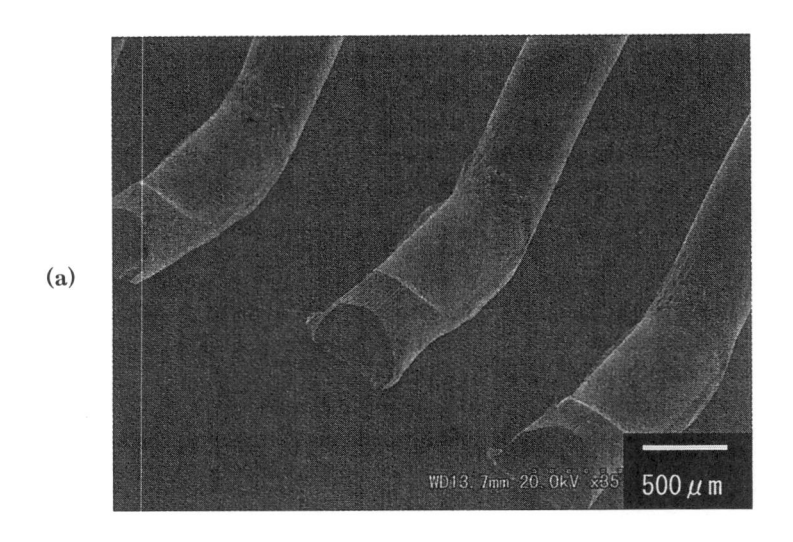

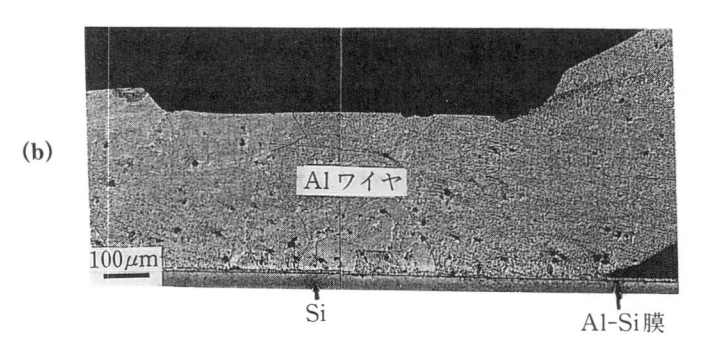

230　第9章　パワー半導体デバイスの実装技術および信頼性物理

図 9.6　(a)太線 Al ワイヤボンディング部の外観写真．
[J. Onuki, T. Komiyama and M. Koizumi: Mater. Trans., **43** (2002) 2157 より引用]
（b）　接合部の断面像．
[J. Onuki and M. Koizumi: Mater. Trans. JIM, **37** (1996) 1319 より引用]

る傾向を示す．これに対し，軟らかい Al 膜では，ダメージの発生はない．

　図 9.10 はワイヤボンディング部断面の SEM 像で，PSG 上にピラミッド状の Si が Al-1 mass%Si 膜から析出している．Al 膜から Si は析出しないため，Al-1 mass%Si 膜から析出したピラミッド状 Si がダメージを引き起こしたと

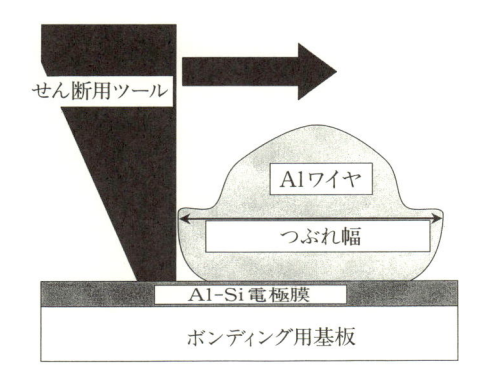

図 9.7 せん断強度試験の概要.
[J. Onuki, T. Komiyama and M. Koizumi : Mater. Trans., **43** (2002) 2157 より引用]

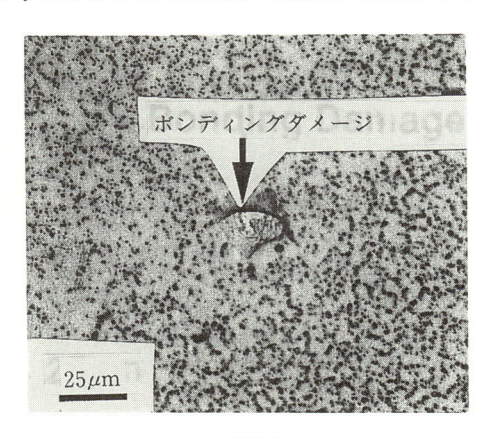

PSG

図 9.8 ボンディングダメージの例.
[J. Onuki and M. Koizumi : Mater. Trans. JIM, **37** (1996) 1319 より引用]

いうことができる. Si デバイスにおいては, デバイスと電極とのオーミックコンタクトを得る目的で, 通常 400〜450℃の温度範囲で熱処理を行うため, Al 中に Si が存在しないと, Si が Al 中に入り込んで, Al スパイク現象を生じ, pn 接合破壊を引き起こす. したがって, Al-Si 合金膜の使用は不可欠で

232　第9章　パワー半導体デバイスの実装技術および信頼性物理

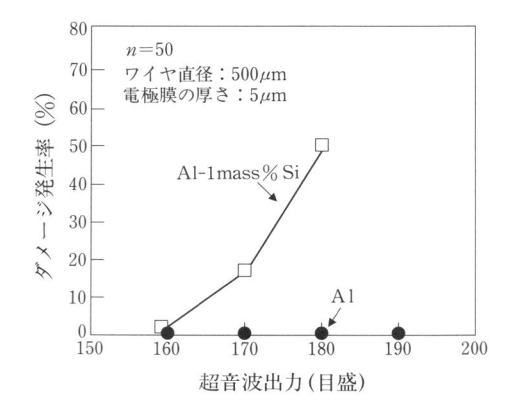

図 9.9 超音波出力とダメージ発生率との関係.
[J. Onuki and M. Koizumi: Mater. Trans. JIM, **37** (1996) 1319 より引用]

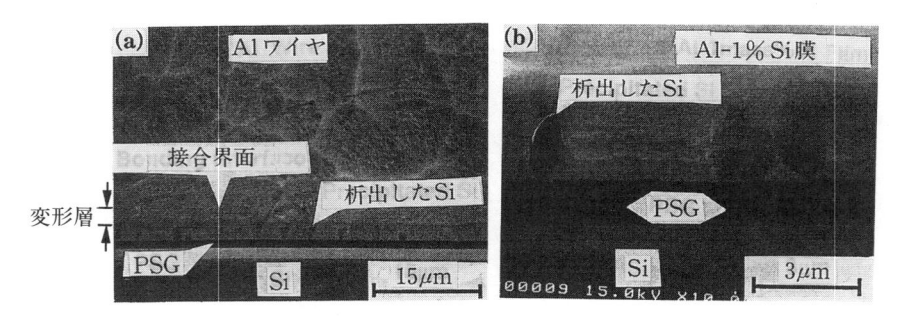

図 9.10 ワイヤボンディング界面の SEM 像. (b) は(a)の拡大写真.
[J. Onuki and M. Koizumi: Mater. Trans. JIM, **37** (1996) 1319 より引用]

ある.

　Al-Si 合金膜でも，下地の材質によっては，ピラミッド状の Si 析出が発生しない場合がある．図 9.11 は，400〜450℃の熱処理後に Al-Si 膜を除去した SEM 像で，Si の析出形状におよぼす下地材質の影響を示したものである．PSG 上の Si は楔状に成長しているのに対し，Si 上では横方向に成長している．したがって，ボンディングパッド構造を Si/PSG/Al-1 mass%Si 合金膜

9.3 太線ワイヤボンディング技術　233

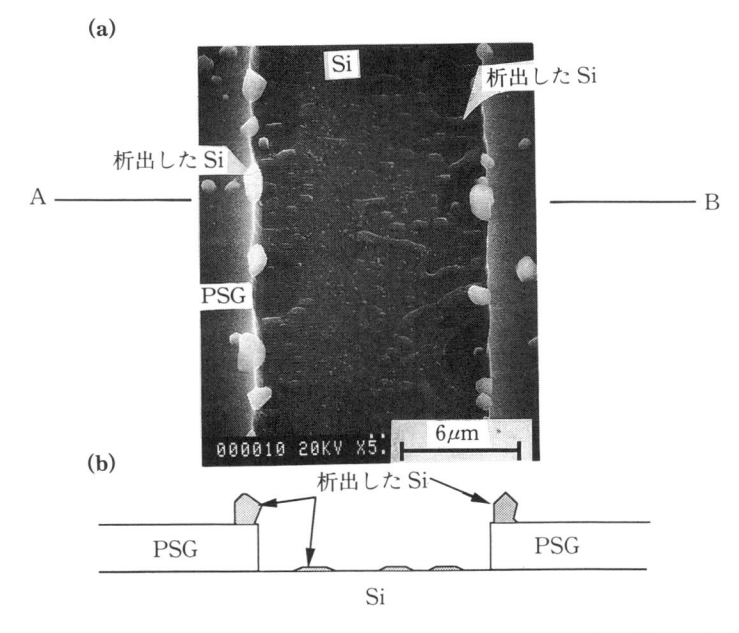

図 9.11　Al-Si 膜を除去した後の Si 析出形態におよぼす基板材質の影響．(b)は(a)の線 AB の断面を示す．
[J. Onuki and M. Koizumi : Mater. Trans. JIM, **37** (1996) 1319 より引用]

から Si/Al-1 mass%Si 合金膜に替えればダメージ発生率は減少する．図 9.12 は，500 μm の Al ワイヤでボンディングしたときのダメージ発生率におよぼすボンディング時間の影響を示す．PSG がある場合，ボンディング時間が 120 ms 以上になるとダメージが発生し，時間とともに急激に増加する．これに対し，PSG がない場合には，ダメージは発生しない．

　超音波の周波数もボンディングに影響する．例えば周波数を高くすれば，超音波出力を低く，ボンディング時間を短くしても，同等以上のボンディング強度が得られる．図 9.13 は直径 500 μm の Al ワイヤを Al-1 mass%Si 膜にボンディングしたときの接合部のせん断強度におよぼすワイヤのつぶれ幅と周波数の影響を示す．ここで，せん断強度は図 9.7 に示したせん断用のツールにより，ワイヤボンディング部を横から静かに押して破断するのに必要な力であ

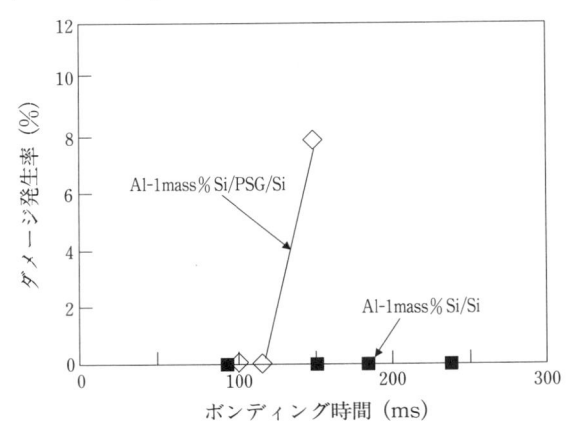

図 9.12 ボンディング時間とダメージ発生率との関係.
[J. Onuki and M. Koizumi: Mater. Trans. JIM, **37** (1996) 1319 より引用]

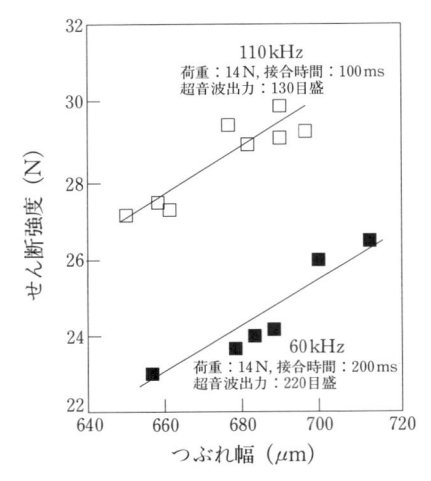

図 9.13 せん断強度におよぼすつぶれ幅の影響.
[J. Onuki and M. Koizumi: Mater. Trans. JIM, **37** (1996) 1319 より引用]

る.周波数が 60 kHz および 110 kHz のいずれの場合も,せん断強度はつぶれ幅とともに増加する.しかし,同じつぶれ幅を得るのに必要な超音波出力およびボンディング時間は 110 kHz の方が 60 kHz よりもかなり少ない.また,

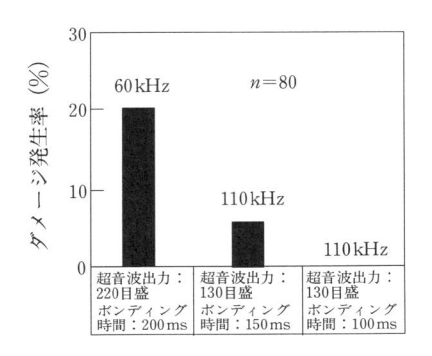

図 9.14 ダメージ発生率におよぼす超音波周波数とボンディング時間の影響．
[J. Onuki and M. Koizumi: Mater. Trans. JIM, **37** (1996) 1319 より引用]

同じつぶれ幅で比較すると，60 kHz よりも 110 kHz のせん断強度の方が 20〜30％程度高い．

ボンディング界面における振動力 F は超音波の周波数 f と超音波のパワーに対応する振幅 ξ により次式で表される．

$$F \propto f^2 \cdot \xi \tag{9.1}$$

この式から，周波数 f は超音波出力よりもボンディング強度向上により大きな影響を与える．したがって，図 9.13 で示した 110 kHz の場合，印加時間が短く，超音波出力が低くても 60 kHz の場合よりも高い接合強度を示している．図 9.14 に直径 500 μm の Al ワイヤで Si/PSG/Al-1 mass％Si 合金膜へボンディングしたときのダメージ発生率におよぼす超音波周波数およびボンディング時間の影響を示す．周波数を 60 KHz から 110 kHz に高めるとダメージを著しく低減できること，さらに，ボンディング時間を 150 ms から 100 ms に短縮することによりダメージは発生しなくなる．このように，超音波周波数を高めることによりボンディングダメージは減少し，また強度も向上できる．

基板温度を室温（RT）から 100℃，150℃ に高めれば，Al ワイヤと Al-1 mass％Si 合金膜が軟化して変形しやすくなるので，超音波パワーを低くできる．また，ボンディング時間も短縮できる．このことによりボンディングダメージをかなり低減できる．図 9.15 は基板温度をそれぞれ室温（RT），100℃，および 150℃ に保持し，直径 300 μm の Al ワイヤをボンディングしたときの

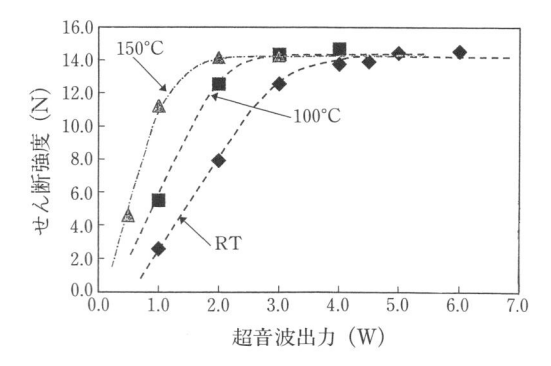

236　第9章　パワー半導体デバイスの実装技術および信頼性物理

図 9.15 せん断強度におよぼす超音波出力の影響.
[T. Komiyama, Y. Chonan, J. Onuki, M. Koizumi and T. Shigemura : Japanese J. Appl. Phys. (2002) より引用]

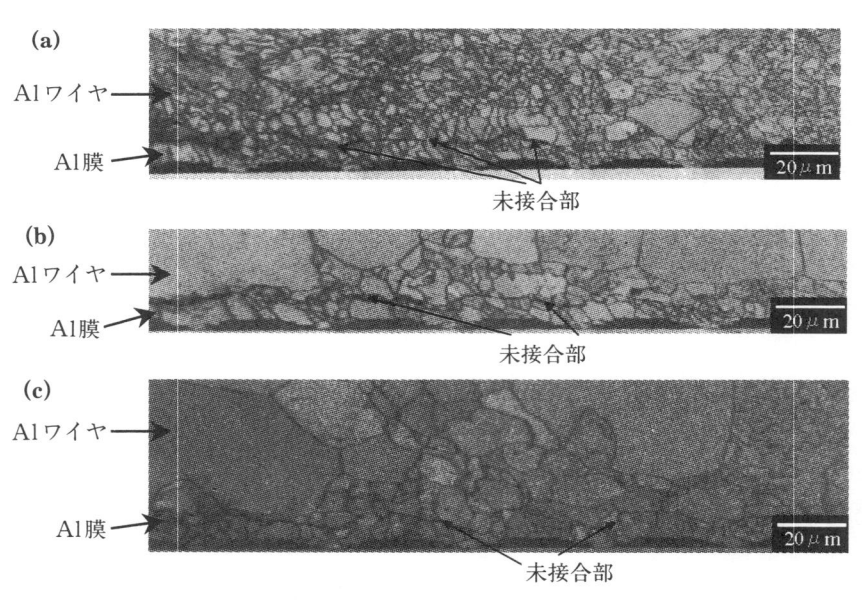

図 9.16 ボンディング部の電子線後方散乱像（EBSP）によるイメージクオリティパターン．（a）RT, 2 W, （b）RT, 5 W, （c）423 K, 2 W.
[T. Komiyama, Y. Chonan, J. Onuki, M. Koizumi and T. Shigemura : Japanese J. Appl. Phys. (2002) より引用]

接合部せん断強度の超音波出力依存性である．せん断強度は超音波周波数が高くなるにつれて高くなる．せん断強度が飽和する超音波出力はRTでは4 Wなのに対し，100°Cでは3 W，150°Cでは2 Wと低くなる．すなわち，同じせん断強度を得るための超音波出力は，基板温度を高くすれば小さくできる．

図9.16は条件を変えてワイヤボンディングした接合部断面のEBSP[1,2]（Electron Backscattering Pattern）によるイメージクオリティ（IQ）図である．IQ図では，ボイドや粒界が存在すると黒く観察される．（a）ではAlワイヤとAl電極膜との界面には黒く観察される場所が多く認められる．これらは，接合されていない場所である．（b）および（c）では，黒く観察される場所が（a）に比べかなり少なく，未接合部が減少している．未接合部の全接合部に対する割合を未接合率としてせん断強度とともに表したものが図9.17である．未接合率が低い条件ではせん断強度が高い．したがって，図9.15の結果は，基板温度が高くなると，Al-1 mass%Si合金膜およびAlワイヤが変形しやすくなって，接合面積が増加することを表している．

表9.1にボンディング条件とダメージ発生率の関係を示す．超音波出力を低くすることにより，ダメージの発生を防止できる．前述のように，基板温度を

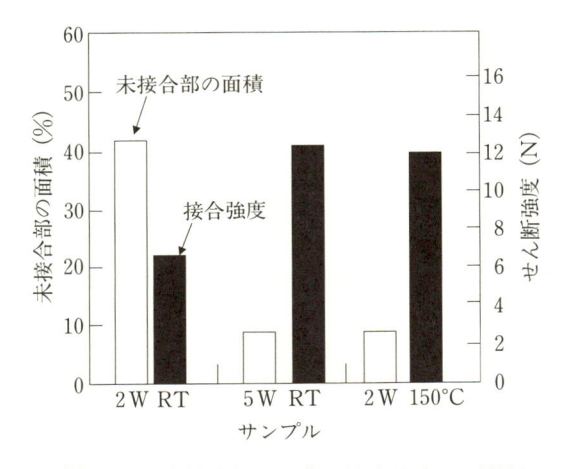

図9.17 未接合部の面積と接合強度との関係．
[T. Komiyama, Y. Chonan, J. Onuki, M. Koizumi and T. Shigemura: Japanese J. Appl. Phys. (2002)より引用]

第9章 パワー半導体デバイスの実装技術および信頼性物理

表 9.1 Si ダメージ発生率.

基板温度	超音波出力 (W)	ダメージ発生率
RT	5.0	2/24
100°C	3.0	0/24
150°C	2.5	0/24

[T. Komiyama, Y. Chonan, J. Onuki, M. Koizumi and T. Shigemura: Japanese J. Appl. Phys. (2002) より引用]

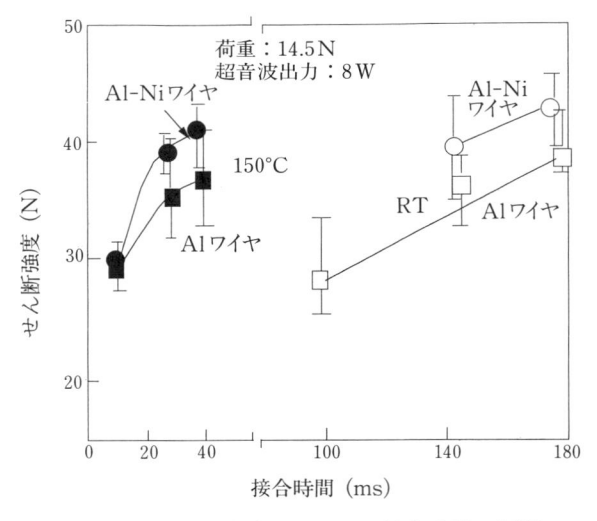

図 9.18 せん断強度におよぼす接合時間の影響.

[J. Onuki, T. Komiyama and M. Koizumi: Mater. Trans., **43** (2002) 2157 より引用]

高めれば，ボンディング時間を短縮できる．図 9.18 は，直径 500 μm の Al ワイヤおよび Al-Ni ワイヤ（Ni を 50 ppm 含む）を用いて，厚さ 5 μm の Al-1 mass%Si 電極膜にボンディングしたときの，せん断強度におよぼすボンディング時間の影響である．基板温度が RT の場合に比べ，これと同じせん断強度を得るための 150°C での接合時間は 1/4 以下である．ボンディング時間を

100 ms 以下にすれば，図 9.12 からも明らかなようにダメージはほとんど発生しない．

9.3.2 ワイヤボンディング部の信頼性物理

　ワイヤボンディング部の長期信頼性は通常パワーサイクル試験により評価する．すなわち，IGBT チップに所定の電流を流し，チップの内部温度が例えば約 30°C から 120°C まで増加するまで流し，その後，電流を遮断すると同時にモジュールの放熱基板を水冷し，30°C まで冷却する．これを 1 サイクルとして，例えば 100 k サイクルまで電気特性を調べながら行い，信頼性を評価する．この場合のチップの温度差 ΔT_j は 90°C であるが，場合によっては 40～100°C で試験することもある．この試験で，Al と Si との熱膨張係数の差によりワイヤボンディング部に熱応力が発生する．図 9.19 に示すように，ワイヤボンディング部では，加熱過程において圧縮応力が，冷却過程においては引張応力がかかる．ワイヤボンディング部は，冷却過程の引張応力によりクラックが発生，このクラックが進展して劣化する．

　次に，クラックがどのような経路で進展するかについて述べる．ただし，パ

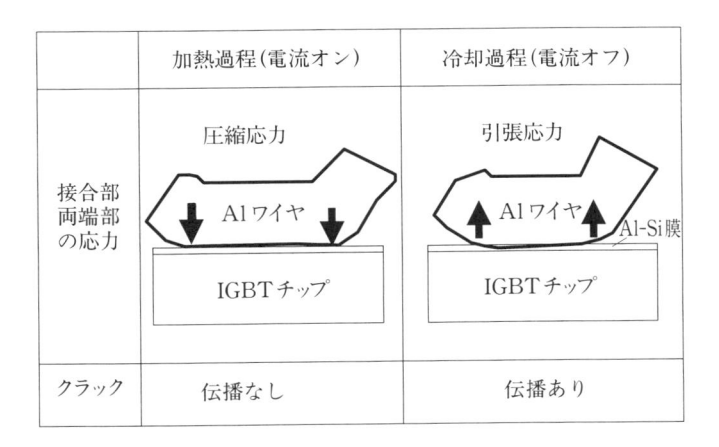

	加熱過程（電流オン）	冷却過程（電流オフ）
接合部両端部の応力	圧縮応力 Al ワイヤ IGBT チップ	引張応力 Al ワイヤ / Al-Si 膜 IGBT チップ
クラック	伝播なし	伝播あり

図 9.19 加熱冷却過程（パワーサイクル試験）におけるワイヤの変形挙動．
[J. Onuki, M. Koizumi and M. Suwa : IEEE Trans. Advanced Packaging, **23** (2000) 108 より引用]

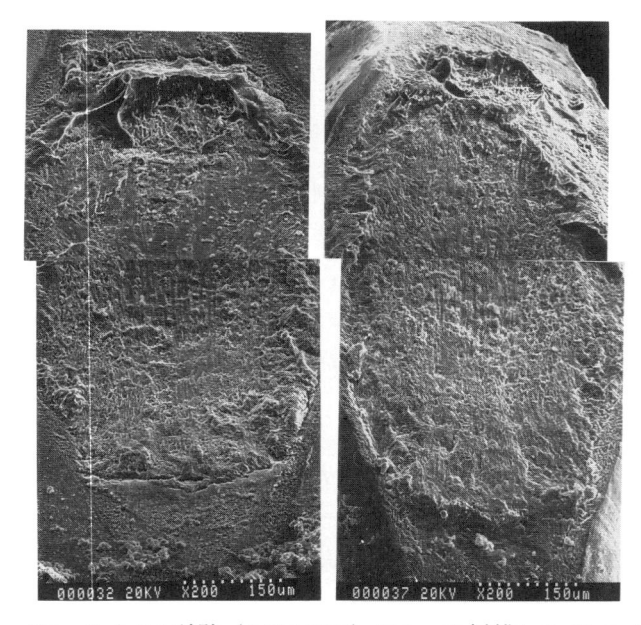

240　第9章　パワー半導体デバイスの実装技術および信頼性物理

図 9.20　パワーサイクル試験（$\Delta T：90°C$）によって剥離した Al ワイヤと Al-Si 膜の接着面（10 k サイクル）．Al ワイヤ直径：500 μm．
（左）Al-1 mass%Si 膜側，（右）Al ワイヤ側．
[J. Onuki, M. Koizumi and M. Suwa：IEEE Trans. Advanced Packaging, **23** (2000) 108 より引用]

ワーサイクル試験によるワイヤの剥離の形態はボンディング強度の大小により大きく異なる．図 9.20 はボンディング強度が低い場合（約 15 N）の例である．パワーサイクル試験により，ワイヤが Al-1 mass%Si 電極膜から剥離した後のワイヤと Al-1 mass%Si 膜面の SEM 像である．ボンディング周辺部を除き，ワイヤは Al-1 mass%Si 電極膜から完全に剥離している．図 9.21 は，ボンディング強度が高い場合（約 30 N）のワイヤ剥離例である．Al ワイヤ剥離面は深くえぐられており，Al-1 mass%Si 膜上にはワイヤの一部が残っている．これは，図 9.20 の場合と異なり，剥離は Al ワイヤ内部で起こっている．このように，ボンディング強度が低い場合は Al ワイヤと電極膜の界面における剥離，高い場合には，Al ワイヤ内部での剥離が特徴である．強度が低い場

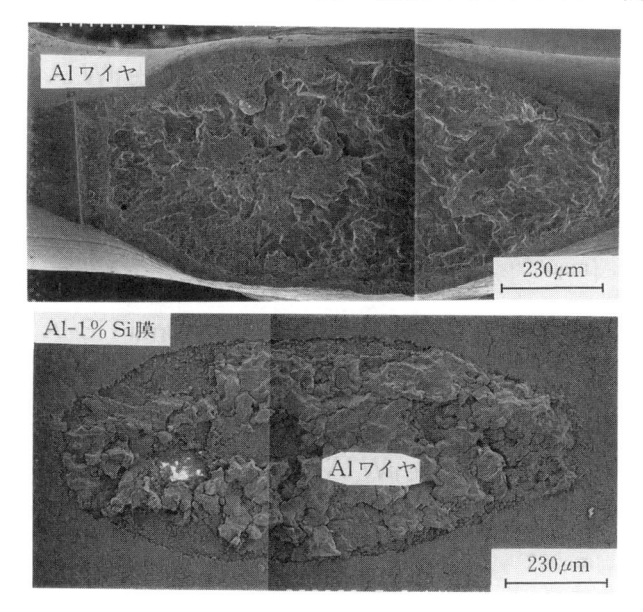

図 9.21 パワーサイクル試験（ΔT：90℃）により剥離した Al ワイヤと Al-1%Si 膜面 20 k サイクル．Al ワイヤ直径：500 μm．
[J. Onuki, M. Koizumi and M. Suwa：IEEE Trans. Advanced Packaging, **23** (2000) 108 より引用]

合には，ワイヤが電極膜によく接合されていないためである．強い場合には何故界面でなく，Al ワイヤ破断になるかについて述べる．

図9.22はΔT_j＝90℃の条件で20kサイクルまでパワーサイクル試験をした後の接合部断面のSEM像である．ボンディング部界面のAlワイヤの結晶粒径は小さい（5〜15 μm）のに対し，ワイヤ中央部の粒径は100〜300 μmとかなり大きい．これらの小さな結晶粒は，ワイヤボンディング後のはんだ接合プロセス中に再結晶したもので，Al-1 mass%Si電極膜の拘束によりパワーサイクル中においても粗大化しなかった．また，パワーサイクル試験によるクラックは接合界面ではなく，ワイヤの結晶粒界に沿って進展しているのが特徴である．このクラックの長さとボンディング部のせん断強度との関係を図9.23に示す．クラックの長さとともにせん断強度は低下する．

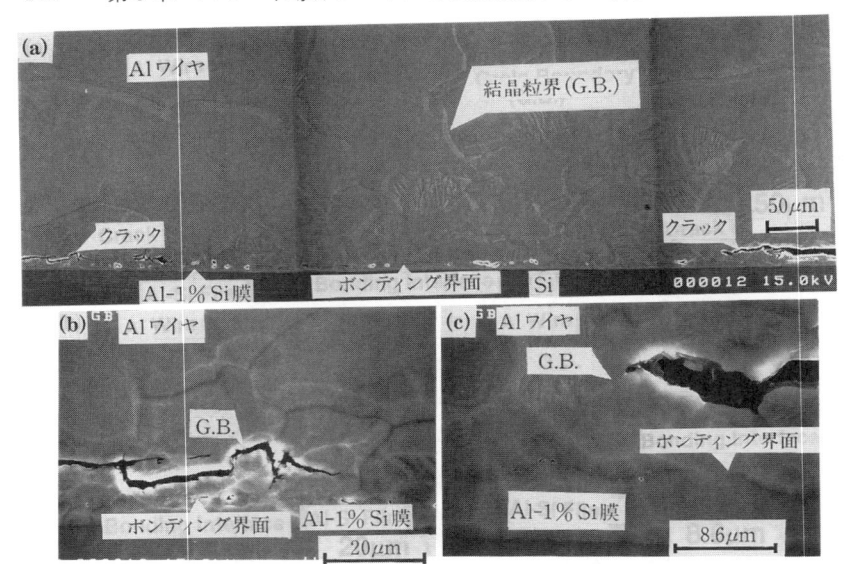

図 9.22　パワーサイクル試験後のボンディング部の断面組織.
[J. Onuki, M. Koizumi and M. Suwa : IEEE Trans. Advanced Packaging, **23** (2000) 108 より引用]

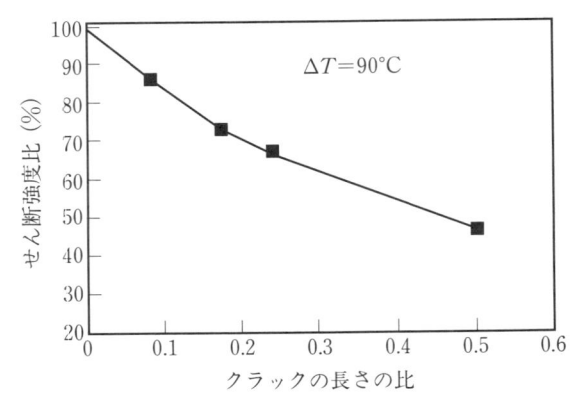

図 9.23　接合強度におよぼすクラックの長さの影響.
[J. Onuki, M. Koizumi and M. Suwa : IEEE Trans. Advanced Packaging, **23** (2000) 108 より引用]

9.3 太線ワイヤボンディング技術 243

次に，なぜ界面の接着強度が高いのであろうか．図9.24にワイヤボンディング部断面の透過電子顕微鏡像を示す．AlワイヤとAl-1 mass%Si電極膜の間に粒径 0.1〜0.2 μm，厚さ 0.5〜0.6 μm の微結晶層が生成している．金属の強度は結晶粒径に反比例するのでボンディング部の強度は高くなる．その

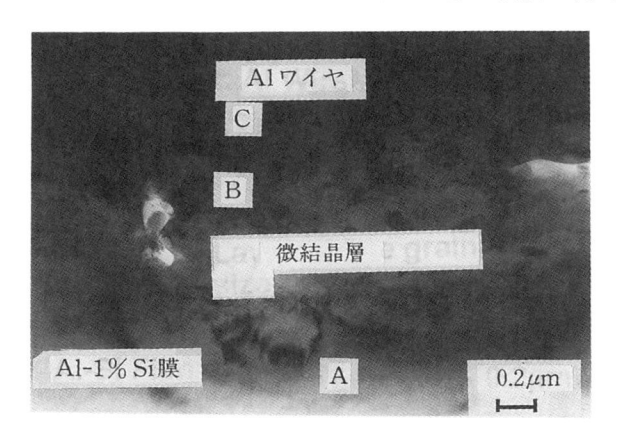

図9.24 ワイヤボンディング部の透過電子顕微鏡像．
[J. Onuki, M. Koizumi and J. Echigoya : Mater. Trans. JIM, **37** (1996) 1324 より引用]

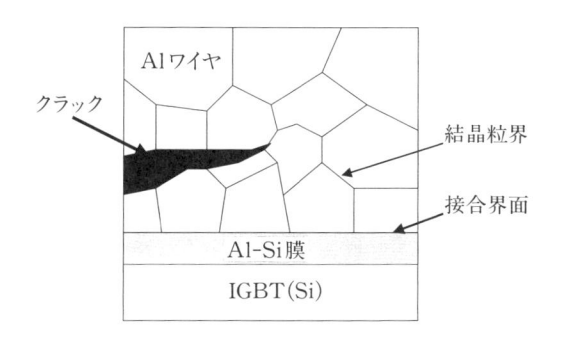

図9.25 クラックの伝播経路の模式図．
[J. Onuki, M. Koizumi and M. Suwa : IEEE Trans. Advanced Packaging, **23** (2000) 108 より引用]

244   第9章　パワー半導体デバイスの実装技術および信頼性物理

他,ワイヤと電極膜とが対応境界になるような接合良好な領域が形成されたり,非常に転位密度の高い領域も形成される.これらのことから,接合強度の高い界面は非常に強固であり,クラックは界面直上のワイヤの結晶粒界に沿って進展する.この模式図を図 9.25 に示す.

9.4　大面積はんだ接合部のボイドフリー化技術

図 9.4 で示したように,AlN 絶縁基板と放熱基板は,はんだ付けにより製作される.モジュールの大容量化により,絶縁基板上の IGBT チップが増加すると,はんだ付け面積もこれに伴い増加する.はんだ付け面積が増加すれば接合部に形成されるボイドは増加する.これを図 9.26 に示す.数%のボイドが存在すると,チップで発生した熱の放散性が悪化し,はんだ接合部にかかる熱応力も増加し,信頼性の低下を引き起こす.これを解析するため,IGBT モジュールの断面,特に最も応力のかかるはんだ付け端部について図 9.27 に示すような2次元の有限要素モデル(Finite Element Model: FEM)を考える.点線で囲んだ,はんだ付け端部のボイドの面積を 4,8,12,24% と設定する(面積に対応する要素を除く).そして,IGBT モジュールの温度を 120°C か

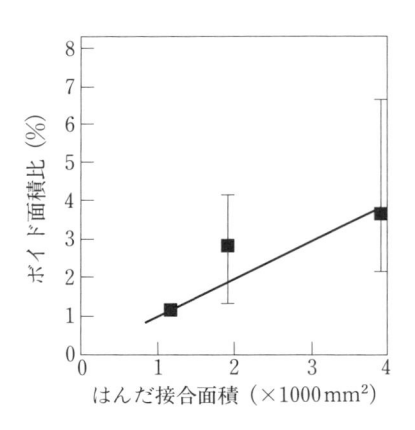

図 9.26　ボイド面積におよぼすはんだ接合面積の影響.
[J. Onuki, Y. Chonan, T. Komiyama and M. Nihei: Mater. Trans., **43** (2002) 1774 より引用]

9.4 大面積はんだ接合部のボイドフリー化技術　245

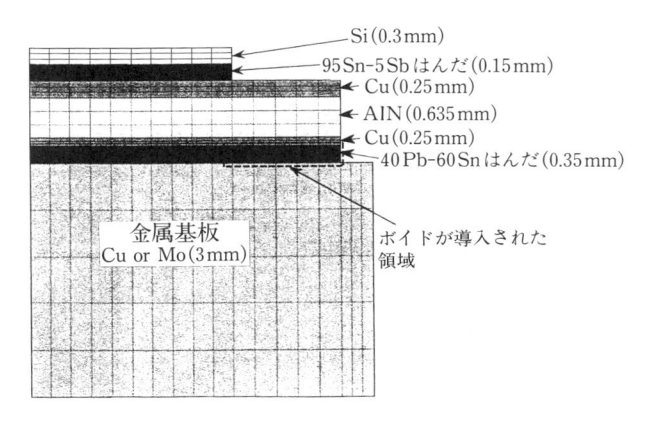

```
                    ← Si(0.3mm)
                    ← 95Sn-5Sbはんだ(0.15mm)
                    ← Cu(0.25mm)
                    ← AlN(0.635mm)
                    ← Cu(0.25mm)
                    ← 40Pb-60Snはんだ(0.35mm)

   金属基板          ボイドが導入された
   Cu or Mo(3mm)    領域
```

図9.27　はんだ接合部短部の有限要素モデル．
[J. Onuki, Y. Chonan, T. Komiyama, M. Nihei and T. Morita : Jpn. J. Appl. Phys., **40**（2001）3985 より引用]

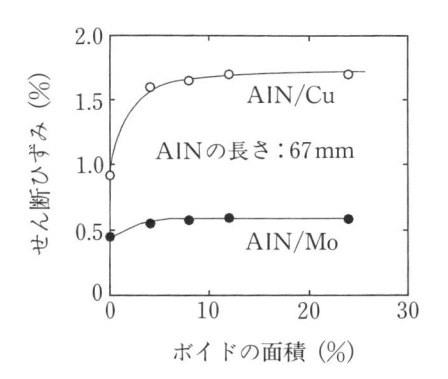

図9.28　せん断ひずみにおよぼすボイド面積の影響．
[J. Onuki, Y. Chonan, T. Komiyama, M. Nihei and T. Morita : Jpn. J. Appl. Phys., **40**（2001）3985 より引用]

ら20℃まで下げることにより，端部に応力を発生させる．ボイドの面積の関数としてせん断ひずみを計算した結果を図9.28に示す．AlN絶縁基板とCu基板の組み合わせの場合，ボイド面積が4%までは，ひずみはボイド面積とともに急激に増加する．一方，AlN絶縁基板とMo基板を組み合わせた場合，

これらの熱膨張係数の差が小さいため，ひずみ量は小さいが，同様なボイド量依存性を示す．このように，応力低減には，接合部に生ずる数％のボイドでも除去することが重要である．

9.4.1　Niめっき膜とはんだとの界面反応メカニズム

IGBTモジュールのAlN絶縁基板および放熱基板の表面は電気Niめっきが施されている．したがって，はんだ付けによりボイドがどのようにして発生するかのメカニズムを明確にすることが，ボイドフリー化の方策を見出すこと

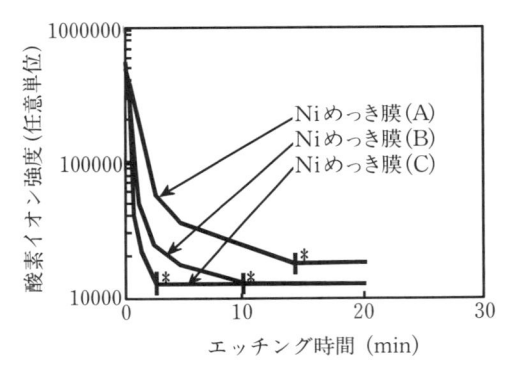

図9.29　Niめっき膜表面近傍の酸素の深さ方向分布（SIMS）．
[Y. Chonan, T. Komiyama and J. Onuki : Mater. Trans., **42** (2001) 697 より引用]

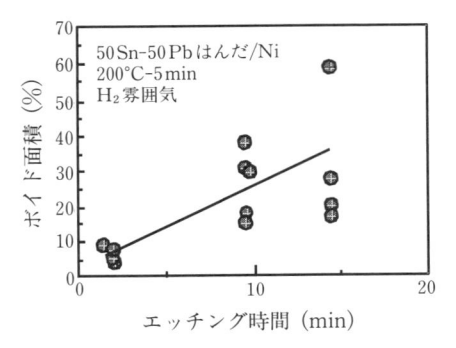

図9.30　ボイド面積におよぼすSIMSでのエッチング時間の影響．
[Y. Chonan, T. Komiyama and J. Onuki : Mater. Trans., **42** (2001) 697 より引用]

に繋がる．SIMS（Secondary Ion Mass Spectrometer）によって分析した3種類のNiめっき膜表面に形成された酸素の深さ方向の分布を図9.29に示す．イオン強度はどの試料もエッチング時間とともに減少し，その後一定となる．イオン強度が一定となるエッチング時間が酸化膜の厚さに対応する．図9.30はこれらのエッチング時間とはんだ接合部に形成されたボイドの面積比との関係を示したものである．ここでボイドの面積は超音波探傷により求めた．エッチング時間（酸化膜の厚さに対応）が長くなるほどボイドの面積は増加する傾向を示している．図9.31は加熱温度を変化させてはんだとNiめっき膜とを水素中で接合した後，はんだを水銀アマルガム法により除き，接合界面を上から走査電子顕微鏡で観察した結果を示している．加熱温度が185および200℃では，白く観察されるNi_3Sn_4化合物の粒径は小さく，しかもボイドの領域が多い．これはNiとはんだとの反応が部分的に起こっているためである．温度が230℃になるとボイドの面積はかなり少なくなるが，化合物の粒径は小さい．さらに温度が高くなるにつれてボイドは消滅し，小さな化合物粒が合体

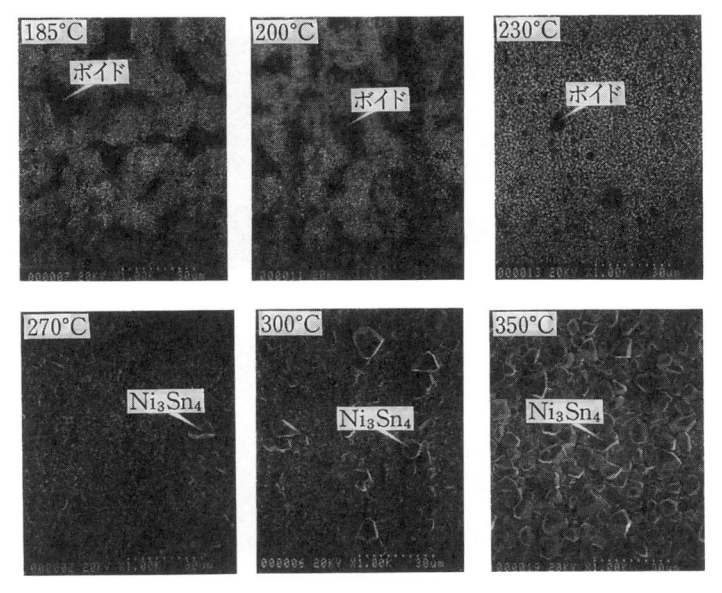

図9.31 Niとはんだとの界面反応におよぼす加熱温度の影響．
[Y. Chonan, T. Komiyama and J. Onuki : Mater. Trans., **42** (2001) 697 より引用]

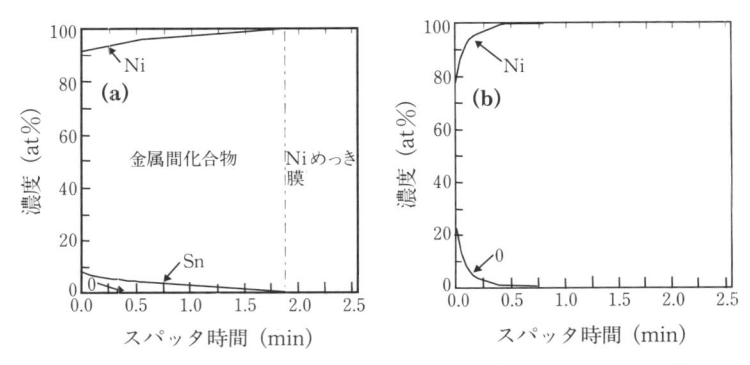

図9.32 金属間化合物 Ni_3Sn_4（a）およびボイド（b）直下の Ni めっき膜中のオージェプロファイル（はんだ除去後）．
[Y. Chonan, T. Komiyama and J. Onuki : Mater. Trans., **42**（2001）697 より引用]

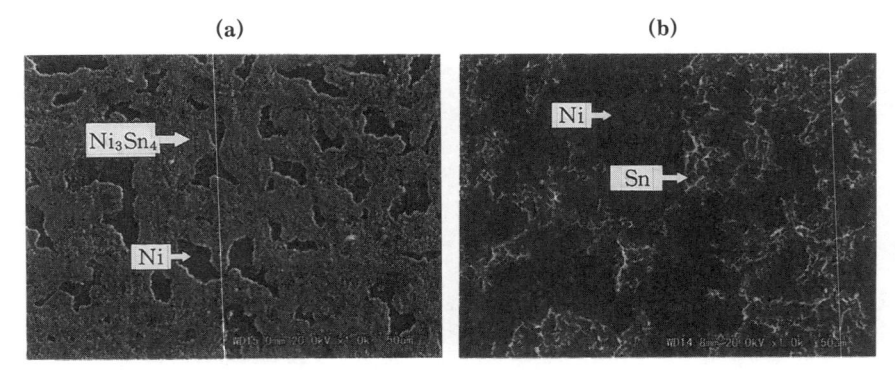

図9.33 はんだを除去した後の接合界面の SEM 像．
（a）酸化処理なし，（b）大気中，200℃ 0.5 h．
[Y. Chonan, T. Komiyama and J. Onuki : Mater. Trans., **42**（2001）697 より引用]

し，成長して大きな結晶粒になる．

図9.32 は，はんだを除去した後のボイドと Ni_3Sn_4 化合物の深さ方向のオージェ（Auger Electron Spectroscopy）分析結果を示す．化合物と Ni めっき膜の界面に酸素は存在しないのに対し，ボイドの場所では，酸素が存在している．さらに，図9.33(b) は Ni めっき膜を大気中において 200℃ で 0.5 h 加

図 9.34 生成自由エネルギー ΔG の温度による変化．
[Y. Chonan, T. Komiyama and J. Onuki : Mater. Trans., **42** (2001) 697 より引用]

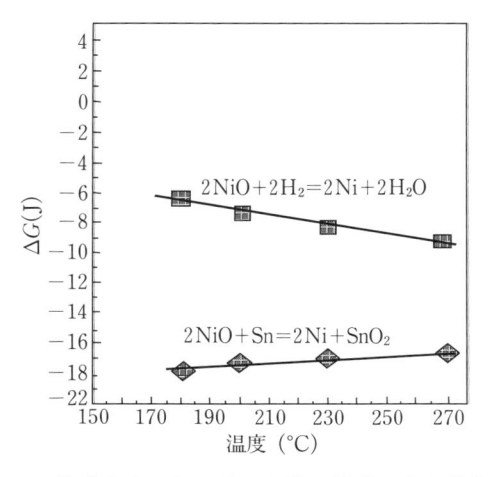

熱保持した後，水素中にて 200°C に加熱して Pb-50 mass%Sn はんだを接合し，この後，はんだを除去して界面を上から走査電子顕微鏡にて観察した結果である．比較のために，大気中での加熱をしていない Ni めっき膜と Pb-50 mass%Sn はんだとの接合部の界面も(a)に示してある．(a)では図 9.31 と同様界面に Ni_3Sn_4 が認められる．

一方，大気中加熱の場合(b)，化合物は生成していないが，Ni の他に Sn が観察される．このことは，Sn が Ni との反応を促進していることを示唆している．これは，水素による Ni 酸化膜の還元反応の生成自由エネルギーと Sn による Ni 酸化膜の還元反応の生成自由エネルギーとを比較することにより容易に明らかになる．図 9.34 はこれらの反応に関する生成自由エネルギーを温度に対してプロットしたものである．Sn の $-\Delta G$ の方が明らかに小さく，Sn による NiO の還元が生じやすい．

以上の検討結果に基づき，はんだと Ni めっきとの反応メカニズムを推定した結果を図 9.35 に示す．この図では上から順に下に向かって反応が進む．Ni めっき膜表面に形成された酸化膜には欠陥が存在するので，この欠陥を通して Ni とはんだがまず反応する．この場合，酸化膜が薄いほど反応しやすい．反

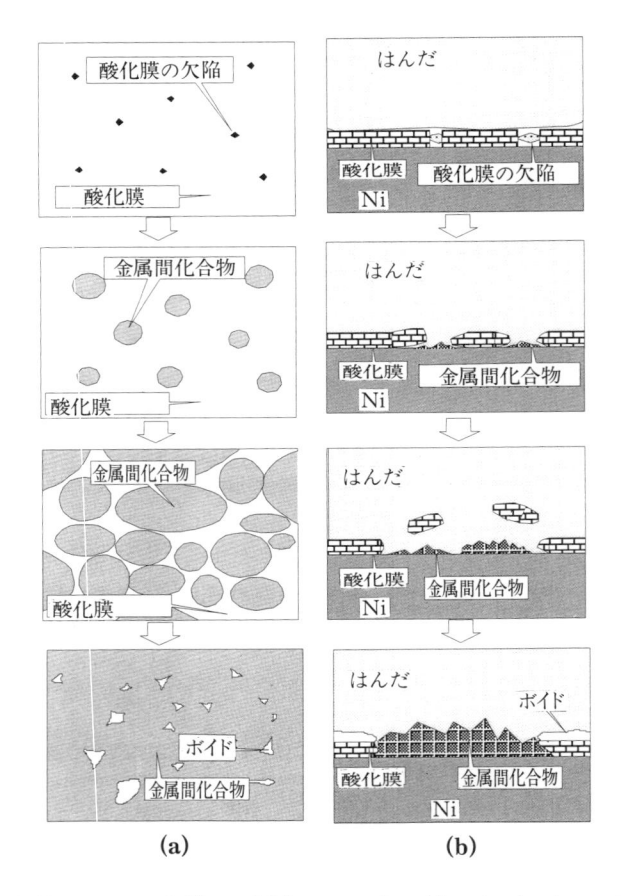

図 9.35 はんだと Ni めっき膜との反応メカニズム（上から下に向かい反応が進む）．(a)平面図，(b)断面図．
[Y. Chonan, T. Komiyama and J. Onuki : Mater. Trans., **42** (2001) 697 より引用]

応した場所では，Ni_3Sn_4 化合物が形成される．この化合物は反応が進行するにつれて横方向に広がり，酸化膜を破壊していく．残った酸化膜が存在する場所では，はんだと Ni の反応が起こらないので，ボイドが形成される．はんだ付け温度が高くなるにつれて酸化膜は消失して，化合物は合体して成長する．

9.4 大面積はんだ接合部のボイドフリー化技術　251

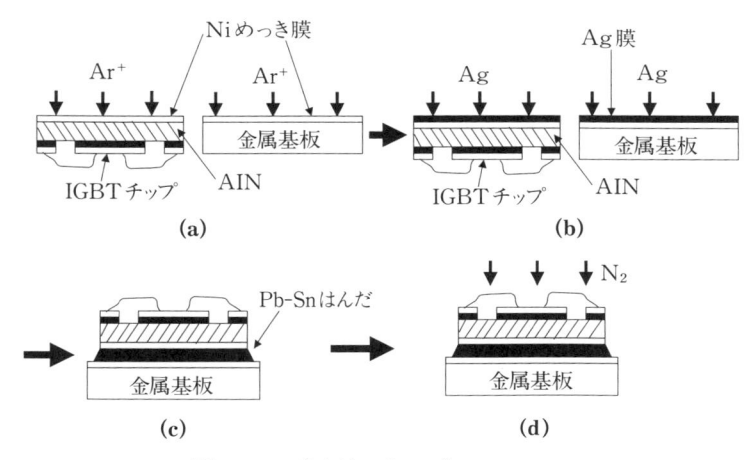

図 9.36 ボイドフリープロセス.
(a) Ar$^+$ によるクリーニング, (b) Ag によるクリーニングした Ni めっき膜の保護, (c) 真空中での加熱・保持 (230℃×5 min), (d) N$_2$ 中での冷却.
[J. Onuki, Y. Chonan, T. Komiyama and M. Nihei : Jpn. J. Appl. Phys., **40** (2001) 3985 より引用]

9.4.2　ボイドフリーはんだプロセス

　ボイドフリー化のためには，Ni めっき膜表面に形成された酸化膜を除去することが最も重要である．そこで，ドライプロセスを応用したボイドフリー化技術の一例を述べる．

　図 9.36 はボイドフリープロセスを示したものである．Ni めっき基板および AlN 絶縁基板上の Ni めっき膜表面の酸化膜や不純物を真空中で Ar イオン衝撃により除去 (a) した後，引き続き厚さ 0.1 μm の Ag 膜を清浄化した面にスパッタリングによりコート (b) する．これらを大気中に取り出した後，はんだをはさみんで重ね，真空中において加熱，保持 (c) した後，窒素中において冷却する．ここで (a) は前述したように Ni の酸化膜を除去することによりボイドの生成を抑制する目的，(b) は清浄化された Ni 面を保護し，はんだとのぬれを促進する目的，(c) は真空中加熱によりはんだ中の脱ガスをする目的を，さらに (d) は大気圧に戻すことにより，ボイドが発生していても，これを潰す

252　第9章　パワー半導体デバイスの実装技術および信頼性物理

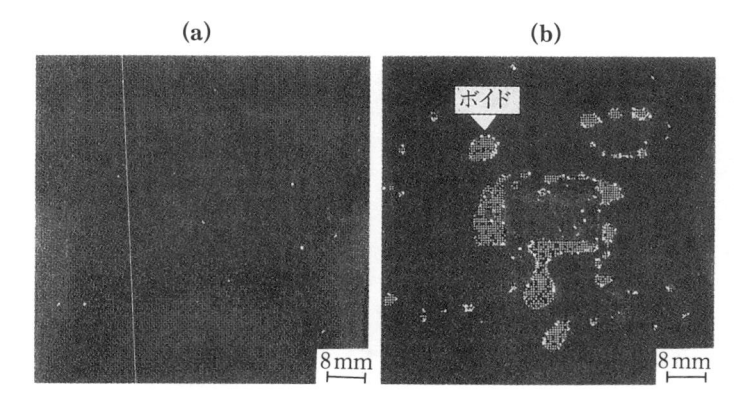

図9.37　はんだ接合部の超音波探傷試験結果.
(a) ボイドフリープロセス，ボイド率 <0.03%.
(b) 水素中プロセス，ボイド率：4%.
[J. Onuki, Y. Chonan, T. Komiyama and M. Nihei : Jpn. J. Appl. Phys., **40** (2001) 3985 より引用]

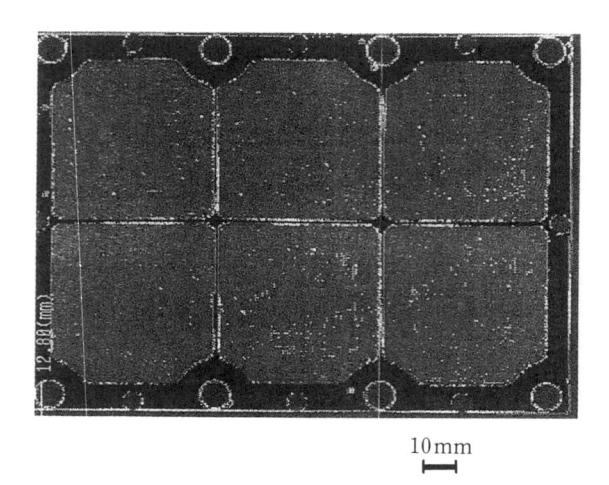

図9.38　ボイドフリープロセスにより製作したIGBTモジュールのはんだ接合部の超音波探傷試験結果.
[J. Onuki, Y. Chonan, T. Komiyama and M. Nihei : Jpn. J. Appl. Phys., **40** (2001) 3985 より引用]

9.4　大面積はんだ接合部のボイドフリー化技術　253

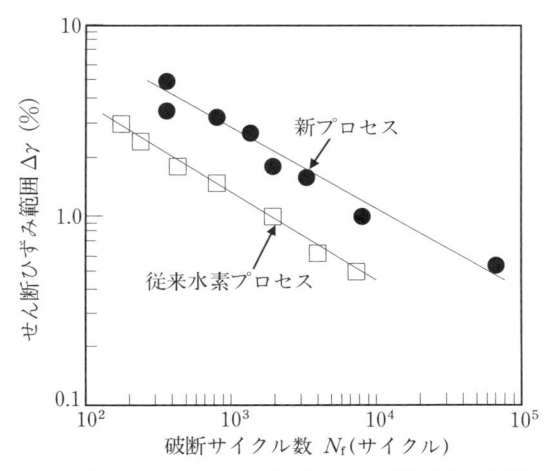

図9.39　せん断ひずみ範囲と疲労寿命の関係.
[J. Onuki, Y. Chonan, T. Komiyama and M. Nihei : Jpn. J. Appl. Phys., **40** (2001) 3985 より引用]

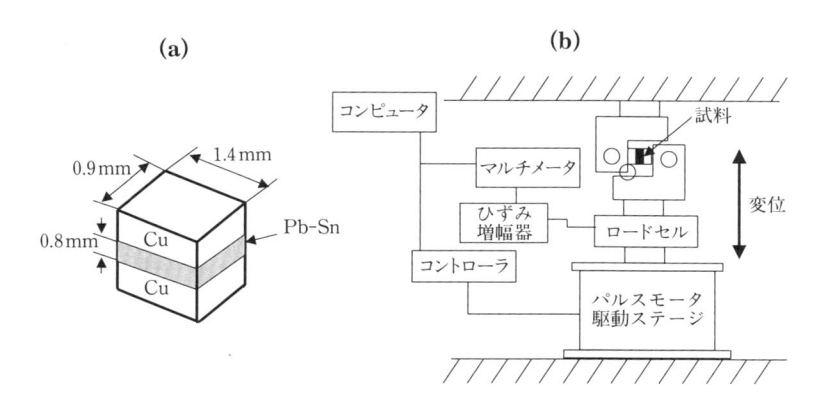

図9.40　疲労試験試料の形状と試験装置.
[J. Onuki, Y. Chonan, T. Komiyama, M. Nihei, M. Suwa and M. Kitano : Mater. Trans., **42** (2001) 890 より引用]

ことを目的としている．ここで，圧力 P_1 におけるボイドの径を D_1，P_2 におけるボイドの径を D_2 とすると以下の関係が成り立つ[3]

$$D_2/D_1 = \sqrt{P_1/P_2} \tag{9.2}$$

図 9.37 に水素中プロセスとボイドフリープロセスにより作製したはんだ接合部（75×75 mm²）の超音波探傷試験結果を示す．従来プロセスでは 4% あったボイドが上述のプロセスでは 0.03% にまで低減されている．図 9.38 はボイドフリープロセスにより作製した大容量 IGBT モジュールのはんだ接合部の超音波探傷試験結果である．ボイドは非常に少なくなっている．はんだ接合部にボイドがあれば，接合強度や疲労強度は低下する．このようなボイドフリーはんだ付け部の信頼性について疲労試験により調べた結果を図 9.39 に示す．ここで，疲労試験は図 9.40(a) に示すような形状の試料を用い，(b) に示すような試験装置を用いている．この試験では，一定のひずみ変化量 $\Delta\gamma$ で荷重変位 ΔP を繰り返し試料に加え，荷重変位が初期値の 80% まで低下するサイ

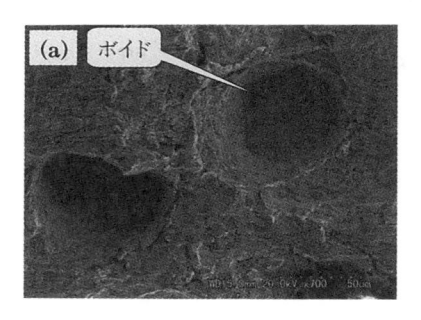

図 9.41 疲労試験後における破面の SEM 像．
(a) H_2 プロセス，$\Delta\gamma=2.20\%$，$N_f=210$ サイクル．
(b) ボイドフリープロセス，$\Delta\gamma=2.20\%$，$N_f=1550$ サイクル．
[J. Onuki, Y. Chonan, T. Komiyama, M. Nihei, M. Suwa and M. Kitano : Mater. Trans., **42** (2001) 890 より引用]

クル数を求め，これを破断サイクル数 N_f と定義する．このような疲労試験の場合，あるサイクル数（例えば 10^3 サイクル）までは ΔP はほぼ一定であるが，それ以上になると ΔP は急激に低下する．これは，マイクロボイドあるいはクラックが疲労試験中にはんだの中に発生したことに対応している．従来の水素中プロセスで作製した試料の N_f よりもボイドフリーはんだ付けで作製した試料の疲労寿命の方が，同じひずみ範囲で比較して3倍以上長い．図9.41に疲労破面のSEM像を示す．(a)が従来の水素プロセス，(b)がボイドフリープロセスである．(a)では，破面に大きなボイドが観察される．このように，疲労寿命は，はんだ中のマイクロボイドや接合界面のボイド等に強い影響を受ける．

参考文献

1) 梅沢　修：軽金属, **50**（2000）86.
2) 梅沢　修：熱処理, **41**（2000）248.
3) J. Onuki, Y. Chonan, T. Komiyama and M. Nihei: Mater. Trans., **43**（2002）1774.

索　引

あ
アイジービーティー(IGBT) …226, 227
アウターリードボンディング ………208
アクセプタ濃度(N_a) ………………22
アスペクト比………………………74
アンダーカット ……………………115

い
EUV リソグラフィー ………………112
(111)面(の)配向度………………141, 144
移動度………………………………20
異方性エッチング …………………119
異方性導電フィルム(ACF) ………203
インダクタンス ……………………213
インナーリードボンディング ……207
インバータ ………………………225

う
ウェッジボンディング ……………184
ウェットエッチング ………113, 114
ウエハプロセス……………………31

え
Al-Cu-Si 合金膜 ……………………145
Al-Cu 合金膜 ………………………145
Al スパイク …………………34, 56
Al 配線の腐食………………………161
Al-Pd 合金膜 ………………………166
Al ワイヤと電極膜の界面における
　　剝離 ………………………240
Al ワイヤ内部………………………240
　　――での剝離 …………………240
Au-Al の金属間化合物の厚さ ………189
Au 超音波併用熱圧着技術 …………182
Si 析出 ………………………160, 232
Sn-Zn はんだ ………………………223
エスオーシー(SOC) ………………7
エスラム(SRAM) …………………2
X 線リソグラフィー ………………111
エッチング
　　異方性―― ……………………119
　　ウェット―― …………113, 114
　　ドライ―― ……………………113
　　反応性イオン―― ……113, 117
　　プラズマ―― …………………115
Ni-Sn 化合物 ………………………218
Ni-P めっき膜 ……………………217
n ウエル ……………………………33
n 型半導体 …………………………21
エネルギーギャップ………………13
エネルギーバンド…………………13
エフイーティー(FET) ……………5
エムピーユー(MPU) ………………2
エレクトロマイグレーション
　　(EM) ……………………133
エレクトロンウィンドフォース ……134

お
オージェ分析 ………………………248
オーミックコンタクト(接合) ……41, 47

か
カーケンダル効果 …………………190
解像度 ………………………………108
化学気相蒸着………………………79
化学増幅型レジスト ………………108

258　索　引

拡散電位 …………………………43
荷重変位(ΔP) …………………254
活性化エネルギー(E_a) ……134, 136, 138
価電子帯 …………………………14
　　　──の状態密度(N_v) …………18

き

基板温度 …………………………235
気密封止構造 ……………………212
逆バイアス ………………………21
逆方向電圧 ………………………44
逆方向電流 ………………………44

く

空間電荷領域 ……………………22
空乏層 ………………………22, 43
クワッドフラットパッケージ
　(QFP) ………………………176

け

ゲート遅延 ………………………35
ゲート長 ………………………3, 27
ゲート電極 ………………………27
ゲート幅 …………………………27
結晶粒径 …………………………144
研磨剤 ……………………………123
研磨パッド ………………………126

こ

Coffin-Manson の実験式 …………204
コリメーションスパッタリング …97
コンタクト(接触)抵抗 ……………47
コントロールドコラップスボンディ
　ング(CCB) …………………199
コンバータ ………………………225
コンフォーマル ………………88, 89

さ

サーフェスマウント法 ……………175
再結晶層 …………………………58
再成長層 …………………………58
材料界面の密着性 ………………167
サリサイド ………………………53
残留ガス …………………………70

し

CMP メカニズム …………………126
シード層 …………………………129
シーモス(CMOS) …………………5
Cu ダマシン配線 …………………150
自己整合シリサイド ………………53
仕事関数 …………………………41
樹脂封止構造 ……………………212
システム LSI ………………………6
下地層 ……………………………79
順バイアス ………………………21
順方向電圧 ………………………44
　　　──降下 ……………………58
順方向電流 ………………………44
常圧 CVD …………………………80
焦点深度 …………………………109
ショットキー障壁 ……………41, 43
ショットキーダイオード …………44
シリコンナイトライド(Si_3N_4) …33, 93
　　　──膜 ……………………33
シリサイド ………………………53
真性キャリア濃度(n_i) ……………15
真の接合面積 ……………………196

す

スイッチング素子 ………………225
スイッチングバイアススパッタリ
　ング …………………………101
スケーリング則 …………………35

索引 259

ステッパー …………………108
ステップカバレージ ………72,74
ストレスマイグレーション(SM) …150
スパッタリング………………65
　　コリメーション――………97
　　スイッチングバイアス――…101
　　DCマグネトロン――………66
スラリー(研磨剤) ……………123
スリット状ボイド ……………151
スルーホール …………………140
　　――マウント法 ……………175

せ
正孔…………………………………5
　　――の拡散距離(L_p) …………25
生成自由エネルギー ……………249
積層配線 ……………………………153
接着層 ……………………………79,97
セルフシャドウイング………………90
選択CVD-Wプラグ ………………95
せん断強度 ……………………233,234
せん断試験 ……………………………186
せん断ひずみ ……………………245

そ
層間絶縁膜………………………64
相当ひずみ ……………………205
増幅作用……………………………30
相補型MOSトランジスタ …………5
ソース………………………………5
側壁保護膜形成 ……………………120
塑性ひずみ振幅 ……………………205

た
耐エレクトロマイグレーション性…64
ダイオード…………………………21
耐ストレスマイグレーション性………64

Wプラグ ……………………95
Wブランケット膜 ……………94
ダマシンプロセス ……………128

ち
チップサイズパッケージ(CSP) ……176
チップの温度差(ΔT_j) …………239
チップボンディング ………………179
チャネル長……………………………27
チャネル幅……………………………27
柱状晶…………………………………143
超音波印加時間 ………………191,229
超音波出力 …………………………229
超音波探傷 …………………………247
超音波の周波数 ……………………233
超音波ボンディング ………………184

て
低圧CVD ……………………80
TiN膜 ………………………71
DCマグネトロンスパッタリング……66
ディーラム(DRAM) ……………1,9
テープオートメイテッドボンディング(TAB) ………………206
テープキャリアパッケージ(TCP) ………………176
デュアルインラインパッケージ(DIP) ………………176
デュアルダマシンプロセス ………130
電子…………………………………5
　　――親和力……………………42
　　――線リソグラフィー ………111
　　――デバイスの実装 …………175
　　――の拡散距離(L_n) ………25
伝導体………………………………14
　　――の状態密度(N_c) ………18

と

導電性接着剤 …………………………181
ドナー濃度(N_d) ……………………22
ドライエッチング ……………………113
　　　──技術……………………………10
トランジスタの遅延時間 ………………4
トランスファーモールド法 …………214
ドリフト速度 …………………………139
ドレーン …………………………………5

な

内部電位(ϕ_{bi}) ………………………22
Pb フリーはんだ………………………215

の

ノッチ状ボイド ………………………151
ノボラック樹脂 ………………………105

は

パープルプレイグ ……………………190
バイアススパッタ法……………………74
配線スケーリング………………………34
配線遅延…………………………………37
配線抵抗(R)……………………………4
配線の遅延時間 …………………………4
配線容量(C)……………………………4
バイポーラトランジスタ ………………5
剥離の臨界荷重 ………………………169
破断サイクル数(N_f) ………………255
パッケージング技術 …………………212
バリア高さ………………………………43
バリアメタル……………………………34
パワー MOSFET ……………………226
はんだ付け面積 ………………………244
バンドギャップ…………………………13
反応性イオンエッチング ………113, 117
バンプ …………………………………200

バンブー構造 …………………………143

ひ

ビアホール ……………………………140
p ウエル…………………………………33
pn 接合 …………………………………21
p 型半導体 ……………………………21
P 濃縮層 ………………………………217
微結晶層 ………………………………243
ひずみ
　　せん断── …………………………245
　　相当── ……………………………205
　　塑性── ……………………………205
　　──変化量($\Delta\gamma$) …………254
引っかき試験 …………………………167
表面清浄度 ……………………………192
ピラミッド状の Si 析出………………232
ヒロック(突起)……………………68, 135
ピンチオフ ………………………………29

ふ

封止技術 ………………………………212
フェルミ準位(E_F) …………………17
フェルミ－ディラック分布関数
　　($f(E)$)……………………………17
プラグ……………………………………94
プラズマエッチング …………………115
プラズマ CVD …………………………80
Black の経験式 ………………………136
フラッシュメモリ ………………………3
プレッシャクッカー試験 ……………162
分子動力学計算技術 …………………172

へ

平均断線時間(MTF) ………………136

索　　引

ほ
ボイド……………………………69, 135
　　スリット状——………………151
　　ノッチ状——…………………151
　　——フリー化…………………251
　　——面積………………………245
ボールグリッドアレイ（BGA）……176
ボールの硬さ……………………192
ボロンりんガラス（BPSG）…………81
ボンディング
　　アウターリード——……………208
　　インナーリード…………………207
　　ウェッジ——……………………184
　　コントロールドコラップス——
　　　　　………………………………199
　　チップ——………………………179
　　超音波——………………………184
　　テープオートメイテッド——…206
　　——時の荷重……………………229
　　——ダメージ……………………228
　　——パッド………………………162
　　ワイヤ——…………………175, 182

ま
膜応力………………………………72

み
密着性支配因子……………………169
密着性の評価………………………167

め
メタライゼーション………………200

も
モールド……………………………175
モジュール化………………………226
MOS型トランジスタ………………3
モスフェット（MOSFET）……5, 226

ゆ
有限要素モデル（FEM）……………244
ユニポーラトランジスタ……………5

り
リードフレーム……………………175
リソグラフィー
　　X線——………………………111
　　電子線——……………………111
　　——技術……………………10, 103
　　——工程………………………103
粒界拡散……………………………134
粒界腐食……………………………162
粒径…………………………………142
りんガラス（PSG）…………………81

れ
レジスト材料………………………105
レチクル……………………………104
レンズの開口数……………………109

ろ
ロードロック方式……………………69

わ
ワイヤのつぶれ幅…………………229
ワイヤプル試験……………………186
ワイヤボンディング………………175, 182

欧文索引

A
ACF ･･････････････････････203
Al-1 mass%Si-Pd ･･････････165, 166
Al-Cu ････････････････････145, 166
Al-Cu-Si ･････････････････145
Al-Pd ･･･････････････････166
APCVD ･･････････････････80
Au ･････････････････････182, 188
Au-Al ･･････････････････188, 189

B
BGA ････････････････････176
BPSG ･･･････････････････81

C
CCB ････････････････････199
CMOS ･･････････････････5
CMP ･･･････････････････123, 126
CSP ････････････････････176
CVD (Chemical Vapor Deposition)
･･････････････････････64, 79-83

D
DIP ････････････････････176
DRAM (Dynamic Random Access
　Memory) ････････････････1, 9

E
E_a ･･････････････････134, 136, 138
EBSP ･･････････････････237
E_c ･･･････････････････14
ECR-RIE ･･･････････････113, 119
EDX ･･･････････････････223

E_F ･･･････････････････17
EM ･････････････････････133
ESCA ･･･････････････････169
EUV ････････････････････112
E_v ････････････････････14

F
$f(E)$ ･･･････････････････17
FEM ････････････････････244
FET ･･･････････････････5
FVD ････････････････････58

I
IC (Integrated Circuit) ･･･････6
IGBT ･･････････････････226, 227
ILB ････････････････････207

L
L_n ･･････････････････････25
LOCOS ･････････････････33
L_p ･･････････････････････25
LPCVD ･････････････････80
LSI ････････････････････3, 6

M
MOS (Metal Oxide Semiconductor)
････････････････････････3, 5, 9
MOSFET ････････････････5, 226
MPU (Micro Processor Unit) ･･･2
MTF ･･･････････････････136
N_a ････････････････････22

欧文索引　263

N
N_a ································22
N_c ································18
N_d ································22
N_f ································255
n_i ································15
Ni ································216
Ni-Sn ································218
Ni-P ································217
nMOS ································30
N_v ································18

O
OLB ································208

P
P ································217
ΔP ································255
Pb ································215
PdO ································166
PECVD ································80
PETEOS ································87
pMOS ································30
PSG ································81
PVD (Physical Vapor Deposition)
································65

Q
QFP ································176

R
RIE ································113,117

S
SIMS ································156,247
Si_3N_4 ································33,93
SM ································150
Sn-Zn ································223
SOC (System on a Chip) ················7
SRAM (Static Random Access
　Memory) ································2

T
ΔT_j ································239
TAB ································206
TCP ································176
TEOS ································85
TiN ································71

U
ULSI ································3

V
VLSI ································3

Memorandum

Memorandum

材料学シリーズ　監修者

堂山昌男	小川恵一	北田正弘
東京大学名誉教授	横浜市立大学学長	東京芸術大学教授
帝京科学大学名誉教授	Ph. D.	工学博士
Ph. D., 工学博士		

著者略歴

大貫　仁（おおぬき　じん）

1949 年	茨城県に生まれる
1974 年 3 月	東北大学大学院工学研究科金属材料工学専攻修士課程修了
1974 年 4 月	株式会社日立製作所日立研究所入所
1984 年 9 月	北海道大学工学博士
1999 年 4 月	秋田県立大学システム科学技術学部電子情報システム学科教授
2003 年 4 月	茨城大学工学部教授　現在に至る

検印省略

材料学シリーズ
半導体材料工学
―材料とデバイスをつなぐ―

2004 年 11 月 10 日　第 1 版発行

著　者 © 大貫　仁
発行者　内田　悟
印刷者　山岡景仁

発行所　株式会社　**内田老鶴圃**　〒112-0012 東京都文京区大塚 3 丁目 34 番 3 号
電話 (03) 3945-6781(代)・FAX (03) 3945-6782

印刷・製本/三美印刷 K.K.

Published by UCHIDA ROKAKUHO PUBLISHING CO., LTD.
3-34-3 Otsuka, Bunkyo-ku, Tokyo, Japan

U. R. No. 536-1
ISBN 4-7536-5623-3 C3042

材料学シリーズ　堂山昌男・小川恵一・北田正弘　監修　各 A5 判

金属電子論　上・下	水谷宇一郎著	上・276p.・3150 円　下・272p.・3360 円
結晶・準結晶・アモルファス	竹内　伸・枝川圭一著	192p.・定価 3360 円
オプトエレクトロニクス	水野博之著	264p.・定価 3675 円
結晶電子顕微鏡学	坂　公恭著	248p.・定価 3780 円
X 線構造解析	早稲田嘉夫・松原英一郎著	308p.・定価 3990 円
セラミックスの物理	上垣外修己・神谷信雄著	256p.・定価 3780 円
水素と金属	深井　有・田中一英・内田裕久著	272p.・定価 3990 円
バンド理論	小口多美夫著	144p.・定価 2940 円
高温超伝導の材料科学	村上雅人著	264p.・定価 3780 円
金属物性学の基礎	沖　憲典・江口鐵男著	144p.・定価 2415 円
入門　材料電磁プロセッシング	浅井滋生著	136p.・定価 3150 円
金属の相変態	榎本正人著	304p.・定価 3990 円
再結晶と材料組織	古林英一著	212p.・定価 3675 円
鉄鋼材料の科学	谷野　満・鈴木　茂著	304p.・定価 3990 円
人工格子入門	新庄輝也著	160p.・定価 2940 円
入門　結晶化学	庄野安彦・床次正安著	224p.・定価 3780 円
入門　表面分析	吉原一紘著	224p.・定価 3780 円
結晶成長	後藤芳彦著	208p.・定価 3360 円
金属電子論の基礎	沖　憲典・江口鐵男著	160p.・定価 2625 円
金属間化合物入門	山口正治・乾　晴行・伊藤和博著	164p.・定価 2940 円
液晶の物理	折原　宏著	264p.・定価 3780 円

プラズマ半導体プロセス工学　―成膜とエッチング入門―
市川幸美・佐々木敏明・堤井信力　共著
A5 判・304 頁・定価 4200 円（本体 4000 円＋税 5％）

プラズマ気相反応工学
堤井信力・小野　茂　著
A5 判・256 頁・定価 3990 円（本体 3800 円＋税 5％）

イオンビームによる物質分析・物質改質
藤本文範・小牧研一郎　共編
A5 判・360 頁・定価 7140 円（本体 6800 円＋税 5％）

薄膜物性入門
エッケルトバ　著　井上泰宣・鎌田喜一郎・濱崎勝義　共訳
A5 判・400 頁・定価 6300 円（本体 6000 円＋税 5％）

表示の価格は税込定価（本体価格＋税 5％）です．